现代建筑企业人力资源管理实务

主　编　王治祥
副主编　乔红民　董自红

黄 河 水 利 出 版 社
·郑州·

内 容 提 要

本书主要包括建筑企业人力资源管理概述、企业人力资源规划、员工招聘与录用，建筑企业劳动组织管理、劳动定额管理、劳动定员管理，建筑企业员工培训、专门人才管理、薪酬管理与员工激励，专业技术人员职称管理、建筑企业工人职业技能鉴定、人事代理与劳务派遣，劳动关系管理、劳动争议处理、劳动安全卫生管理、社会保险以及企业劳动统计管理等。

本书可以作为建筑企业总经理、人力资源主管的必备用书，尤其适用于建筑企业中从事人力资源管理工作的人员，并可作为建筑企业人力资源管理的培训教材。

图书在版编目(CIP)数据

现代建筑企业人力资源管理实务/王治祥主编.
郑州:黄河水利出版社,2011.8
ISBN 978-7-5509-0105-6

Ⅰ.①现… Ⅱ.①王… Ⅲ.①建筑企业-工业企业管理:人力资源管理 Ⅳ.①F407.966.15

中国版本图书馆 CIP 数据核字(2011)第 174458 号

出 版 社:黄河水利出版社

地址:河南省郑州市顺河路黄委会综合楼14层　　邮政编码:450003

发行单位:黄河水利出版社

发行部电话:0371-66026940、66020550、66028024、66022620(传真)

E-mail: hhslcbs@126.com

承印单位:河南地质彩色印刷厂

开本:787 mm×1092 mm　1/16

印张:19

字数:462 千字　　印数:1—2 000

版次:2011 年 8 月第 1 版　　印次:2011 年 8 月第 1 次印刷

定价:49.00 元

《现代建筑企业人力资源管理实务》编委会

主　　编　王治祥

副 主 编　乔红民　董自红

参编人员　王治祥　乔红民　董自红　么　远

杨旭东　郭立运　陈　哲　徐雁鸿

汪平富　姜冲石

前　言

随着经济的全球化，建筑企业市场竞争日趋激烈，建筑企业面临着巨大的机遇和挑战。在信息经济时代，市场竞争归根到底是人才的竞争。高素质、复合型、开创型的人才日益成为建筑企业发展的推动力，谁拥有人才，谁就有可能在市场竞争中取得胜利。

当前，一方面，由于建筑企业从业人员整体素质偏低，技术人员队伍力量十分薄弱，造成劳动生产率水平低下，建筑产品质量不高，很难达到国际水平；另一方面，由于建筑企业对人力资源管理的重视程度不够，往往只重视如何引进人才，却忽略人力资源的管理和开发，同时缺乏专业的人力资源管理人才，从业者大多数没有经过专门的人力资源管理学习，缺乏专业的人力资源管理知识，从而使人力资源管理队伍难以适应现代人力资源管理的要求。但建筑企业的竞争表面上是人才的竞争，实际上却是人力资源管理优势的竞争，这就要求有一支专业化的高素质人力资源管理队伍。

为了帮助从事建筑企业人力资源管理的同仁掌握建筑企业人力资源管理基础知识，熟悉建筑企业人力资源管理的主要业务和内容，使人力资源工作少走或不走弯路，我们组织有关专家编写了这本《现代建筑企业人力资源管理实务》。

本书着重突出了以下几个特点：

(1)着眼于系统全面。本书是为那些整天忙于企业经营管理活动和生产劳动的人们编写的，他们没有时间阅读更多的同类书籍。所以，我们在编写过程中，尽可能融入了建筑企业人力资源管理的基础知识和主要内容，并进行系统梳理，以使读者在阅读过程中对建筑企业人力资源管理有一个较为系统全面的了解，读完本书，对建筑企业人力资源管理的全貌会有一个整体的认识。

(2)着眼于实用操作。本书以知识够用、强化应用为重点，深入浅出，注重实用，较少涉及高深理论研究和有争议的问题探讨，既可作为企业人力资源管理培训教材，又可作为高、中等职业学校的人力资源管理专业教学参考用书。为此，本书在有关章节提供了操作性强的案例。因此，本书对那些立志在人力资源领域工作，并努力成为专业人力资源管理者的人具有很重要的指导意义。

(3)着眼于新颖精简。本书从企业的人力资源管理所遇到的问题，逐步展开，层层深入，所有的问题都富有针对性，并纳入了建筑企业人力资源管理的最新知识，突出了一个“新”字。内容简明扼要，切中要点，建筑企业人力资源管理的主要问题都涉及了。

本书是集体智慧的结晶，由长期从事建筑企业人力资源管理、研究和咨询的高级咨询师、高级经济师王治祥担任主编。

参加本书编写的人员如下：

郭立运(第一章，第九章第四、五、六节)；

乔红民(第二章,第三章,第五章,第九章第一、二、三节);

杨旭东(第四章,第十章,第十七章);

徐雁鸿(第六章,第十二章,第十六章第八节);

么远(第七章,第十四章第一、二、三节);

王治祥(第八章,第十六章第二、四、五节);

陈哲(第十一章,第十四章第四、五节,第十六章第六、七节);

董自红(第十三章,第十五章,第十六章第一、三节)。

本书在编写过程中得到了河南省住房和城乡建设厅人事教育处、河南省建设教育协会、河南省第一建筑工程集团有限责任公司、河南三建建设集团有限公司、河南省安装集团有限责任公司等单位的大力协助。此外,汪平富、姜冲石等同志参与了本书的策划、组稿、讨论、审校等工作,提出了许多宝贵的意见和建议,丰富了本书的内容,在此一并致以衷心的感谢。

由于时间仓促,水平有限,书中尚有许多不足之处,敬请各位专家、同仁和读者批评指正。

作　者

2011 年 5 月

目　录

第一章 建筑企业人力资源管理概述

建筑企业人力资源管理是指根据企业发展战略的要求,有计划地对人力资源进行合理配置,通过对企业中员工的招聘、培训、使用、考核、激励、调整等一系列过程,调动员工的积极性,发挥员工的潜能,为企业创造价值,确保企业战略目标的实现。随着市场经济的发展,企业间的竞争越来越激烈,这种竞争的实质就是人才、人力资源的竞争。而高素质、复合型、开创型的人才也日益成为建筑企业发展的动力,谁拥有高水平的人才,谁就有可能在建筑市场竞争中取得胜利。因此,重视人力资源管理工作,提高人力资源管理水平,是现代建筑企业增强竞争力、实现可持续发展的必然选择。

第一节 建筑企业人力资源管理的意义

在新形势下加强人力资源管理,留住各种专业人才,对建筑企业的发展有着重要意义。主要表现在以下几方面:

(1)人力资源管理是社会化大生产的需要。

建筑企业从事的是社会化大生产,其施工流动性强、周期长,大量设备、大批原材料需要人来管理,各工种在施工过程中需要密切配合。这样人力资源管理便顺应群体劳动的需求,协调各类人员在企业生产经营中的关系,以保证施工生产的顺利进行。

(2)人力资源管理是提高劳动生产率和经济效益的重要保证。

人力资源管理通过科学的劳动组织,调动一切积极因素,合理配置劳动力资源,保证劳动者之间、劳动者和工作物之间协调作业,从而提高劳动生产率,提高经济效益。

(3)人力资源管理是吸纳、发掘、开发人才的重要手段。

根据建筑企业的生产经营需要和劳动力需求计划,可以招收、聘用急需人才,缓解职位需求不协调的矛盾。人力资源管理通过人员素质提升培训、人员能力识别,可以提拔、任用有才能的员工到适合其发展的岗位,从而端正用人导向,调动广大职工的工作积极性、主动性和创造性,增强企业活力。

(4)加强企业人力资源管理是提高员工队伍素质的有力措施。

由于建筑企业技术的进步、知识的更新、劳动力队伍的多样化、生产经营活动的多元化,客观上需要人力资源管理提供及时、连续、有计划的培训和开发企业内部的劳动力资源,使人力资源管理成为保持和增进建筑企业活力的可行、可信、有效的途径。通过员工的业务和技能培训,挖掘员工潜能,全面提高员工素质,可以大大增强企业内部劳动力在建筑市场上的竞争力。

第二节　建筑企业人力资源管理的特点、目标和任务

一、建筑企业人力资源管理的特点

（一）建筑企业人力资源组成的复杂性

对于大多数建筑企业来说，其人力资源的组成是比较复杂的，既有实践经验丰富的技术工人，也有知识水平较高的大中专毕业生（他们作为新鲜血液提高了施工企业的整体素质，但相对缺乏经验），此外还有一些企业专门引进的专家型的管理人员和技术人员。这些处于不同层次的人才有着各自的特点和价值目标，对于自身价值的实现要求也有所不同，因此由他们组成的施工企业人力资源系统具有相当的复杂性。

（二）建筑企业人力资源布局的分散性

建筑企业的一个显著特点就是生产的流动性。它不像一般的生产型企业，具有固定的生产场地和生产部门。它的具体组织机构一般是随着工程项目的变化而变化，通常是根据工程项目的具体情况，比如项目规模的大小、技术要求的特点、地域情况等来组建一个相适应的项目管理机构，而随着工程项目的结束，下一个项目的开始，人员组成又要进行新的调整。因此，施工企业的人力资源管理在其布局上呈现分散明显、流动性强的特点。

（三）建筑企业人力资源管理的科学性

人力资源管理工作是一项技术性很强的工作，它包括先进的管理组织、管理方法和管理手段，以实现人力资源管理的科学化、法制化和现代化。随着建筑企业现代企业制度的逐步建立与完善，人才的招聘和开发、劳动定额、劳动保护等也逐步完善和发展，信息化将在人力资源管理中广泛运用。因此，对建筑企业人力资源管理的科学性要求越来越高。

二、施工企业人力资源管理的目标和任务

随着经济全球化趋势不断加快，科学技术日新月异，产业结构优化升级加速进行，建筑市场人才竞争日趋激烈，建筑施工企业人才外流的现象也日益严重，年轻技术干部当中绝大部分是一些有能力、有拼劲、有创新精神的优秀人才。人才的流失，不仅带走了技术，带走了一些科研成果，更有甚者一人走，带走一批优秀人才，给企业的发展造成了不可估量的损失，已成为建筑企业生存和发展的严重障碍。由于各方面的原因，在吸引、留住和用好人才方面，我国建筑企业远远落后于外资企业、中外合资企业，用人机制不灵活，奖惩机制不健全，没有为各类人才施展才华提供一个广阔的空间，优秀人才找不到实现自身价值的满足感、贡献企业的成就感。特别是一些建筑施工企业甚至把新分配的大学生当民工一样使用，严重挫伤了他们的积极性和自尊心。在这种情况下，建筑企业人力资源管理的根本任务，就是在企业内部设计出各种有关的规章制度，使之有利于充分发挥职工的才干，实现职工价值，从而为实现企业发展战略服务。具体来说，就是不断提高人力资源管理者自身思想道德素质、业务水平和管理能力，赋予其一定的权力，并规定其职责，制定出一套完善的工作制度和管理方法，调动职工的积极性。

建筑企业人力资源管理的目标和任务，就一个企业而言就是尽可能拥有高素质的职工队伍，以使企业保持竞争优势，而建筑企业人力资源管理部门则更加关注劳动生产率、建筑

产品质量和服务水平。提高劳动生产率可以降低劳动成本，同时向劳动者素质提出更高要求。这就要加强职工培训工作，促进职工相互交流，改进工作方法，以达到提高产品质量和服务水平的目的。

第三节　建筑企业人力资源管理的主要内容

建筑企业人力资源管理是企业的一系列人力资源政策以及相应的管理活动，是企业运用现代管理方法，对人力资源的获取（选人）、开发（育人）、保持（留人）和利用（用人）等方面所进行的计划、组织、指挥、控制和协调等一系列活动，最终达到实现企业发展目标的一种管理行为。其内容主要由以下几部分组成：

（1）人力资源规划。包括人力资源规划内容、原则和程序，制定科学合理的人力资源规划，对于企业发展具有极为重要的作用。

（2）建筑企业员工的招聘、甄选、录用、培训以及人事代理和劳务派遣。这部分内容是根据企业在一段时期内对劳动力数量和质量需求的计划与供给之间的可能差异分析的基础上，进行分期分批有计划的招聘、选拔和人才培训。对新录用员工、现有员工，通过各种培训或经验传授的方式在知识、技能等诸方面提高员工素质，以达到期望的标准。

（3）劳动组织。这部分内容包括在劳动分工与协作的基础上的劳动定额、劳动定员、劳动保护和劳动纪律等。

（4）薪酬与激励措施。包括工资、奖金、福利、津贴、晋升、职称和人才评价等。

（5）专业技术人员职称管理和职业技能鉴定。主要是对企业的各类人力资源进行人才评价和技能鉴定。

（6）社会保险与休假管理。主要是基本养老保险、医疗保险、失业保险、工伤保险和女工生育保险管理，建筑安装工程社会保险费计取标准的测算与确定、征缴与管理；探亲假、年休假等管理。

（7）劳动关系和劳动争议的处理。企业如何通过规范化、制度化的管理，使劳动关系双方（企业与员工）的行为得到规范，权益得到保障，维护稳定和谐的劳动关系，促使企业经营稳定运行。包括劳动争议的调解、仲裁及诉讼等内容。

（8）劳动统计。主要包括职工人数统计、劳动报酬和收入统计、劳动生产率统计等内容。

第二章　企业人力资源规划

任何企业的发展都离不开优秀的人力资源和人力资源的有效配置。如何为企业寻找合适的人才、留住人才、发展人才，为组织保持强劲的生命力和竞争力提供有力的人力支持，已成为人力资源部门面临的重要课题。人力资源管理部门对企业发展提供的战略性支持主要体现在人力资源规划方面。

第一节　人力资源规划的定义和作用

一、人力资源规划的定义

人力资源规划也称为人力资源计划或人才资源规划，自20世纪70年代起，已成为人力资源管理的重要职能，并且与企业的人事政策融为一体。

人力资源规划是指根据组织的发展战略、目标及组织内外环境的变化，运用科学的方法对组织人力资源的需求和供给进行预测，制定相宜的政策和措施，从而使组织人力资源供给和需求达到平衡，实现人力资源合理配置，有效激励员工的过程。人力资源规划有广义和狭义之分。

狭义的人力资源规划特指企业人员规划，是指企业从战略规划和发展目标出发，根据其内外部环境的变化，预测企业未来发展对人力资源的需求以及为满足这种需求而设计的提供人力资源的过程。狭义的人力资源规划，按照年度编制的计划主要有人员配备计划、人员补充计划、人员晋升计划。

广义的人力资源规划是指企业所有各类人力资源规划的总称。广义的人力资源规划，按照年度编制的计划，除上述三种人员计划外，还包括：人员培训开发计划、员工薪酬激励计划、员工绩效管理计划以及劳动组织计划、员工援助计划、劳动卫生与安全生产计划、员工职业生涯计划等。

人力资源规划的概念包括以下四层含义：

(1)人力资源规划的制定必须依据组织的发展战略、目标。

(2)人力资源规划要适应组织内外部环境的变化。

(3)制定必要的人力资源政策和措施是人力资源规划的主要工作。

(4)人力资源规划的目的是使组织人力资源供需平衡，保证组织长期持续发展和员工个人价值的实现。

二、人力资源规划的作用

企业作为有计划的生产经营体系，其人力资源管理必须有计划地进行。特别是在知识经济条件下，人力资源作为最具决定性、最活跃的要素资源，更是需要加强计划管理。制定科学合理的人力资源规划，对于企业发展具有极为重要的作用。

（一）确保组织在生存发展过程中对人力资源的需求

组织的生存和发展与人力资源的结构密切相关。在静态的组织条件下，人力资源的规划并非必要。因为静态的组织意味着它的生产经营领域不变、所采用的技术不变、组织的规模不变，也就意味着人力资源的数量、质量和结构均不发生变化。显然这是不可能的。对于一个动态的组织来说，人力资源的需求和供给的平衡不可能自动实现，因此就要分析供求的差异，并采取适当的手段调整差异。由此可见，预测供求差异并调整差异，就是人力资源规划的基本作用。

（二）人力资源规划是组织管理的重要依据

在大型和复杂结构的组织中，人力资源规划的作用是特别明显的。因为无论是人员的需求量、供给量的确定，还是职务、人员以及任务的调整，不通过一定的计划显然都是难以实现的。例如，什么时候需要补充人员、补充哪些层次的人员、如何避免各部门人员提升机会的不均等、如何组织多种需求的培训等。这些管理工作在没有人力资源规划的情况下，就避免不了头痛医头、脚痛医脚的混乱状况。因此，人力资源规划是组织管理的重要依据，它会为组织的录用、晋升、培训、人员调整以及人工成本的控制等活动提供准确的信息和依据。

（三）有利于控制人力资源成本

人力资源规划对预测中、长期的人工成本有重要的作用。人工成本中最大的支出是工资，而工资总额在很大程度上取决于组织中的人员分布状况。人员分布状况指的是组织中的人员在不同职务、不同级别上的数量状况。当一个组织年轻的时候，处于低职务的人多，人工成本相对较低，随着时间的推移，人员的职务等级水平上升，工资的成本也就增加。如果再考虑物价上涨的因素，人工成本就可能超过企业所能承担的能力。在没有人力资源规划的情况下，未来的人工成本是未知的，难免会发生成本上升、效益下降的趋势，因此在预测未来企业发展的条件下，有计划地逐步调整人员的分布状况，把人工成本控制在合理的支付范围内，这是组织持续发展不可缺少的环节。

（四）人事决策方面的功能

人力资源规划的信息往往是人事决策的基础，例如采取什么样的晋升政策、制定什么样的报酬分配政策等。人事政策对管理的影响是非常大的，而且持续的时间长，调整起来也困难。为了避免人事决策的失误，准确的信息是至关重要的。例如，一个企业在未来某一时间缺乏某类有经验的员工，而这种经验的培养又不可能在短时间内实现，那么如何处理这一问题呢？如果从外部招聘，有可能找不到合适的人员，或者成本高，即使找到也不可能在短时间内适应工作。如果自己培养，就需要提前进行培训，同时还要考虑培训过程中人员流失的可能性等问题。显然，在没有确切信息的情况下，决策难以客观，而且可能根本考虑不到这些方面的问题。

（五）有助于调动员工的积极性

人力资源规划对调动员工的积极性也很重要。因为只有在人力资源规划的条件下，员工才可以看到自己的发展前景，从而去积极地努力争取。人力资源规划有助于引导员工职业生涯设计和职业生涯发展。

因此，我们可以说，人力资源规划是整个人力资源管理的基础，甚至在一定程度上决定了企业的长远健康发展。一个企业在人事政策上如果出现了较严重的问题，往往是因为没有制定一个科学细致的人力资源规划。许多企业面临着源源不断的员工跳槽，表面上看这是因为企业无法给员工提供优厚的待遇或者晋升渠道，其实是显示了企业人力资源规划的空白或不足。因为并不是每个企业都能提供有诱惑力的薪酬和福利来吸引人才，许多缺乏资金、处于发展初期的中小企业照样可以吸引到优秀人才并迅速成长。其成功之处不外乎立足企业自身情况，营造企业与员工共同成长的组织氛围，充分发挥团队精神，规划企业的宏伟前景，让员工对未来充满信心和希望，同企业共同发展，为有远大志向的优秀人才提供其施展才华、实现自我超越的广阔空间。我国有许多企业在招募员工时，强调新招来的员工不需要多少培训，马上就能够投入工作，为企业创造价值。极少有企业考虑应聘者的潜在素质、道德责任等因素，缺乏科学的人员甄选程序，更谈不上为他们设计职业生涯了。这样甄选人才使企业在短时间内得到了所急需的人才，但从长期来看却增大了企业员工的流动率，降低了企业员工的稳定性，增大了技术信息流失的风险。

第二节　人力资源规划的分类和制定原则

一、企业人力资源规划的分类

（一）按内容分类

企业人力资源规划从内容上看，可以分为战略发展规划、组织人事规划、制度建设规划、员工开发规划和人力资源费用规划等五类规划。

1. 战略发展规划

战略发展规划是根据企业总体发展战略的目标，对企业人力资源开发和利用的方针、政策与策略的规定，是各种人力资源具体计划的核心，是事关全局的关键性计划。

2. 组织人事规划

组织人事规划是人力资源战略规划的下属概念，是对企业整体框架的设计，主要包括组织信息的采集、处理和应用，组织结构图的绘制，组织调查、诊断和评价，组织设计与调整，以及组织机构的设置等。它包括的内容如下。

1）组织结构调整变革计划

组织结构调整变革计划即在企业内外部环境和条件变化的情况下，通过对企业组织结构的诊断，发现组织机构和部门结构现存的问题，围绕企业组织调整和变革的目标、措施、步骤、方法和期限等内容所制订的行动方案。

2）劳动组织调整发展计划

劳动组织调整发展计划是根据企业生产经营总体计划的要求，通过对劳动分工与协作方式，工作地的组织状况，工作轮班方式和工时制度，以及技术工人的素质状况和结构特点等方面的深入分析，为提高工效、实现劳动组织科学化所提出的具体的措施计划。

3）劳动定员定额提高计划

劳动定员定额是企业在一定的生产技术组织条件下，采用科学合理的方法，为生产单位产品或完成某项工作任务所预先规定的活劳动消耗量的限额。随着企业内外部环境条件的变化，以及劳动者素质的提高，企业应适时地制订企业劳动定员定额计划，它对提高劳动生产率、降低成本、有效贯彻按劳付酬原则、激励员工具有十分重要的意义。

4）其他计划

如人力资源的供给与需求平衡计划（即人员补充计划），企业全员绩效考核与评价计划，员工薪酬与激励计划，人事调配晋升与离退休计划，劳动安全与职业卫生计划，等等。

3. 制度建设规划

人力资源管理制度是人力资源总规划目标实现的重要保证，包括人力资源管理制度体系建设的程序、制度化管理等内容。企业要保证人力资源总体规划目标的实现，就必须不断建立、健全和完善企业人力资源管理的制度体系，使人力资源管理的吸收、录用、维持、评价、调整、发展等六项基本职能得到充分的发挥。

4. 员工开发规划

人力资源的开发和利用是人力资源规划的重点，它包括：企业全员培训开发计划、员工职业道德的教育计划、员工职业技能的培训计划、专门人才的培养计划，等等，这类计划的制订和实施，有利于提高企业整体素质和员工个体素质，增强企业智力资本的竞争优势。

5. 人力资源费用规划

人力资源费用规划是对企业人工成本、人力资源管理费用的整体规划，包括人力资源费用的预算、核算、结算，以及人力资源费用控制等。

（二）按期限分类

企业人力资源规划从规划的期限上看，又可分为战略性的长期规划（5年以上的计划）、具体作业性的短期计划（1年及以内的计划）和介于两者之间的策略性的中期计划。这些规划与组织的其他规划相互协调联系，既受制于其他规划，又为其他规划服务。人力资源规划的实质是根据企业经营方针，通过确定未来企业人力资源管理目标来实现企业的既定目标。因此，我们将人力资源规划分为战略规划和战术计划两个方面。人力资源规划是战略规划与战术计划（即具体的实施计划）的统一。

1. 人力资源的战略规划

战略规划主要是根据企业内部的经营方向和经营目标，以及企业外部的社会和法律环境对人力资源的影响，来制订出一套跨年度计划。在制定战略规划的过程中，要注意战略规划的稳定性和灵活性的统一，同时还必须注意以下几个方面的因素。

1）国家及地方人力资源政策环境的变化

包括国家对于人力资源的法律法规的制定，对于人才的各种措施，国家各种经济法规的实施，国内外经营环境的变化，国家以及地方对于人力资源和人才的各种政策规定等。这些外部环境的变化必定影响企业内部的整体经营环境，从而使企业内部的人力资源政策也随之有所变动。

2）企业内部的经营环境的变化

企业的人力资源政策的制定必须遵从企业的管理状况、组织状况、经营状况变化和经营目标的变化。由此，企业的人力资源管理必须依据以下原则，根据企业内部的经营环境的变化而变化。

（1）安定原则。安定原则是在企业不断提高工作效率的前提下，企业的人力资源管理应该以企业的稳定发展为其管理的前提和基础。

（2）成长原则。成长原则是指企业在资本积累增加、销售额增加、企业规模和市场扩大的情况下，人员必定增加。企业人力资源的基本内容和目标是企业的壮大和发展。

(3)持续原则。人力资源管理应该以企业的生命力和可持续增长,并以保持公司的永远发展潜力为目的;必须致力于劳资协调、人才培养与后继者培植工作。

3)人力资源的预测

根据企业的战略规划以及公司内外环境的分析,制定人力资源战略规划,为配合企业发展的需要,以及避免制订人力资源战术计划的盲目性,应该对企业的所需人员作适当预测,在估算人员时应该考虑以下因素:

(1)因企业的业务发展和紧缩而所需增减的人员;

(2)因现有人员的离职和调转等而所需补充的人员;

(3)因管理体系的变更、技术的革新及企业经营规划的扩大而所需的人员。

4)企业文化的整合

企业文化的核心就是培育企业的价值观,培育一种创新向上、符合实际的企业文化。在企业的人力资源规划中必须充分注意与企业文化的融合和渗透,保障企业经营特色以及企业经营战略的实现和组织行为的约束力,只有这样,才能使企业的人力资源具有延续性,具有符合自己企业的人力资源特色。

2.人力资源的战术计划

战术计划则是基于企业未来面临的外部人力资源供求的预测,以及企业的发展对人力资源的需求量的预测,根据预测的结果制订的具体方案,包括招聘、辞退、晋升、培训、工资福利政策、梯队建设和组织变革,是人力资源战略规划的具体体现。

在人力资源管理中有了企业的人力资源战略规划后,就要制订企业人力资源战术计划。人力资源的战术计划包括四部分。

1)招聘计划

针对企业所需要增加的人才,应制订出该项人才的招聘计划,一般以一个年度为一个段落,其内容包括:

(1)计算本年度所需人才,并计划考察出可以内部晋升调配的人才,确定各年度必须向外招聘的人才数量,确定招聘方式,寻找招聘来源。

(2)对所聘人才如何安排工作职位,并防止人才流失。

2)人员培训计划

人员培训计划是人力计划的重要内容,人员培训计划应按照企业的业务需要和企业的战略目标,以及企业的培训能力,分别确定下列培训计划:

(1)专业人员培训计划;

(2)部门培训计划;

(3)一般人员培训计划;

(4)选送进修计划。

3)考核计划

一般而言,内部因为分工的不同,对于人员的考核方法也不同,在提高、公平、发展的原则下,应该把员工对企业所作出的贡献作为考核的依据。这就是绩效考核的指导方法。绩效考核计划要从员工的工作成绩的数量和质量两个方面,对员工在工作中的优缺点进行测定。譬如科研人员和公司财务人员的考核体系就不一样,因此在制订考核计划时,应该根据工作性质的不同,制订相应的人力资源绩效考核计划。人力资源绩效考核计划至少包括以下三个方面:工作环境的变动性大小、工作内容的程序性大小、员工工作的独立性大小。绩效考核计划做出来以后,要制定相应的考核办法,常用的方法包括排序法、平行法、关键事件法、硬性分布法、尺度评价表法、行为定位等级评价法、目标管理法。

4)发展计划

结合企业发展目标,设计核心骨干员工职业生涯规划和职业发展通道。明确核心骨干员工在企业内的发展方向和目标,以达到提高员工企业忠诚度和工作积极性的作用。

二、制定人力资源规划的原则

(一)充分考虑内部、外部环境的变化

人力资源规划只有充分地考虑了内部、外部环境的变化,才能适应需要,真正地做到为企业发展目标服务。内部变化主要指生产经营的变化、市场开发的变化,或者说企业发展战略的变化,还有公司员工的流动变化等;外部变化指社会消费市场的变化、政府有关人力资源政策的变化、人才市场的变化等。为了更好地适应这些变化,在人力资源规划中应该对可能出现的情况作出预测和风险识别,最好能有面对风险的应对策略。

(二)确保企业的人力资源保障

企业的人力资源保障问题是人力资源规划中应解决的核心问题。它包括人员的流入预测、流出预测、人员的内部流动预测、社会人力资源供给状况分析、人员流动的损益分析等。只有有效地保证了对企业的人力资源供给,才可能去进行更深层次的人力资源管理与开发。

(三)使企业和员工都得到长期的利益

人力资源规划不仅是面向企业的计划,也是面向员工的计划。企业的发展和员工的发展是互相依托、互相促进的关系。如果只考虑企业的发展需要,而忽视了员工的发展,则会有损企业发展目标的达成。优秀的人力资源规划,一定是能够使企业每个员工达到长期发展的计划,一定是能够使企业和员工共同发展的计划。

第三节　人力资源规划的程序

人力资源规划的程序即人力资源规划的过程,一般可分为以下几个步骤:收集有关信息资料、人力资源需求预测、人力资源供给预测、确定人力资源净需求、编制人力资源规划、实施人力资源规划、人力资源规划评估、人力资源规划的反馈与修正。

一、收集有关信息资料

人力资源规划的信息包括组织内部信息和组织外部环境信息。

组织内部信息主要包括企业的战略计划、战术计划、行动方案、本企业各部门的计划、人力资源现状等。

组织外部环境信息主要包括宏观经济形势和行业经济形势、技术的发展情况、行业的竞争性、劳动力市场、人口和社会发展趋势、政府的有关政策等。

二、人力资源需求预测

人力资源需求预测包括短期预测和长期预测、总量预测和各个岗位需求预测。

人力资源需求预测的典型步骤如下:①现实人力资源需求预测;②未来人力资源需求预测;③未来人力资源流失情况预测;④得出人力资源需求预测结果。

三、人力资源供给预测

人力资源供给预测包括组织内部供给预测和外部供给预测。

人力资源供给预测的典型步骤如下:①内部人力资源供给预测;②外部人力资源供给预测;③将组织内部人力资源供给预测数据和组织外部人力资源供给预测数据汇总,得出组织人力资源供给总体数据。

四、确定人力资源净需求

在对员工未来的需求与供给预测数据的基础上,将本组织人力资源需求的预测数与在同期内组织本身可供给的人力资源预测数进行对比分析,从比较分析中可测算出各类人员的净需求数。这里所说的“净需求”既包括人员数量,又包括人员的质量、结构,即既要确定“需要多少人”,又要确定“需要什么人”,数量和质量要对应起来。这样就可以有针对性地进行招聘或培训,就为组织制定有关人力资源的政策和措施提供了依据。

五、编制人力资源规划

根据组织战略目标及本组织员工的净需求量,编制人力资源规划,包括总体规划和各项业务计划。同时要注意总体规划和各项业务计划及各项业务计划之间的衔接与平衡,提出调整供给和需求的具体政策与措施。一个典型的人力资源规划应包括规划时间段、规划达到的目标、情景分析、具体内容、规划制定者、规划制定时间等。

(一)规划时间段

确定规划时间的长短,要具体列出从何时开始,到何时结束。若是长期的人力资源规划,可以长达五年以上;若是短期的人力资源规划,如年度人力资源规划,则为一年。

(二)规划达到的目标

确定达到的目标要与组织的目标紧密联系起来,最好有具体的数据,同时要简明扼要。

(三)情景分析

情景分析包括目前情景分析和未来情景分析。

目前情景分析:主要是在收集信息的基础上,分析组织目前人力资源的供需状况,进一步指出制订该计划的依据。

未来情景分析:在收集信息的基础上,在计划的时间段内,预测组织未来的人力资源供需状况,进一步指出制订该计划的依据。

(四)具体内容

这是人力资源规划的核心部分,主要包括以下几个方面:①项目内容;②执行时间;③负责人;④检查人;⑤检查日期;⑥预算。

(五)规划制定者

规划制定者可以是一个人,也可以是一个部门。

(六)规划制定时间

主要指该规划正式确定的日期。

六、实施人力资源规划

人力资源规划的实施，是人力资源规划的实际操作过程，要注意协调好各部门、各环节之间的关系，在实施过程中需要注意以下几点：

(1)必须有专人负责既定方案的实施，要赋予负责人拥有保证人力资源规划方案实施的权力和资源。

(2)要确保不折不扣地按规划执行。

(3)在实施前要做好准备。

(4)实施时要全力以赴。

(5)要有关于实施进展状况的定期报告，以确保规划能够与环境、组织的目标保持一致。

七、人力资源规划评估

在实施人力资源规划的同时，要进行定期与不定期的评估。从以下三个方面进行：

(1)是否忠实执行了本规划。

(2)人力资源规划本身是否合理。

(3)将实施的结果与人力资源规划进行比较，通过发现规划与现实之间的差距来指导以后的人力资源规划活动。

八、人力资源规划的反馈与修正

对人力资源规划实施后的反馈与修正是人力资源规划过程中不可缺少的步骤。评估结果出来后，应进行及时的反馈，进而对原规划的内容进行适时的修正，使其更符合实际，更好地促进组织目标的实现。

第三章　员工招聘与录用

“以人为本”是现代成功企业遵循的基本原则之一。如何才能雇用到好的人才，从而扩充企业的人力资源并收获高质量的人力资源创造的效益是任何企业都关心的问题。员工招聘与录用是人力资源管理部门最基本的职能之一，是企业建筑人员构架的基础。

第一节　员工招聘

一、员工招聘的概念

员工招聘是指企业为了发展的需要，根据人力资源管理规划和工作说明书的要求，通过多种方法和渠道，吸引具备相应资格的人员到本企业来应聘，从中选出企业所需要的合适人员予以录用的管理过程。员工招聘包括员工招募、甄选和聘用等内容。

企业竞争归根到底是人才的竞争。对于任何一个组织而言，随着外部环境和内部结构的变化，对员工的素质要求也在不断地变化。所以，要不断更换，老的退休、不合格的解聘。具体而言，在下列情况下，招聘工作会发生：

(1)现有人力资源配置情况不合理，在裁减多余人员的同时需要补充短缺人才；

(2)组织人力资源自然减员而出现职位空缺：员工离职或调动、退休、死伤、短期休假等；

(3)组织业务量的变化使得现有的人员无法满足需要；

(4)新组建一个公司。

二、员工招聘的意义

员工招聘是把具有一定技巧、能力和其他特性的申请人吸引到企业空缺岗位上的过程，是企业人力资源管理的基础性工作，对企业发展有着重要意义：

(1)员工招聘是企业人力资源形成的基本手段。对于一个企业，无论是新成立的还是处于扩张期的，都不约而同地需要引进大量的人才以满足企业发展的需要，如果没有充足的人力资源作为保证，投入再多的物资、资金都会由于缺少合适的人员去利用和开发这些资源而浪费，没有人力资源的保证，企业的一切行为都是空谈。

(2)员工招聘为企业注入新的活力、增强企业的创新能力。通过员工招聘可以提高员工素质、改善人员结构，从外部吸收的新员工，可以为企业注入新的管理思想、新的工作模式，为企业增添新的活力，甚至可能给企业带来技术、管理上的重大革新。

(3)员工招聘是企业扩大知名度的重要手段。员工招聘的过程也是一个宣传企业核心竞争力的过程，通过招聘不但可以为企业输入新的管理思想，也可以增强企业活力，提高企业的信誉度和知名度。

(4)员工招聘是激励员工的一种有效方式。招聘工作也会给企业内部员工带来压力，因为新聘员工往往具有较强的竞争力，所以招聘新员工的过程同时也是激励老员工工作积极性的过程。

（5）有效的招聘工作也能为以后的培训、考评、工资福利、劳动关系等管理活动打好基础。

三、员工招聘的原则

（一）因事择人原则（能力与岗位匹配原则）

因事择人原则是指员工的选聘应以实际工作的需要和岗位的空缺情况为出发点，根据岗位对任职者的资格要求选用人员，做到所录用人员的素质、能力与岗位相匹配。

（二）公开、公平、公正原则

公开是指把招聘单位、职位名称、拟招人数、任职资格、招聘方式与流程、内容与时间等信息向全社会进行公布。

公平、公正就是严格遵守《中华人民共和国劳动法》（简称《劳动法》）、《中华人民共和国劳动合同法》（简称《劳动合同法》）及与就业相关的法律法规，对所有应聘者一视同仁，不得人为地制造各种不平等的限制或条件和各种不平等的优先优惠政策，避免种族、性别、年龄、信仰等方面的歧视，确保招聘制度给予合格应征者平等的获选机会。

（三）竞争择优原则

竞争择优原则是指在员工招聘中引入竞争机制，在对应聘者的品德、知识、能力、智力、心理、过去工作的经验与业绩进行全面考核和考察的基础上，按照考核和考察的成绩择优选拔录用员工。

（四）效率优先原则

效率优先原则就是用尽可能低的招聘成本录用到合适的最佳人选。

四、员工招聘的程序

员工招聘工作的基本程序包括制订招聘计划、制订招聘策略、发布招聘信息及搜寻候选人信息、甄选、录用、招聘工作评估六个步骤。某建筑企业员工招聘录用工作流程见图3-1。

（一）制订招聘计划

制订招聘计划是人力资源部门在招聘中的一项核心任务，通过制订计划来分析公司所需人才的数量和质量，以避免工作的盲目性。招聘计划是组织根据发展目标和岗位需求对某一阶段招聘工作所作的安排，包括招聘目标、信息发布的时间与渠道、招聘员工的类型及数量、甄选方案及时间安排等方面。

具体来讲，员工招聘计划一般包括以下内容：

（1）人员需求清单，包括招聘的岗位、要求及其所需人员数量；

（2）招聘信息发布的时间、方式、渠道与范围；

（3）招聘小组人选，包括小组人员姓名、职务、各自的职责；

（4）应聘者的考核方案，包括招聘测试的实施部门、考核的场所、考核时间、题目设计者姓名等；

（5）招聘的截止日期；

（6）新员工的上岗时间；

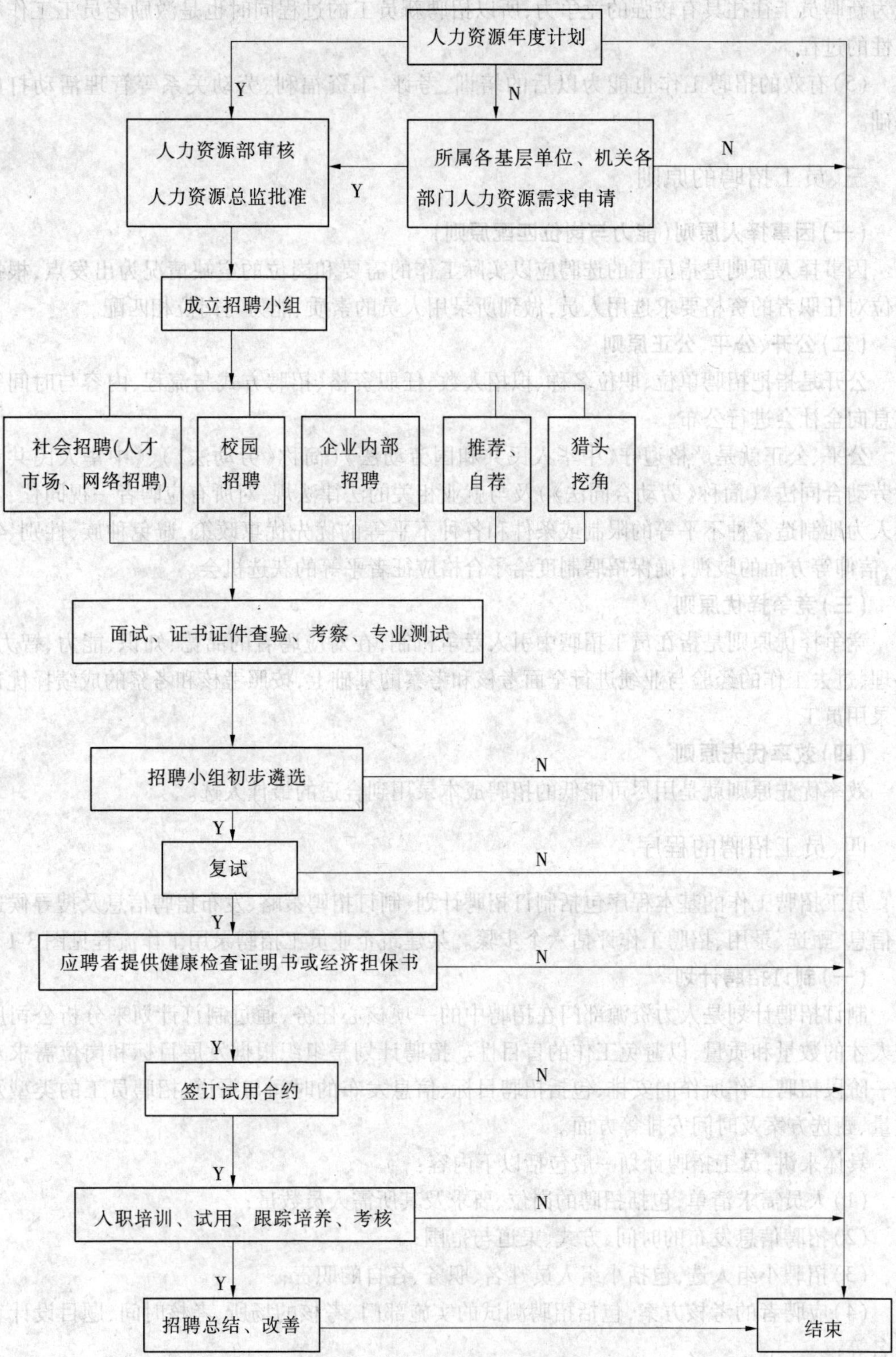

图 3-1　某建筑企业员工招聘录用工作流程

(7)招聘费用预算,包括资料费、广告费、人才交流会费用等;

(8)招聘工作时间表,尽可能详细,以便于他人配合;

(9)招聘广告样稿。

(二)制订招聘策略

招聘策略是招聘计划的具体体现,是为实现招聘计划而采取的具体策略。在招聘中,必须结合组织的实际情况和招聘对象的特点,给招聘计划注入活力,这就是招聘策略。

1. 招聘时间策略

(1)遵循劳动力市场上的人才规律,在人才供应高峰期到劳动力市场上招聘,可节约成本,提高招聘效率。

(2)计划好招聘事件。

2. 招聘地点策略

一般选择招聘地点的原则是:

(1)在全国范围内招聘组织的高级管理人才或专家教授,在跨地区的市场上招聘中级管理人员和专业技术人员,在招聘单位所在地招聘一般工作人员和技术工人;

(2)就近选择以节省成本;

(3)选择地点有所固定。

3. 招聘渠道策略

如何来选择一个好的招聘渠道一直是困扰人力资源管理部门的问题之一。什么是一个好的招聘渠道呢?一个好的招聘渠道应该具备以下特征:

(1)招聘渠道具有目的性。即招聘渠道的选择是否能够达到招聘的要求。

(2)招聘渠道的经济性。指在招聘到合适人员情况下所花费的成本最小。

(3)招聘渠道的可行性。指选择的招聘渠道符合现实情况,具有可操作性。

4. 招聘人员策略

招聘人员作为组织机构的代表,其素质的高低关系到组织能否吸引到优秀人才。因此,招聘人员的选择也有相应的技巧:

(1)企业主管应积极参与招聘活动;

(2)招聘人员的标准之一是热情;

(3)招聘人员应当是一个公正的人;

(4)招聘人员的其他要求:品德高尚、文明、办事高效等。

5. 招聘宣传策略(媒体广告策略)

媒体广告的特点是:信息传播范围广、速度快,应聘人员数量多、层次丰富,组织的选择余地大。

报纸广告比较适合于在某个特定地区的招聘;适合候选人数量较多的岗位,适合人员流失率较高的行业或职业。杂志适用于寻找的岗位合格候选人相对集中在某个专业领域内的情况,适合空缺岗位并非迫切需要补充且地区分布较广的情况。广播电视适用于当组织迅速扩大影响,需要招聘大量人员时,比较适用于引起求职者关注、将组织形象的宣传与人员招聘同时进行的情况。

如果某个报纸上招聘的岗位多是一些低级的岗位,而组织需要招聘的是较高级的岗位,则不太适合这个组织。

（三）发布招聘信息及搜寻候选人信息

组织要将招聘信息通过多种渠道向社会发布，向社会公众告知用人计划和要求，确保有更多符合要求的人员前来应聘。

企业可以通过以下方式搜寻候选人信息：

（1）应聘者自己所填的求职表，内容包括性别、年龄、学历、专业、工作经历及业绩等；

（2）推荐材料，即有关组织或个人就某人向本单位写的推荐材料；

（3）调查材料，指对某些岗位人员的招聘，还需要亲自到应聘人员工作过或学习过的单位或向其接触过的有关人员进行调查，以掌握第一手材料。

（四）甄选

甄选的过程一般包括对所有应聘者的情况进行的初步的审查、知识与心理素质测试、面试，以确定最终的录用者。

（五）录用

人员录用过程一般可分为劳动合同的签订、新员工的入职培训、试用、正式录用等几个阶段。

（六）招聘工作评估

招聘工作评估主要指对招聘的结果、招聘的成本和招聘的方法等方面进行评估。一般在一次招聘工作结束之后，要对整个招聘工作作一个总结和评价，目的是进一步提高下次招聘工作的效率。

对招聘工作的评估一般应从以下两方面进行：一是对招聘工作的效率评估；二是对录用人员的评估。

五、员工招聘渠道

（一）招聘渠道按照出现时间先后分类

招聘渠道按照出现时间先后分类可分为传统招聘渠道和现代招聘渠道。

1. 传统招聘渠道

传统招聘渠道主要包括以下内容。

1）员工推荐介绍

员工推荐介绍就是通过公司自身员工举荐新员工的招聘方式。

员工推荐介绍目前在国际、国内很多公司得到广泛的应用。例如微软公司、嘉信理财公司、全球互联网广告公司 Double Click 等的招聘渠道主要是通过公司现有员工的推荐。

这些公司通过一系列手段来保证他们这种招聘渠道的有效性。例如，在每一位被推荐人的后面注上推荐人的姓名，推荐新人录用率高的员工还会获得公司奖励，微软公司的“伯乐奖”就是为那些举贤荐能的员工所设立的。嘉信理财公司通过举办联谊会的形式来进一步了解被招聘人员，在联谊会上，公司员工带朋友参加活动，通过活动，被招聘人员也可以了解公司文化，增加了招聘人员对公司的认同感。

员工推荐对招聘专业人才比较有效。员工推荐的优点是招聘成本小、应聘人员素质高、可靠性高；方法快捷有效，不用花很长的时间去发现和筛选那些不知名的求职者。员工推荐的缺点是招聘的面窄，往往招不到很优秀的人才。

基于以上特点，我们就会理解为什么一些证券公司、高科技企业往往通过推荐的形式进行招聘,很少见到他们通过报纸、网络进行招聘。

2)传统媒体广告

通过报纸杂志、广播电视等媒体进行广告宣传,向公众传达招聘信息,覆盖面广、速度快。相比而言,在报纸、电视中刊登招聘广告费用较大,但容易醒目地体现组织形象;很多广播电台都辟有人才交流节目,播出招聘广告的费用较少,但效果也比报纸、电视广告差一些。

招聘广告应该包含以下内容:①组织的基本情况;②招聘的职位、数量和基本条件;③招聘的范围;④薪资与待遇;⑤报名的时间、地点、方式以及所需的材料等。

媒体广告招聘的优点是:信息传播范围广、速度快,应聘人员数量大、层次丰富,组织的选择余地大,组织可以招聘到素质较高的员工。

媒体广告招聘的缺点是:招聘时间较长,广告费用较高,要花费较多的时间进行筛选。

3)校园招聘

学校是人才高度集中的地方,是组织获取人力资源的重要源泉。招聘大专院校应届毕业生,可以选择在校园直接进行。包括在学校举办的毕业生招聘会、招聘张贴、招聘讲座和毕业生就业办公室推荐等。

校园招聘的优势有:①组织可以在校园中招聘到大量的高素质人才;②大学毕业生虽然经验较为欠缺,但是具备巨大的发展潜力;③由于大学生思想较为活跃,可以给组织带来一些新的管理理念和新的技术,有利于组织的长远发展。

但是,校园招聘也存在明显的不足之处:①学校毕业生普遍缺少实际经验,组织需要用较长的时间对其进行培训;②新招聘的大学毕业生无法满足组织即时的用人需要,要经过一段较长的相互适应期;③招聘所费时间较多,成本也相对较高;④在大学中招聘的员工到岗率较低,而且经过一段时间后,离职率较高。

4)人才交流中心和人才招聘会

我国很多城市都设有专门的人才交流服务机构,这些机构常年为企事业用人单位提供服务。他们一般建有人才资料库,用人单位可以很方便地在资料库中查询条件基本相符的人才资料。通过人才交流中心选择人员,有针对性强、费用低廉等优点。

人才交流中心或其他人才交流服务机构每年都要举办多场人才招聘会,用人单位的招聘者和应聘者可以直接进行接洽和交流。招聘会的最大特点是应聘者集中,用人单位的选择余地较大,费用也比较合理,而且还可以起到很好的宣传企业的作用。

招聘会也是一种被动式的招聘方式,招聘会上可以进行面对面的交流,但是双方只能进行初步的选择,企业需将大量的信息带回去进行进一步筛选。

人才市场组织的招聘会往往会受到招聘会本身宣传力度的局限,应聘者的数量和质量难以保证。对大多数公司而言,招聘会的效力很低。许多有实力的公司举办招聘专场更多是为了举办自己的宣传活动以便向潜在的求职者提供有关信息。一些跨国公司往往会选择在社会或校园中举办专场招聘会,但对于学生来讲,签约率不高,这是由他们举办的目的所造成的。

2. 现代招聘渠道

现代招聘渠道主要包括以下内容。

1)猎头公司

通过猎头公司招聘人才是现代招聘的方式之一。

随着中国人才市场的进一步开放，猎头公司在人员招聘中发挥的作用越来越明显。猎头公司是通过专业人士为企业招聘服务的机构，猎头公司服务对象是招聘高级管理人才和高级专业人才。

猎头公司的主要优点在于搜寻人才快速且人才质量高。猎头公司一般都有专业的、广泛的资源可以利用，掌握了大量的人才信息，所以搜寻人才的速度非常快，质量比较高。

通过猎头公司寻找人才的缺点是费用比较高。一般猎头公司收取的费用是推荐成功职位年薪的30%。

所以，若企业准备招聘高级人才，可以考虑通过猎头公司这种渠道。

2）网络招聘

网络招聘是一种新兴的招聘方式。它具有费用低、覆盖面广、时间周期长、联系快捷方便等优点。用人单位可以将招聘广告张贴在自己的网站上，或者张贴在某些网站上，也可以在一些专门的招聘网站上发布信息。

网络招聘由于信息传播范围广、速度快、成本低，供需双方选择余地大，且不受时间、空间的限制，因而被广泛采用。当然其也存在一定的缺点，比如容易鱼龙混杂，筛选手续烦杂，以及对高级人才的招聘较为困难，等等。

传统的招聘渠道和现代的招聘渠道并没有什么优劣之分，人力资源主管在选择招聘渠道的时候，不要一味选择流行的，而应该选择适用的，须知合适才是最好的。

（二）招聘渠道按照招聘人员来源方式不同分类

招聘渠道按照招聘人员来源方式不同可分为内部招聘和外部招聘。

内部招聘就是当公司出现空缺的职位时，主要是通过提拔内部员工来解决招聘。

外部招聘则主要是吸收外部新鲜血液来解决招聘。外部招聘的渠道大致有人才交流中心、招聘洽谈会、传统媒体广告、网上招聘、校园招聘、人才猎取和员工推荐等。

1. 内部招聘的优缺点

内部招聘有许多优点：

（1）选任的时间较为充裕，能全面了解，做到用其所长，避其所短。

（2）他们对组织情况较为熟悉，了解与适应工作的过程会大大缩短，他们上任后能很快进入角色。

（3）内部提升给每个人带来希望，有利于鼓舞士气，提高工作热情，调动员工的积极性，激发他们的上进心。

内部招聘也有其缺点，表现为：

（1）容易造成"近亲繁殖"。老员工有老的思维定势，不利于创新，而创新是组织发展的动力。

（2）容易在组织内部形成错综复杂的关系网，任人唯亲，拉帮结派，给公平、合理、科学的管理带来困难。

（3）内部备选对象范围狭窄。

2. 外部招聘的优缺点

与内部招聘相比，外部招聘有很多优点：

（1）来源广泛，选择空间大。特别是在组织初创和快速发展时期，更需要从外部大量招聘各类员工。

(2)可以避免“近亲繁殖”，能给组织带来新鲜空气和活力，有利于组织创新和管理革新。此外，由于他们新近加入组织，与其他人没有个人恩怨关系，从而在工作中可以很少顾忌复杂的人情网络。

(3)可以要求应聘者有一定的学历和工作经验，因而可节省在培训方面所耗费的时间和费用。

外部招聘的缺点是：

(1)难以准确判断他们的实际工作能力。

(2)容易对内部员工造成打击。

(3)费用高。

一个组织在进行招聘活动的时候，是采取内部招聘还是外部招聘，取决于多种因素，主要有招聘职位的要求、组织的文化、外部环境资源状况等。

【案例】 某企业新员工招聘具体流程

(1)人力资源管理部门在经过总部批准的年度招聘计划的指导下，按时进行计划内的人员招聘工作。

(2)人员的离职或因其他原因出现职位空缺，由相关团队的负责人提前提出，并拟定岗位职责和资格条件。由人力资源管理部门执行并告之总部，进行人员的补充工作。

(3)拟定招聘广告。由所聘岗位的团队负责人编写招聘广告，经人力资源管理部门审核。

(4)批准。招聘计划报批后，将最终确定的招聘广告发布并备案。

(5)评估现有招聘渠道的有效性，根据岗位的要求发布在相关媒体上。

(6)人力资源管理人员负责发掘新的免费的招聘广告发布渠道。

(7)将招聘信息挂在机构的网站上。

(8)发布期随时监控招聘进展，回顾渠道是否合适。

(9)收到应聘者的各项资料，即进行初步审核，审阅其学历、经验是否符合所需，并初步淘汰资格不符合者，之后将材料转交用人部门进一步审核，通过书面材料淘汰一部分不合格的应聘者。

(10)根据需要对应聘者进行电话面试并作相关的记录，再淘汰一部分应聘者。

(11)组织面试小组成员。

(12)对应聘者进行笔试筛选及第一轮面试。

(13)对外地应聘者，第一轮面试可通过电话完成。

(14)安排候选人的行程及后勤工作，进行第二轮面试。

(15)通知被录用的应聘者。

(16)与用人团队的负责人共同确定新员工基本的薪资。

(17)对被淘汰的应聘者寄发婉拒信。

(18)通知新聘员工入职，与之签订聘用合同。

(19)将其他优秀人选资料保存在人力资源库。

第二节 人员甄选

一、人员甄选的含义和意义

（一）人员甄选的含义

人员甄选是指从应聘者中选出组织需要的人的过程，包括资格审查、背景调查、初选、面试、其他测试、体检、个人资料核实等一系列过程。

由于这一工作阶段将直接关系到岗位最终确定的候选人的质量，因此人员甄选是招聘过程中最关键的一步，也是技术性最强、难度最大的一步。

（二）人员甄选的意义

人员甄选对组织来说至关重要，研究表明，同一职位上最好人员比最差人员的劳动生产率要高3倍以上，这意味着在人员进入组织之前，就要有一个良好的辨别、甄选过程，挑选出具有相应技能、知识和经验，同时又愿意为组织工作的人选。

人员甄选意义重大。

1. 保证组织得到高额的回报

组织录用人员之后，就要在该人员身上有所投入，包括工资、福利、培训等费用支出。组织对人员的投入能否收回、何时收回、能得到多大的回报，则取决于人员的劳动态度（劳动积极性）与劳动生产率，前者取决于他对工作的满意度，而后者则取决于他的劳动技能、掌握的知识、具有的经验。如果在人员选拔过程能做到使人员对工作满意、愿意为组织工作，而组织对人员的技能、知识、经验满意，则组织必然会收到高额、快速的回报。

2. 降低人员的辞退率与辞职率

组织不仅要把人招来，更要能把人留住。能否留住受聘用者，既要靠招聘后对人员的有效培养和管理，也要靠招聘过程中的有效甄选，即在招聘过程中对应聘者的准确评价。那些认可组织的价值观，在组织中能找到适合自己兴趣、能力的岗位的人，在短期内离开组织的可能性就比较小一些。可见，有效的人员甄选可减少组织雇用不合格人员和不愿意为组织工作的人员的可能性，降低人员的辞职率，为组织节约人力成本。

3. 提供公平竞争的机会

有效的人员甄选应当为组织内人员与组织外的应聘者提供公平竞争的机会，通过一系列的面试、考试、测试等选择环节，使每一个应聘者均有机会展示自己的才能，使自己有更好的发展。

二、人员甄选的程序和方法

从企业甄选应聘人员的全过程来看，人员甄选可分为：第一阶段的初步挑选，即粗选；第二阶段的深度筛选，即细选；第三阶段的最终甄别，即精选，从而最终保障企业人才甄选的质量。

如果从人员甄选的具体内容和方法上看，其主要步骤包括：①简历筛选；②招聘申请表筛选；③笔试；④面试；⑤情境模拟测试；⑥心理测试；⑦背景调查与体检等内容。

（一）初步筛选

初步筛选是对应聘者是否符合职位的基本要求的一种资格审查，目的是筛选出那些背景和潜质与职务所需要的条件相当的候选人，并从合格的应聘者中选出参加后续选拔的人员。

最初的初步筛选是人力资源部门通过审阅应聘者的个人简历或应聘申请表（见表3-1）等材料进行的材料筛选法。

1. 筛选简历的方法

应聘简历是应聘者自带的个人介绍材料。目前的简历大多是打印而成的，没有办法从字体上判断出问题。

个人简历分析，即个人履历分析，是指根据简历或档案中记载的事实，了解一个人的成长历程和工作业绩，从而对其人格背景有一定的了解。近年来这一方式日益受到人力资源管理部门的重视，被广泛地用于人员甄选等人力资源管理活动中。对于个人简历资料，既可以用于初审个人经历，迅速排除明显不合格的人员，也可以根据其各项内容与工作要求相关性的高低，事先确定简历中各项内容的权重，然后把申请人各项得分相加，得出总分，最后根据总分确定选择决策。

研究结果表明，简历分析对申请人今后的工作表现有一定的预测效果，员工的过去总是能从某种程度上表明其未来。企业在进行人员的初选时，采用这种方法的优点是：成本费用低，依据较为客观。但它也存在明显的不足，如简历填写的真实性、简历分析的预测效度、简历项目的选择以及评定权重设计的准确性和客观性等。

过去人们常说这样一句话："看看他的过去就知道他的现在，看看他的现在就知道他的将来。"在企业人力资源管理活动中，这句富有哲理的话也是具有一定实用价值的，也就是说，通过对应聘者简历进行较为深入的审核与剖析，能够从一定程度上把握应聘者的素质状况和他过去的所作所为，特别是他所取得的业绩。

对于如何筛选简历，实际上并没有统一的标准来对应聘简历进行评估，简历的筛选涉及很多方面的问题。

1）分析简历的结构

简历的结构在很大程度上反映了应聘者组织和沟通能力。结构合理的简历都比较简练，一般不超过两页。

2）审查简历的内容

简历的内容大体上可以分为两部分：主观内容和客观内容。在筛选简历时注意力应放在客观内容上。

客观内容主要分为个人信息、受教育经历、工作经历和个人成绩四个方面。

主观内容主要包括应聘者对自己的描述，如本人开朗乐观、勤学好问等对自己评价性与描述性的内容。

3）判断是否符合职位技术和经验要求

在客观内容中首先要注意个人信息和受教育经历，判断应聘者的专业资格和经历是否与空缺岗位相关并符合要求。如果不符合要求，就没有必要再浏览其他内容，可以直接筛选掉。

表 3-1　某建筑企业应聘申请表

姓　名		性别		出生年月			照片
政治面貌		民族		籍　贯			
视　力		身高	cm	体　重	kg		
健康状况,有何疾病(含各种慢性疾病、传染病等)							
何时何院校何专业毕业						学历	
本科录取批次		学制		学位		身份证号	
外语水平				计算机水平			
在校期间任职情况							
性格类型	外向型	内向型	活泼型	独立型	顺从型	其他类型	
兴趣爱好		奖励处分情况					
特　长							
个人简历及持证情况							
现工作单位			参加工作时间				
现从事专业		职务、职称		婚姻状况			
人事档案存放单位			社保关系所在地				
家庭住址			户籍所在地				
通讯地址			邮政编码				
联系方式	固定电话:		手机:		电子邮箱:		
家庭情况	关系	姓名	年龄	文化程度	现工作单位	联系电话	
要求工资待遇	见习期:　元			见习期满:　元			
要求工作岗位	(1)机关部门;	(2)施工项目部;	(3)服从分配。				
要求工作地点	(1)相对固定;	(2)随项目流动;	(3)服从分配。				
本人对填写内容真实性所作的责任保证	本人保证以上填写内容属实,无任何隐瞒,否则愿承担违约责任。 本人签名:　　　年　月　日						

4）审查简历中的逻辑性

在工作经历和成绩方面，要注意简历的描述是否有条理、是否符合逻辑。如果能断定在简历中有虚假成分存在，就可以直接将这些简历筛选掉。

5）对简历的整体印象

通过阅读简历，问问自己是否有了好的印象。另外，标出简历中感觉不可信的地方，以及感兴趣的地方，面试时可询问应聘者。

2．筛选申请表的方法

审核应聘人员填写的申请表，可以说是企业对应聘人员初步选拔过程的第一步。典型的申请表需要求职者填写背景资料，如姓名、地址、受教育程度、社会关系、工作经历、特长、兴趣爱好、要求的职位等。

一张填好的申请表可以达到三个基本目的：①确定求职者是否符合工作所需要的最低资格要求，以便确定最少的候选人；②申请表可以帮助招聘者判断求职者具有或不具有某些与工作相关的属性，例如，可以通过工作经历来判断其经历是否与拟任职位所需能力有关；③申请表中所包含的资料可以提示招聘人员在下一阶段提出与求职者有关的潜在问题。申请表比较客观，易审核，成本低，所以它在选拔人才过程中被普遍使用。

申请表的筛选方法与简历的筛选方法有很多相同之处，其特殊的地方如下。

1）判断应聘者的态度

在筛选应聘申请表时，首先要筛选出那些填写不完整和字迹难以辨认的材料。为应聘不认真的应聘者安排面试，纯粹是在浪费时间，可以将其筛选掉。

2）关注与职业相关的问题

在审查应聘申请表时，要估计背景材料的可信程度，要注意应聘者以往经历中所任的职务、技能、知识与应聘岗位之间的联系。对于变换工作的求职者，在筛选时要注意分析其离职的原因、求职动机，筛选掉那些频繁离职者。

3）注明可疑之处

值得注意的是，由于个人材料和应聘申请表所反映的信息不够全面，决策人员往往凭个人的经验与主观臆断来决定参加复试的人选，带有一定的盲目性，经常产生漏选的现象。因此，初选工作在费用和时间允许的情况下应坚持面广的原则，应尽量让更多的人员参加复试。

4）应聘者的推荐材料

应聘者的推荐材料既可以用于证明应聘者在求职申请表中所提供信息的真实性，也可以说明其过去的经历，以及现状，乃至未来发展的可能性。但也有很多企业人力资源部门的经理认为，应聘者的推荐信及其证明材料未必十分有用。在一项调查中，仅有12%的人力资源经理认为推荐信具有较高的参考价值，而且大部分人认为电话推荐比书面推荐更可信，因为电话推荐可以更直接地进行交流和更坦率地评价。

3．笔试方法

1）笔试的适用范围

笔试是一种最古老而又最基本的选择方法，它是让应聘者在试卷上笔答事先拟好的试题，然后根据应聘者解答的正确程度予以评定成绩的一种选择方法。

这种方法主要通过测试应聘者的基础知识和素质能力的差异，判断该应聘者对招聘职位的适应性。

对基础知识和素质能力的测试，一般包括两个层次，即一般知识和能力、专业知识和能力。

一般知识和能力包括一个人的社会文化知识、智商、语言理解能力、数字才能、推理能力、理解速度和记忆能力等。

专业知识和能力即与应聘岗位相关的知识和能力，如财务会计知识、管理知识、人际关系能力、观察能力等。

2）笔试的优缺点

笔试的优点是一次考试能提出十几道乃至上百道试题，由于考试题目较多，可以增加对知识、技能和能力的考察信度与效度；可以对大规模的应聘者同时进行筛选，花较少的时间达到高效率；对应聘者来说，心理压力较小，容易发挥正常水平；同时，成绩评定也比较客观，且易于保存笔试试卷。

正是由于上述优点，笔试至今仍是单位经常使用的选择人员的一种重要的方法。

笔试的缺点是不能全面考察应聘者的工作态度、品德修养以及企业管理能力、口头表达能力和操作能力等。

因此，还需要采用其他选择方法进行补充。一般来说，在人员招聘中，笔试往往作为应聘者的初次竞争，成绩合格者才能继续参加面试或下轮的选择。

3）提高笔试的有效性应注意的问题

命题是否恰当。命题过难、过易都不利于择优。

确定评阅计分规则。各个考题的分值，应与其考核内容的重要性及考题难度成比例，若分值分配不合理，则总分数不能有效地表示被试者的真正水平。

阅卷及成绩复核。在阅卷及成绩复核时，关键要客观、公正，不徇私情。为此，应防止阅卷人看到答卷人的姓名，阅卷人共同讨论答案的宽严尺度，并建立严格的成绩复核制度，以及处罚徇私舞弊的纪律等。

（二）面试

由于人员资格审查与初选不能反映应聘者的全部信息，组织不能对应聘者进行深层次的了解，个人也无法得到关于组织的更为全面的信息，因此需要通过其他的选择方法使组织与个人各自得到所需要的信息，以便组织进行录用决策，个人进行是否加入组织的决策。

面试是组织最常用的也是必不可少的测试手段。调查表明，99%的组织在招聘中都采用这种方法。在现代社会中，组织用人越来越注重人员的实际能力和工作潜能，而不是单纯注重知识的掌握。因此，面试在人员选拔环节中占有非常重要的地位。

1. 面试的含义

面试是供需双方通过正式交谈，达到组织能够客观了解应聘者的业务知识水平、外貌风度、工作经验、求职动机等信息，应聘者能够了解更全面的组织信息的全过程。

面试是一种经过精心设计，在特定场景下，以面对面的交谈与观察为主要手段，了解应聘者的素质状况、能力特征及求职应聘动机的一种人员甄选方式。

在面试过程中，代表组织的面试考官与应聘者直接交谈，根据应聘者现场对所提问题的回答，考查其对相关知识的掌握程度，以及判断、分析问题的能力；根据应聘者在面试过程中的行为表现，观察其衣着外貌、风度气质，以及现场的应变能力，判断应聘者是否符合应聘岗位要求。面试官可以通过连续发问,及时弄清应聘者在回答中表述不清楚的问题,从而提高考察的深度与清晰度,并减少应聘者欺骗、作弊等的可能性。

总之,通过直接接触,面试可以使用人单位全面了解应聘者的社会背景,特别是语言表达能力、反应能力、个人修养、逻辑思维能力等,同时,面试也能使应聘者了解自己在该组织可能的发展前途,并将个人期望与现实情况进行比较,找到最好的结合点。

2. 面试的分类

由于面试非常复杂,人们首先按照一定的标准将面试进行分类,目的是掌握相应的特点。

1)从面试所达到的效果来看,面试可分为初步面试和诊断面试

初步面试用来增进用人单位与应聘者的相互了解,在这个过程中应聘者对其书面材料进行补充(如对技能、经历等进行说明),组织对其求职动机进行了解,并向应聘者介绍组织情况、解释岗位招募的原因及要求。

初步面试类似于面谈,它比较简单、随意。通常初步面试由人力资源部门中负责招聘的人员主持;不适合的人员或对组织不感兴趣的应聘者将被筛选掉。

诊断面试则是对经初步面试筛选合格的应聘者进行实际能力与潜力的测试,它的目的在于招聘单位与应聘者双方补充深层次的信息,如应聘者的表达能力、交际能力、应变能力、思维能力、个人工作兴趣与期望等,组织的发展前景、个人的发展机遇、培训机遇。这种面试由用人部门负责,人力资源部门参与,它更像正规的考试。对于高级管理人员的招聘,则组织的高层领导也将参加。这种面试对组织的录用决策与应聘者是否加入组织决策至关重要。

2)根据面试的结构化程度,可分为结构化面试和非结构化面试

结构化面试是在面试之前,已经有一个固定的框架或问题清单,面试官根据框架控制整个面试的进行,按照设计好的问题和有关细节逐一发问,严格按照这个框架对每个应聘者分别作相同的提问。

结构化面试的优点是对所有应聘者均按同一标准进行,可以提供结构与形式相同的信息,便于分析、比较,减少主观性,同时有利于提高面试的效率,且对面试官的要求较少。

结构化面试的缺点是谈话方式过于程式化,难以随机应变,所收集的信息的范围受到限制。

非结构化面试无固定的模式,事先无须作太多的准备,面试官只要掌握组织、职位的基本情况即可。非结构化面试可以说是漫谈式的,即面试官和应聘者随意交谈,无固定题目,无限定范围,海阔天空,无拘无束,让应聘者自由地发表议论、抒发感情。这种面试的主要目的在于给应聘者充分发挥自己能力与潜能的机会,通过观察应聘者的知识面、价值观、谈吐和风度,了解其表达能力、思维能力、判断力和组织能力等。由于这种面试有很大的随意性,需要面试考官有丰富的知识和经验,以及掌握高度的谈话技巧,否则很容易使面谈失败。同时,由于面试考官所提问题的真实意图比较隐蔽,要求应聘者有很好的理解能力与应变能力。

结构化的优点是灵活自由,问题可因人而异,可深入浅出,可得到较深入的信息。

结构化的缺点是缺乏统一的标准,易带来偏差。

3. 人员招聘面试的基本步骤

人员招聘面试包括5个步骤:面试准备阶段、面试开始阶段、正式面试阶段、结束面试阶段、面试评价阶段。

1)面试前的准备阶段

本阶段包括确定面试的目的,成立面试小组,选择合适的面试类型,科学地设计面试问题,确定面试的时间和地点等。

面试官要事先确定需要面试的事项和范围,写出提纲,并且在面试前要详细了解应聘者的资料,发现应聘者的个性、社会背景及对工作的态度、是否具有发展潜力等。

(1)面试前要成立面试小组,面试小组应包括3~6个成员,面试考官应由三部分人组成:人力资源部主管、用人部门主管和独立评选人。

在面试前,必须将招募职位的工作职责、考题、基准面试答案发给面试考官审阅。审查应聘者申请表和履历表,并注明模糊之处或表明应聘者优点或缺点的地方。

(2)选择合适的面试方法(选择合适的面试类型)。面试方法有许多种类,面试考官应根据具体情况选择最合适的方法组织面试。

(3)科学设计面试问题(设计评价量表和面试提纲)。

面试过程是对每位参加面试的应聘者的评价,因此应根据岗位要求和每位应聘者的实际情况设计评价量表和有针对性的面试提纲。

面试问题的来源主要是招聘岗位的工作说明书以及应聘者的个人资料。

面试问题举例:

①你为什么要申请这项工作?(了解应聘者的求职动机)

②你认为这项工作的主要职责是什么?或如果你负责这项工作你将怎么办?(了解对应聘岗位的了解程度及其态度)

③你认为最理想的领导是怎样的?请举例说明。(了解应聘者的管理风格及行为倾向)

④你来应聘,你家庭的态度怎样?(了解家庭是否支持)

⑤你的同事当众批评你、辱骂你时,你怎么办?(了解应聘者在现场处理棘手问题的经验及处理冲突的能力)

⑥你的上级要求你完成某项工作,你的想法与上级不同,而你又确信你的想法更好,此时你怎么办?(了解应聘者在困境中是否冷静处理问题)

(4)确定面试的时间和地点。

面试场所的布置与环境控制。选择适宜的场所供面试时使用,许多情况下,不适宜的面试场所及环境会直接影响面试的效果。

面试环境应该舒适、适宜,利于创造宽松气氛。

面试的环境必须是安静的。

2)面试开始阶段

面试时应从应聘者可以预料到的问题开始发问,如工作经历、文化程度等,然后再过渡到其他问题,以消除应聘者的紧张情绪。只有这样才能营造和谐的面谈气氛,有利于观察应聘者的表现,以求全面客观地了解应聘者。

3）正式面试阶段（核心阶段）

采用灵活的提问和多样化的形式，交流信息，进一步观察和了解应聘者。此外，还应察言观色，密切注意应聘者的行为与反应，对所提的问题、问题间的变换、问话时机以及对方的答复都要多加注意。所提问题可根据简历或应聘申请表中发现的疑点，先易后难逐一提出，尽量营造和谐的环境。

核心阶段是整个面试中最为重要的阶段，在这一阶段，面试官将着重收集关于应聘者胜任能力的信息。应聘者被要求讲述一些关于胜任能力的事例，面试官将基于这些事实作出基本的判断，对应聘者的各项关键胜任能力作出评价，并主要依据这一阶段的信息在面试结束后对应聘者作出是否录用决定。在这个阶段，需要注意的是面试提问的技巧。

（1）通常的提问方式有以下几种。

①开放式提问。开放式提问是一种鼓励应聘人自由发挥的提问方式，即让应聘者自由地发表意见或看法，以获得信息，避免被动。在应聘者回答问题过程中，主考官可以对应聘者的逻辑思维能力、语言表达能力等进行评价。一般在面试开始的时候运用，用以调节面试的紧张气氛，消除应聘者的心理压力，使应聘者充分发挥自己的水平和潜力。如"请你作一下自我介绍"、"谈谈你的工作经历"。

②封闭式提问。封闭式提问只需应聘者作出简单的回答。一般以"是"或"不是"来回答。这种提问方式只是为了明确某些不甚确定的信息，或充当过渡性提问。即让应聘者对某一问题作出明确的答复，如"你是否曾经干过秘书工作？"一般用"是"或"否"回答。

③清单式提问。清单式提问即鼓励应聘者陈述优先选择，以获取应聘者选择可能性或决策方面的能力。如"你认为产品质量下降的主要原因是什么？"

④假设式提问。假设式提问即鼓励应聘者从不同角度思考问题，发挥应聘者的想象力，以探求应聘者的态度或观点。如"如果你处在这种状况，你会怎样？"

⑤重复式提问。重复式提问即让应聘者知道面试考官接收到了应聘者的信息，检验获得信息的准确性。如"你是说……如果我理解正确的话，你说的意思是……"

⑥确认式提问。确认式提问即鼓励应聘者继续与面试考官交流，表达出对信息的关心和理解。如"我明白你的意思！这种想法很好！"

⑦举例式提问。这是面试的一项核心技巧，又称为行为描述提问。传统的面试往往集中问一些信息，十分注意求职申请表中所填的内容，并加以推测分析，这是完全必要的。但是有些应聘者也会编造一些假象。为了克服这一点，在考察应聘者的工作能力、工作经验时，可针对其过去工作中特定的例子加以询问。基于行为连贯性原理，所以问题应涉及工作行为的全过程，而不应当在某一点上，从而能较全面地考察一个人。面试中，一般可以让应聘者列举应聘职务要求的且与过去从事的工作相关的事例，从中总结和评价应聘者的相应能力。

（2）提问时必须关注几个问题。

尽量避免提出引导性的问题。不要让应聘者了解你的倾向、观点和想法，以免应聘者迎合你而掩盖他的真实想法。

有意提问一些相互矛盾的问题，引导应聘者作出可能矛盾的回答，来判断应聘者是否在面试中隐瞒了真实情况。

面试中非常重要的一点是了解应聘者的求职动机。所提的问题要直截了当，语言简练，有疑问马上提出，并及时作好记录。不要轻易打断应聘者的讲话，对方回答完一个问题，再问第二个问题。

面试中除了要倾听应聘者回答的问题，还要观察他的非语言行为，从中可以看出对方是否诚实，是否具有自信心等情况。

4）结束面试阶段

在面试结束之前，在面试考官确定问完了所有预计的问题之后，应该给应聘者一个机会，询问应聘者是否有问题要问，是否有要加以补充或修正之处。不管录用还是不录用，均应在友好的气氛中结束面试。主考官要稍作总结，表示面试结束，起身握手告别，示意应聘者可以走了。

如果对某一对象是否录用有分歧意见时，不必急于下结论，还可安排第二次面试。同时，要整理好面试记录表。

5）面试评价阶段

面试结束后，应根据面试记录表对应聘者进行评价。面试资料存档备案。

摩托罗拉公司（Motorala Inc.）在招聘时，通常进行三轮面试：第一轮是人力资源部的初步筛选；第二轮是由业务部门进行相关业务的考察和测试，此时提问均集中在相关的业务知识上；第三轮是由招聘职位的最高层经理和人事招聘专员参加的面试，每轮均有被淘汰者。人员招聘是要经过一个层次、一个层次的甄选，程序的科学性要求步骤不能颠倒，只是每个企业根据自己企业的实际情况的不同，招聘的程序也可以有所差别。

（三）其他选拔方法

1. 心理测试法

心理测试是一种比较先进的测试方式，在国外被广泛使用。

心理测试是指在控制的情境下，向应试者提供一组标准化的刺激，以所引起的反应作为代表行为的样本，从而对其个人的行为作出评价的方法。

这种测试与前面提到的笔试相比，更加规范化。由于心理测试的难度较大，单位应选择专业的心理测试人员，或委托专业的人才机构或心理学研究机构进行测试。一般来说，心理测试有以下几种类型。

1）人格测试

所谓人格，由多种人格特质构成，大致包括体格与生理特质、气质、能力、动机、价值观与社会态度等。人格对工作成就的影响是极为重要的，不同气质、性格的人适合于不同种类的工作。对于一些重要的工作岗位如主要领导岗位，为选择合适的人才，则需进行人格测试。因为领导者决策失败的原因，往往不在于智力、能力和经验不足，而在于人格特质的不适合。

人格测试的目的是了解应试者的人格特质。根据心理学家对人格的划分不同，测试的类型也不同。一般可以将人格分为16类：乐观型、聪慧型、稳定型、恃强型、兴奋型、持久型、敢为型、敏感型、怀疑型、幻想型、世故型、忧虑型、实验型、独立型、自律型和紧张型。

2）兴趣测试

职业兴趣揭示了人们想做什么和他们喜欢做什么，从中可以发现应聘者最感兴趣并从中得到最大满足的工作是什么。如果当前所从事的工作与其兴趣不相符合，那么就无法保证他会尽职尽责、全力以赴地去完成本职工作。在这种情况下，不是工作本身，而更可能是高薪或社会地位促使他们从事自己并不热衷的职业。然而，一个有强烈兴趣并积极投身本职工作的人与一个对其职业毫无兴趣的人相比,二者的工作态度与工作绩效是截然不同的。

如果能根据应聘者的职业兴趣进行人力资源合理配置,则可最大限度地发挥人的潜力,保证工作的圆满完成。根据心理学家对兴趣划分的不同,测试的类型也不同。普遍地可以将人们的兴趣分为六类:现实型、智慧型、常规型、企业型、社交型和艺术型。

3)能力测试

能力测试是用于测定从事某项特殊工作所具备的某种潜在能力的一种心理测试。这种测试可以有效地测量人的某种潜能,从而预测他在某职业领域中成功和适应的可能性,或判断哪项工作适合他。这种预测作用体现在:什么样的职业适合某人;为胜任某职位,什么样的人最合适。因此它对人员招聘与配置都有重要意义。

能力测试的内容一般可分为:

(1)普通能力倾向测试。普通能力主要内容有思维能力、想象能力、记忆能力、推理能力、分析能力、数学能力、空间关系判断能力、语言能力等的测试。

(2)特殊职业能力测试。特殊职业能力是指那些特殊的职业或职业群应具备的能力。测试职业能力的目的在于:测试已具备工作经验或受过有关培训的人员在某些职业领域中现有的熟练水平;选拔那些具有从事某项职业的特殊潜能,并且能在很少或不经特殊培训就能从事某种职业的人才。如对秘书进行打字、记录、公文起草能力的测试。

(3)心理运动机能测试。心理运动机能主要包括两大类:一是心理运动能力,如选择反应时间、肢体运动速度、四肢协调、手指灵巧、手臂稳定、速度控制等。二是身体能力,包括动态强度、爆发力、广度灵活性、动态灵活性、身体协调性与平衡性等。在人员选拔中,对这部分能力的测试一方面可通过体检进行,另一方面可借助各种测试仪器或工具进行。

应用心理测试法的基本要求如下:

第一,要注意对应聘者的隐私加以保护。应聘者的各项能力、人格特征和兴趣特征属于应聘者的个人隐私。在未征得应聘者同意之前,不能公布应聘者的心理测试结果。如果应聘者未通过心理测试,招聘人员应该将测试结果报告退还给应聘者。

第二,要有严格的程序。从心理测试的准备,到心理测试的实施,以至最后的心理测试结果的评判,都要遵循严格的程序来进行。负责人必须经过专业的心理测试培训,必要时,可请专业人员协助工作。

第三,心理测试的结果不能作为唯一的评定依据。这种评定结果根据单位的具体情况不同,在单位决策时,参考的程度不同。心理测试可以和面试、笔试等同时进行,结合多种方法,作出客观评价,不能将心理测试作为唯一的评定依据。

2.情境模拟测试法

1)情境模拟测试法的概念

情境模拟测试法是一种非常有效的选择方法,它是根据被试者可能担任的职位,编制一套与该职位实际情况相似的测试项目,将被试者安排在模拟的、逼真的工作环境中,要求被试者处理可能出现的各种问题,用多种方法来测试其心理素质、实际工作能力、潜在能力等综合素质的一系列方法。

2)情境模拟测试法的特点

这种方法由于将应聘者放在一个模拟的真实环境中,让应聘者解决某方面的一个"现实"问题或达成一个"现实"目标,因而较容易通过观察应聘者的行为过程和行为效果来鉴别应聘者的工作能力、人际交往能力、语言表达能力等综合素质，比较适合在招聘服务人员、事务性工作人员、管理人员、销售人员时使用。但是，由于这种测试方法设计复杂，且费时耗资，因此目前在招聘中高层管理人员时使用较多。

情境模拟测试与笔试和面试方法相比，主要是针对被试者明显的行为、实际的操作以及工作效率进行测试，重点测试项目是那些在书面测试中无法准确测试的被试者的领导能力、交际能力、沟通能力、合作能力、观察能力、理解能力、解决问题能力、创造能力、语言表达能力、决策能力等实际能力。

3）情境模拟测试法的分类

根据情境模拟测试内容的不同，可以分为语言表达能力测试、组织能力测试、事务处理能力测试等。其中，语言表达能力测试，侧重于考察语言表达能力，包括演讲能力测试、介绍能力测试、说服能力测试、沟通能力测试等；组织能力测试，侧重于考察协调能力，如会议主持能力测试、部门利益协调能力测试、团队组建能力测试等；事务处理能力测试，侧重于考察事务处理能力，如公文处理能力测试、冲突处理能力测试、行政工作处理能力测试等。这些素质也是对现代管理人员必备的要求。

4）情境模拟测试法的优点

（1）可从多角度全面观察、分析、判断、评价应聘者，这样企业就可能得到最佳人选；

（2）由于被测者被置于其未来可能任职的模拟工作情境中，而测试的重点又在于实际工作能力，因此通过这种测试而选拔出来的人员往往可直接上岗，或只需有针对性地培训即可上岗，这为企业节省了大量的培训费用。

5）情境模拟测试的常用方法

情境模拟测试是一种常用的能力测试方法。实际上，几乎任何一项工作都可以用情境模拟的方式来表现。各单位可以根据自己的实际情况需要，自行设计一些情境模拟题目进行测试。

情境模拟测试的方法有很多，如公文处理模拟法、无领导小组讨论法、访谈法、角色扮演、即席发言、案例分析法、决策模拟竞赛法等。其中最常用的情境模拟方法为前两种。

3. 公文处理模拟法

公文处理模拟法又叫做公文筐测试。这是多年实践已被充实完善并被证明是很有效的管理人员测评方法。其具体步骤如下：

首先，给每一个应试者发一套文件汇编（由 15～25 份文件组成），包括下级呈来的报告、请示、计划、预算，同级部门的备忘录，上级的指示、批复、规定、政策，外界用户、供应商、银行、政府有关部门乃至所在社区的函电、传真及电话记录，甚至还有群众检举或投诉信等，因为这些文件经常会出现在管理人员的办公桌上。

其次，向应试者介绍有关的背景材料，然后告诉应试者，他现在就是这个职位上的任职者，负责全权处理文件篓里的所有公文材料。要使应试者认识到，他现在不是在做戏，也不是代人理职。他现在是真正的当权者，要根据自己的经验、知识和性格在给定的时间内去处理解决问题。他不能说自己将如何去做，而应是真正地处理每一件事。由此，每个应试者都留下一沓笔记、备忘录、信件等，这是每个应试者工作成效的最好记录。

最后，处理结果将交给测评组，按既定的考评维度与标准进行考评。通常不是定性式地给予评语，而是就某些维度逐一定量式地评分（常用五分制）。最常见的考评维度有七个，即个人自信心、企业领导能力、计划安排能力、书面表达能力、分析决策能力、敢担风险倾向与信息敏感性;但也可按具体情况增删,如加上创造思维能力、工作方法的合理性等。总的来说,是评估被测者在拟予提升岗位上独立工作的胜任能力与更远程发展的潜力和素质。

为保证测试的有效性,这些文件的编写要逼真与准确,应以单位的存档文件、记录、函电、报告及现场调查收集的信息作素材来提炼加工。这些素材有些是已经被事实证实过成败的经验和教训,有些则是条件与信息已完整具备或仅有部分不完善,有待决策与执行的。依此编写的文件的处理难度与重要性也各不相同。同时,文件中应有足够信息才能作出合理决策,一般还附有该单位企业结构系统图、有关人员名单及当月的日历等,以供参考。

4. 无领导小组讨论法

无领导小组讨论法是对一组人同时进行测试的方法,它将讨论小组(一般小组由4~6人组成)引入一间只有一桌数椅的小空房中,不指定谁担任主持讨论的组长,也不布置议题与议程,只是发给一个简短案例,即介绍一种管理情境,其中隐含着一个或数个待决策和处理的问题,以引导小组展开讨论。这种方法通常没有人告诉任何一个小组成员他应该坐在哪个位置上,一般使用一张圆桌子,而不用长方形的桌子,以使每个坐席的位置具有同等的重要性。在小组讨论的过程中,即使出现冷场、僵局的情况,甚至发生争吵,测评者也不出面干预,令其自发进行。

最后的测评过程,是由几位观察者给每一个参试者评分。根据每人在讨论中的表现及所起作用,观察者沿既定维度予以评分。这些维度通常是主动性、宣传鼓动与说服力、口头沟通能力、企业管理能力、人际协调能力、自信、创新能力、心理压力耐受力等。应注意的是,这些素质和能力是通过被测者在讨论中所扮演的角色(如主动发起者、指挥者、鼓动者、协调者等)的行为来表现的。

(四)应聘者的体检

这里所说的体检不同于一般的身体健康检查,它包括健康检查、身体运动能力测试。组织内的员工不仅要有健康的体魄,而且必须具备一定的运动能力。例如,对于建筑人员就要求测定其气力、握力、耐力、控制力、调整力、坚持力、手指灵巧、手臂灵巧、手眼协调、手眼足协调、视觉灵敏度、听力灵敏度、颜色辨别能力等。一般来说,体检通常放在所有筛选方法使用之后进行,这样做的好处是节约费用。体检的主要目的是确定应聘者的身体状况是否能够适应工作的要求,特别是能否满足工作对应聘者身体素质的特殊要求,体检还可以降低缺勤率和事故,发现员工可能不知道的传染病。所以,其结论不是“健康”或者“不健康”就能表达的。在这一过程中要注意避免出现歧视。

体检这一环节的执行相对比较简单,一般单位会指定一个有信誉的或长期往来的医疗机构,要求应聘者在一定时期内进行体检。在大单位中,体检通常在招聘单位的医疗部门中进行。体检的费用一般由招聘单位支付,体检的结果也交给招聘单位。

(五)背景调查

背景调查通常是用人单位通过第三者对应聘者的情况进行了解和验证。这里的“第三者”主要是指应聘者原来的雇主、同事以及其他了解应聘者的人员,或是能够验证应聘者提供资料准确性的机构和个人。背景调查的内容通常是应聘者的教育状况、工作经历、个人品质、工作能力、个人兴趣等情况。

目前,用人单位在招聘人才时,对应聘者的学历、职称等硬件和经历、能力等软件的了解基本上以应聘者的本人介绍为主，对其的审查往往通过面试来完成。在一般情况下，用人单位在面试后的一周内就会发出录用通知，在办完录用手续后才转移应聘者的个人档案材料。大多数用人单位收到档案材料后根本不仔细审阅，甚至连看也不看，就锁进保险箱或存放到人才交流中心，甚至有些单位根本不要档案。其实这种做法并不妥当，因为它漏掉了很重要的一个程序，即对录用人员的背景调查。用人单位在这方面掉以轻心，可能会遭受极大的损失。例如，某公司招收财务主管时，没有对录用人员进行起码的审查，结果，被录用的人虽有高级职称，却是个有贪污前科的人。仅在1年内，他就利用自己手中的财权，将公司近200万元资金转移并吞为己有。当公司发觉时，此人已逃离出境。再如，一家民营企业为了开发一项新产品，招收了一名外地的硕士毕业生，他的毕业证书、学位证书都齐全，面试时对行业情况也比较熟悉。在他被录用后，公司投入了较多的资金来开发新项目，该硕士生当上了项目负责人。但是新产品的开发相当不顺利，资金一再追加。据项目组的其他人员反映，这位硕士生有时候连本科生应当掌握的知识也不明白。这一情况引起了公司的警觉，经过认真仔细的审查，公司发现，这个所谓硕士生的毕业证书和学位证书都是伪造的，他只是个大专生。这家公司没有对应聘者进行必要的背景调查，以致延误了新产品的研发，不但造成了巨大的经济损失，还丧失了抢占市场的先机。

从深层意义来看，由于人才在市场上处于供大于求的状况，用人单位招聘的门槛越来越高，因而对求职者的学历、工作经验、个人特长等要求也水涨船高，给广大求职者造成了极大的压力。那些文凭低、工作经验不足的求职者为迎合用人单位的需要，纷纷弄虚作假，致使假文凭、假职称证书到处泛滥。求职者在工作经验方面往往夸大其词，甚至杜撰简历，把做过一周化妆品直销的经历放大为具有丰富的市场销售经验，把出纳经历发挥为熟悉财务运作，以满足应聘职位的要求。一项调查资料显示，美国有3 000万人曾经伪造简历而被录用。防假于未然，背景调查是拒假于门外的有力武器，放弃背景调查就意味着公司失去了基本的免疫力。由此可见，对录用人员，特别是关键职位、重要人员的背景审查不但是必要的，而且是必需的。

背景调查的内容可以分为两类：一是通用项目，如毕业证书和学位证书的真实性、任职资格证书的有效性；二是与职位说明书要求相关的工作经验、技能和业绩，但不必面面俱到。

应聘者的背景调查包括以下四个方面：

(1)学历调查。无论公司提供的职位对于学历的要求标准如何，都必须对员工学历的真实性进行调查。一个编造学历的员工，绝对不是一个值得信赖的候选人。

(2)个人资质调查。在信息发达的今天，有很多就业指导师可以教导求职者如何向应聘公司提供正面的经历，还会告诉求职者什么样的工作经历应该隐瞒，什么样的辞职原因不能向应聘公司说明等。作为招聘员工的公司，如果希望找到好的员工，就应该认真考察求职者提供的前工作单位、辞职原因、家庭住址及其他状况。

(3)个人资信调查。个人资信调查是对求职者个人品行、成长经历、家庭情况、个人爱好、资产及信用的调查。有资料表明，一个人的品行定性于25岁之前。对于用人单位，如果希望在工作中再对员工的品行作了解或调整，很可能会导致不必要的损失。每个用人单位都希望得到一些有良好品行、良好成长经历、无不良嗜好及有一定信用度的员工，而对于非专业人员来说，无论是查看求职者的应聘资料还是面试，都很难知道他们是否提供了真实资料。

(4)员工忠诚度调查。员工忠诚度调查是对应聘者过去有无严重损害企业利益、违反劳动合同等方面情况的调查。

第三节 员工的录用

在运用多种方法对应聘者进行选拔评价之后，企业将对选拔过关的求职者进行录用。人员录用是招聘工作的最后一道程序，但也是关键的一道程序，其过程相对比较简单，主要涉及劳动合同的签订、入职培训、员工的试用和正式录用等。

一、签订劳动合同

员工进入企业之前，要与企业签订劳动合同。依法订立的劳动合同具有约束力，用人单位与劳动者应当履行劳动合同约定的义务。根据《劳动合同法》规定，劳动合同应当具备以下条款：

(1)用人单位的名称、住所和法定代表人或者主要负责人；

(2)劳动者的姓名、住址和居民身份证或者其他有效身份证件号码；

(3)劳动合同期限；

(4)工作内容和工作地点；

(5)工作时间和休息休假；

(6)劳动报酬；

(7)社会保险；

(8)劳动保护、劳动条件和职业危害防护；

(9)法律、法规规定应当纳入劳动合同的其他事项。

劳动合同除前款规定的必备条款外，用人单位与劳动者可以约定试用期、培训、保守秘密、补充保险和福利待遇等其他事项。

企业与被招用的员工签订劳动合同时，必须遵守国家政策和法规的规定，遵循合法、公平、平等自愿、协商一致、诚实信用的原则；劳动合同必须以书面形式签订；劳动合同的内容必须完备、准确。

二、入职培训

录用人员在办理完进厂手续后，由人力资源部门培训专员，对其进行企业制度文化的培训。培训内容应该包括企业精神、企业作风、企业管理模式等企业文化和基本的公司工作、生活、安全、卫生等管理制度。此项培训应以《员工手册》为主要依据。

用人部门对新员工进行岗前培训。培训内容应包括：①熟悉工作内容、性质、责任、权限、利益、规范；②熟悉企业环境、岗位环境、人事环境；③熟悉掌握工作流程和技能。

通过入职培训，向新员工介绍其工作环境，激励新员工的士气；向新员工提供情况、信息，尽快消除新员工对新工作、新工作环境及新同事的神秘感；有助于新员工对其工作群体、整个组织以及工作环境建立积极的、真实的、有助于其工作成功的看法。

培训周期一般以三天至一星期为宜，特殊岗位的培训可以适当延长。培训合格者上岗试用。

三、员工的试用

试用是对员工的能力和潜力、个人品质与心理素质的进一步考核。这一阶段的主要目的是通过工作实践考察试用人员对工作的适宜性,同时,也为试用员工提供了进一步了解组织及工作的机会,事实上,这一阶段是组织与员工的双向选择。

试用周期一般为3~6个月。

在试用期应做好以下工作:首先,要让新员工熟悉工作岗位、工作部门和整个企业的基本情况,如企业的目标、历史、文化等,不仅要帮助新员工尽快融入企业,而且使他们能够了解工作目标以及此项职位在企业中的地位。其次,应让员工了解企业的规章制度。如企业的人事制度、工资制度、福利制度等。再次,让新员工熟悉工作的环境。如安排新员工参观车间、办公室以及将新员工介绍给周围的同事。

四、正式录用

正式录用也就是俗称的"转正",是指试用合格的员工成为该组织正式成员的过程。试用期届满,一般由用人部门根据新员工在试用期间的具体表现对其进行考核(见图3-2),作出鉴定,并提交人力资源管理部门。人力资源管理部门对考核合格的员工正式录用。试用期工作优异者,经部门推荐、考核通过,可提前结束试用期,正式录用。对于试用期表现一般,或不能胜任工作的,可以提出解除劳动合同。

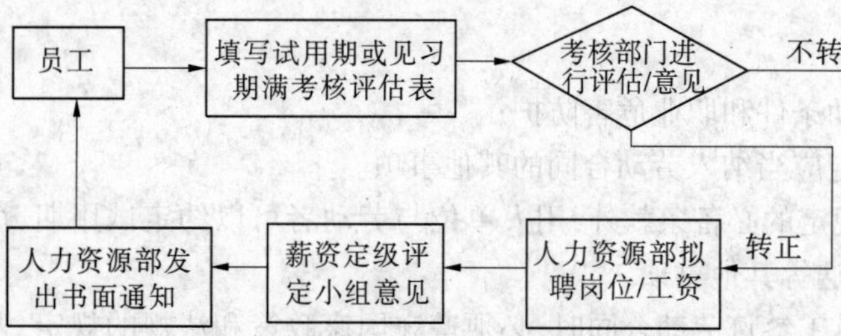

图3-2　某企业员工试用期满考核评估程序(在试用期满前5个工作日办理)

五、对未录用应聘者的处理

对未被录用的应聘者,应尽快通知他们,尤其是在最后候选人名单上的应聘者,以维护企业在公众中的形象。未被录用的应聘者一般很想知道未被录用的原因,一些有益的反馈会对他们将来找工作有所帮助。企业在答复未被录用的应聘者时最好采取书面形式,语言应简洁、坦率、礼貌和富于建设性,同时应该富有鼓励性,感谢他们对工作的兴趣,向他们解释未被录用的原因,并表示与应聘者建立长期的联系。

将所有合格应聘者的材料存档。如已存有这些应聘者的信息,再根据几次面试的情况将原有信息更新,以备将来有类似空缺岗位出现时之用。

另外,在决定未被录用者时要留有一定名额。对于一个职位,初步录用的人选名单要多于实际录用的人数,以防部分被录用者因某些因素,如无法离开原单位、找到了更好的职位等,而不来企业任职。留有备选人员名单,以便随时能有合适的人选来代替。

第四章　建筑企业劳动组织管理

第一节　劳动组织的性质和作用

一、劳动组织的概念和性质

(一)劳动组织的概念

劳动组织是指劳动者在劳动过程中,在分工和协作的基础上建立起来的组织形式。它的主要任务是组织劳动者合理地进行劳动,正确地处理劳动过程中人与人之间的关系,使他们能够合理地分工与协作;同时处理好人与劳动工具和劳动对象之间的关系,充分发挥每个劳动者的积极性和创造性,不断提高劳动生产率。

企业劳动组织是在企业各部门、各班组之间以及部门、班组内部的分工与协作的基础上建立的。

(二)劳动组织的属性

劳动组织具有二重性,即自然属性和社会属性。

劳动组织的自然属性,是指人类的劳动是一种社会活动,劳动者必须按照一定的形式组织起来,才能实现社会劳动过程,这是一切社会形态下共同劳动的客观要求。特别是在现代化大生产条件下,劳动分工更加细密,劳动协作要求更加严格,科学合理地进行劳动组织更加重要。

劳动组织的社会属性,是指人们的劳动是在一定的社会生产关系下进行的。劳动组织体现着一定的生产关系,反映着一定生产关系的要求。建立劳动组织的目的都是提高劳动生产率,发展国民经济,满足人们日益增长的物质和文化的需要。

二、劳动组织的作用

合理科学组织劳动力,建立劳动组织对促进生产、提高经济效益具有重要作用。

(一)合理的劳动组织是保证生产正常进行的必要条件

建筑业以其产品多样性和生产个体性,使得建筑产品生产随工程对象而异。施工生产中工期长、流水线相互交叉作业、工序多、各工种相互协作紧密,对施工有较高的技术要求和质量要求。如果没有完善的、健全的劳动组织,让劳动者各行其是,缺乏秩序,正常生产就无法进行。

(二)合理的劳动组织是提高劳动生产率、增强企业竞争能力的途径

合理组织劳动者的劳动,搞好分工与协作,不仅能够充分发挥每个劳动者的技能和专长,而且通过合理的劳动组织,可以完成个人或少数人难以完成的工作,提高劳动生产率和经济效益。灵活的劳动时间组织和优良的劳动空间组织还能吸引优秀的劳动者,提供高质量的产品和服务,使企业竞争能力增强。

（三）合理的劳动组织是节约使用劳动力、挖掘劳动潜力的一项重要措施

劳动力是生产力的决定性因素，节约使用劳动力的措施很多，改善劳动组织是重要措施之一。通过改善劳动组织，可以使分工更加合理、协作更加密切，从而有可能做到用尽量少的活劳动消耗，生产出尽可能多的符合社会需要的产品，达到充分利用劳动力、节约劳动力的目的。

（四）合理的劳动组织对巩固劳动纪律、调动劳动者主人翁责任感有重要作用

合理的劳动组织，可以使劳动者明确自己在组织中的地位和作用，明确在组织生产、技术和工作时间方面应当遵守的准则，对巩固劳动纪律、调动劳动者主人翁责任感有重要作用。

三、建筑企业劳动组织的内容和原则

（一）建筑企业劳动组织的内容

建筑企业劳动组织的主要内容包括以下几个方面：

（1）组织好劳动者的分工与协作，发挥每个劳动者的专长和技能。

（2）编制先进合理的劳动定额和定员，搞好组织机构的设置及人员配备。

（3）合理地组织工作，达到高效、舒适、安全的目标。

（4）合理组织工作班组，充分利用工时，保证企业生产的协调进行。

（5）加强劳动组织纪律，建立良好的劳动秩序。

（二）建筑企业内建立基层劳动组织的原则

（1）企业内建立基层（项目部）劳动组织，应适应企业承担建筑工程对象的特点、性质、结构特点、技术复杂程度、工程量大小等，分别采取不同的劳动组织形式，并随施工技术水平的发展，特别是施工工艺的改进、施工设备的发展和施工机具技术水平的改革与提高，及时进行调整。

（2）有利于充分发挥工人在施工生产中的主动性、积极性，并有利于工种间和工序间的协作配合。

（3）使骨干力量和一般力量、技术工人和普通工人密切配合，保持工人相对固定，保证工程质量，有利于提高劳动生产率。

（4）配备精明能干的项目经理和施工管理人员，建立高效的管理层。实践证明，项目经理和施工管理人员的人选对劳动组织的作业能力和效率关系极大。

（5）劳动组织的成员不仅有生产上的分工协作关系，而且也会产生思想感情上的互相了解、信任，相互体谅及融洽相处的合作关系，有利于生产协作、提高效率。因此，在调整劳动组织时，也必须考虑这些因素，以保持劳动组织的相对稳定性。

第二节　建筑企业劳动组织形式

建筑企业的劳动组织是根据地区条件、基本建设规模、工期、工程任务性质、资金、人力、机械设备状况等，在分工协作的基础上，科学、合理地组成。

一、建筑企业的组织形式

建筑企业的组织形式是指从事施工生产、安装等经济活动的部门。它是独立核算、自负

盈亏、按章纳税的经济组织。建筑企业劳动组织有以下几种主要形式：

(1)总承包公司，是指能独立承包建设项目的大型建筑企业。它承担从规划、勘测、设计、科研，到施工、安装全过程的组织与实施，是进行基本建设最有效的组织形式。

(2)土建施工公司，是指主要承担建筑工程的主体、内外装修及工程本身水电暖通安装施工的企业。

(3)工业设备安装公司，是指主要承担各类大型工业、民用工程以及高层建筑的设备安装、调试、金属结构加工、窑炉砌筑、压力容器制作等施工工程的公司。

(4)专业性公司，是指承担专业性质工程施工的企业。如桩基公司、基础工程公司、防水工程公司等。

(5)劳务公司，是中介服务性质的公司，由人力资源部门管理。

二、建筑企业内部基层劳动组织

(1)工程项目部。工程项目部组织是目前我国施工企业普遍采用的施工组织形式。项目部组织设置的目的在于确保项目目标的实现。从“一切为了确保项目目标实现”这一根本目的出发，因目标而设事、因事设人设机构、因事定岗定责。项目部施工组织主要包括两个层次，即项目管理层和施工分包方或劳务操作队(作业层)两层组织。

(2)专业作业队。专业作业队是指从事专项工程施工的组织形式。如主体工程作业队、砌体粉刷作业队、油漆作业队、水暖作业队等。它的优点是生产任务比较专一，施工对象不变或变化不大，易于工人掌握技术，专业性强，操作水平高；有利于保证工程质量，提高工效，加快施工进度，创造优良工程。缺点是承担施工任务专一，适应性较差，容易造成工时浪费。它是适合在大型工程施工中采用的组织形式。

(3)混合作业队。混合作业队是指为完成一个分项工程或单位工程所需要的、互相联系的各专业工种的工人组成的统一、协调的组织形式。如土建施工作业队、水电安装施工作业队等。它的优点是具有一定的综合施工能力，有利于工种之间的协作配合，适应性较强，能减少工时浪费，施工连续性较好。缺点是工人的专业技术和操作水平不如专业作业队工人提高的快。一般在民用建筑和小型工业建筑工程施工中采用混合作业队组织。

(4)生产班组。生产班组是施工企业里最基层的生产管理单位。它是由若干相同或不同工种的工人组成的，根据便于管理、便于调动、便于工序之间协作配合的原则组成。由单一工种组成的是专业生产班组，它只能完成单一施工过程；由两个以上工种组成的是综合生产班组，它有利于加强施工过程中各工种工人在组织上和操作上的衔接协作。

第三节　劳动力招收

劳动力的招收，一般是指通过招收录用手续从社会上吸收劳动力，以满足生产建设对劳动力的需要。劳动力的调配，通常是指对在职工人的调配，即根据生产工作需要，对在职工人的余缺调剂和调动。从广义上说，劳动力招收也是劳动力调配的一种形式。

建筑企业做好劳动力的招收和调配工作，在于解决生产发展和自然减员需要补充的劳动力，根据“少用人、多办事”的原则，力求做到合理地节约使用劳动力，不断地提高劳动生产率，保证生产对人力的需求。

一、新工人来源

(1)从社会上招收:即由企业按照法定手续,有组织、有计划地从技工学校及职业学校毕业生、经过培训的城镇灵活就业人员和农村剩余劳动力等人员中招收。

(2)接收安置复员、转业军人:即由国家将一部分复员、转业军人安置到企业工作。企业对于技术兵种的复员、转业军人,应尽可能对口分配工作。

(3)实行劳务派遣。

二、招收办法

劳动力的招收,其具体做法是:

(1)公开招工、自愿报名。企业根据生产需要,定出招工简章,明确录用条件、所招工种和待遇,公开招工。应招人员可根据自己的爱好和特长自愿报名。

(2)全面考核。由企业对报考者进行德、智、体全面考核。

"德"是指报考者的思想觉悟和道德品质。主要看报考者的现实表现,包括政治思想和劳动态度。应届毕业生的"德",主要依据学校的评语。城镇灵活就业人员和农村剩余劳动力的"德",主要依据所在街道(社区)有关部门或村委会的鉴定。

"智"是指报考者的文化科学知识水平。不同工种的考核,内容应当各有侧重。对于文化技术要求较高或者有特殊要求的工种,也可以进行专业文化或操作考试。

"体"是指报考者的身体条件、健康状况。以能够适应生产、工作需要为原则,在指定医院进行检查。

(3)择优录用。所谓择优录用,是指在德、智、体全面考核后,对成绩优、表现好的优先录用。对成绩优而身体差的适当照顾,给他们一些力所能及的工作,使之人尽其才。对一些文化水平要求不高而劳动强度较大的工种,也适当选用一些身体强壮而文化考核成绩较差的青年。

(4)规定使用期。录用新工人后,要规定一定期限的试用期。在试用期内发现不合格的,可以联系调换或辞退,被录用者如不满意所分配的工种,也允许辞职,另谋职业。

实践证明,这一招工办法收到了良好的效果,对于提高工人队伍的素质,保证企业生产建设的需要,克服徇私舞弊不正之风,促进青年积极上进等都有好处。

三、用工形式

用工形式是指在生产经营过程中对劳动力的使用形式。企业应针对不同的生产特点和实际需要,采用劳动合同工、劳务临时合作工和农村建筑队伍等多种用工形式。

企业用工从大的方面划分可以分为劳动用工和非劳动用工两种形式。劳动用工是指与企业签订有劳动合同的在册职工和参保用工;非劳动用工是指分(子)公司、项目部或承包人(班组)使用并与有资质的劳务公司签订劳务(动)服务协议的劳务用工。

企业使用的各类人员必须是经批准并签订了劳动合同或与有资质的劳务公司签订了服务协议的人员。

劳务临时合作工。企业因临时性生产工作的需要,有权决定使用临时工。但临时工的来源,可就近使用农村劳动力,到期应予以辞退。

农村建筑队伍。企业根据生产施工需要,可以使用农村建筑队伍,签订劳务合作合同。

第四节　劳动力调配

劳动力调配是一个企业劳动力管理的重要组成部分。它是一个企业完成工作任务或实现组织目标的重要手段。

一、劳动力调配的定义

所谓劳动力调配,就是一个企业对其所属劳动力资源在其内部进行合理分配、使用和管理的行为。它同劳动力的招收及有关工作相伴而行,都是企业自主安排劳动力的必要手段。其主要表现为经企业人力资源主管部门决定而改变劳动力(员工)的工作岗位、工种、职务、工作单位或隶属关系的人事关系的变更。这种变更应同时具有两个特点:一是经过人力资源主管部门认定并办理相应手续;二是要有较长时间的职位、工种或职务改变。

二、劳动力调配的作用

劳动力调配的目的和作用,从根本上讲是促进人与事的配合及人与人的协调,充分开发人力资源,实现组织目标。它的作用主要表现在以下几个方面:

(1)劳动力调配是实现组织目标的保证。为了适应组织不断变化的外部环境、内部条件及组织目标和任务的变化,只有不断进行人员调配,才能适应这些变化,维持组织的正常运转和推动组织的发展壮大。

(2)劳动力调配是人尽其才的手段。人各有所长,也各有所短。人只有放在合适的岗位上,才能充分发挥自己的潜能。人与事的最佳结合,不是一劳永逸的,而是动态的,需要及时进行相应的调整。

(3)劳动力调配是实施人力资源计划的重要途径。人力资源计划中所确立的人员培训和劳动力转移等方案,都要通过人员调配手段来实现。

(4)劳动力调配是激励员工的有效手段。劳动力调配包括职务的升降和平行调动。职务晋升和平行调动,都能使员工产生一种内在的激励、新鲜感和应付挑战的亢奋,有利于挖掘其潜能。

(5)劳动力调配是改善组织气氛的措施之一。对于风气不良的班组,可以通过劳动力调配,来改变不良风气。

三、劳动力调配的原因

(1)建筑企业的生产任务不断发展变化,建设项目、规模、技术条件、劳动组织和劳动生产率等也在不断变化,打破了劳动力的平衡状态。为了解决这种不平衡的矛盾,就有必要进行劳动力的调配。

(2)对带有突击性的工作,为了保证在生产高潮时有足够的劳动力,在生产低潮时又不致造成窝工浪费,也需要进行劳动力的调配。

(3)除因生产工作需要外,还有因职工个人原因而进行的调动。这种调动一般属于照顾性的调动。如夫妻分居两地、患慢性疾病、年老体弱身边无子女、家距工作地点较远、专业不对口等。对于这些问题,均应根据需要与可能,尽量予以照顾和解决。

由此可见,劳动力调配工作是一项经常性的而又重要的工作。

四、人员调配的原则

(1)根据生产工作需要,保证生产第一线有足够的精干劳动力。

(2)调剂劳动力余缺时,应按照先内后外、先近后远的原则,尽量从本单位、本地区内解决,减少跨省市的远距离调动。

(3)要按照岗位的实际需要,安排适合的劳动力。力求做到人尽其才、人事相宜,尽量照顾其专长。

五、劳动力调配的形式和方法

劳动力调配的形式很多。从范围上可分为企业内部调动和企业之间调动。从归属上可分为正式调动和临时调动。

劳动力的调配,通常采用以下方法:

(1)成建制调配,就是将某一个单位的全部人员、设备、工具等一同迁入另一个地区或调入另一个单位。这种调配方法,主要是为了完成某项建筑安装任务或重点建设项目。

(2)成套调配,是指人员成套,即一定数量的领导干部、技术骨干、生产工人配备成套调入另一个新组建的基层单位或工程项目部。由于各类人员配备齐全,而且有一定的质量保证,调到新的劳动组织能很快地发挥作用,有利于领导、有利于团结、有助于生产顺利进行。

(3)成批调配,是指一个企业同时将同工种或不同工种的一批职工调到另一个新组建的基层单位或工程项目部。这种调配方法,是为了加强职工力量比较薄弱的单位。根据调入单位的需要,缺什么人调什么人,不要求做到人员成套。

(4)零星调配,这种调动,除少数因工作需要调动外,在多数情况下,属于照顾职工及其家庭的某种困难。这是企业常见的职工调动。

以上四种方法都属于正式调动,即调动工作后职工的隶属关系随之改变。除此之外,还有临时借调,这通常是为了支援兄弟单位、项目部或班组完成一定的临时性任务而采取的方法,不改变职工的隶属关系。

六、劳动力调配的程序

劳动力调配分为两个方面,一是因个人原因要求组织调动的,二是因企业生产任务需要而进行的劳动力调配。

(1)因个人原因要求组织调动的,一般按下列程序进行:

本人提出申请,填写调动审批表→组织审核→调出调入单位双方洽商→调入单位发出调动通知→办理调动手续。

(2)因企业生产任务需要而进行的劳动力调配,一般按照下列程序进行:

劳动力需求部门(单位)提出劳动力需求计划→人力资源主管部门审核→人力资源主管部门在企业人力资源库中挑选劳动力→向调出单位发出调动通知→向调入单位开出调动通知。

七、劳动力调配工作应注意的问题

劳动力调配工作,是一项政策性强、涉及面广、细致复杂的工作。它关系到单位和个人、生产和生活的许多方面。要做好这项工作,应注意以下问题:

(1)做好思想政治工作。建筑安装职工,由于政治觉悟不断提高,绝大多数对于组织的分配和安排都能自觉地服从。但这并不意味着可以放松思想政治工作。因为劳动力调配工作的对象是人,调配人不像调拨物资,在进行任何调动前都必须把调动的必要性向职工讲清楚,以便使被调动的职工自觉地服从组织分配,愉快地走上新的工作岗位。对于少数不服从调动的职工,要进行更细致的说服教育工作,帮助他们克服个人主义,服从组织需要。对于个别经过多次教育,拒不服从调动的,应给予必要的纪律处分。

进行劳动力调配,除要做好职工方面的思想工作外,有关部门、单位也应从全局利益出发,克服本位主义思想。调出单位力求调出合乎调入单位要求的人员(技术合格、文化相当、身体健康),调入单位也不应该提出过高的条件和要求。

(2)做好调查研究,慎重选择调配对象。在选择调配对象时,一方面,要考虑到生产和工作上的实际需要,尽量调动条件最合适的职工;另一方面,也要适当地照顾到职工的专长和志愿,还要照顾到被调动职工的家庭生活和身体条件,避免因调动工作而造成夫妻两地分居。

(3)适当运用经济手段。调配劳动力主要应靠思想政治教育和必要的行政手段,但是也要辅之以一定的经济手段,从物质福利上鼓励员工到急需劳动力的部门、单位去工作,到艰苦的地方和岗位去工作。

(4)做好各项具体工作,帮助职工解决实际问题。如对于被调动职工的物质生活条件要妥善安排,调入单位在职工调入以前必须做好工作、生活等各项准备工作,对于调动工作后的工资福利待遇问题,也必须根据有关规定妥善处理。

(5)为了保持建筑企业施工队伍的相对稳定,应尽量避免大规模人员的调动。

(6)建立必要的劳动调配制度,做到有章可循。

总之,按照实际情况,及时而又恰当地搞好劳动力的调配工作,就能把劳动力管活,使现有人力发挥更大的作用。

【案例】 某建筑施工企业劳动力调动管理程序

针对公司人力资源现状和工程项目的实际情况,对劳动力的调配,公司采取了“正、反”两个渠道来解决:

(一)“正”渠道流动,即劳动力从公司向工程项目部的流动。

(1)工程项目部根据工程进展的实际情况,向公司劳动力主管部门上报劳动力需求计划;

(2)公司劳动力主管部门审核工程项目部的劳动力需求计划,同时在公司的人力资源库中甄选符合条件的劳动力;

(3)对甄选出来的劳动力,通过介绍信的形式,将劳动力介绍到工程项目部;

(4)工程项目部对公司介绍进场的劳动力,首先进行年龄、学历、身体、持证等相关条件的审查,然后组织项目部规章制度和安全生产知识学习,最后双方签订《使用劳动力协议

书》,并建立相关劳资台账;

(5)工程项目部将签订有《使用劳动力协议书》的劳动力上报至公司劳动力主管部门存档备案。

(二)"反"渠道流动,即工程项目部向公司流动。

对于技能水平要求不高的劳动力,公司允许工程项目部自行进行招收,但必须履行相关审批手续。具体程序为:

(1)对有技术(技能)的劳动力。

①工程项目部通过项目部的班组长、项目部有关管理人员介绍,或到当地劳动力市场进行招聘;

②工程项目部劳动力主管人员组织班组长、施工员和其他相关技术人员对上述招收的劳动力的技能水平进行初步考核,并评定相应的技能等级;

③工程项目部将上述进行过技能等级评定的人员上报至公司劳动力主管部门;

④公司劳动力主管部门对工程项目部上报的上述劳动力进行审批后,符合条件的,通知工程项目部签订《使用劳动力协议书》;

⑤工程项目部与经批准的劳动力签订《使用劳动力协议书》,并建立相关劳资台账。

(2)对无技术(技能)的劳动力。

①由工程项目部的施工班组向工程项目部提出无技能劳动力需求报告;

②工程项目部根据施工班组的承包工程施工情况进行审批;

③施工班组根据工程项目部的审批报告招聘劳动力;

④施工班组招聘的劳动力,工程项目部劳动力主管人员要对其身体和年龄等条件进行审查;

⑤对符合条件的劳动力,由施工班组与所招用的劳动力签订《临时使用劳动力协议书》,并进行岗前教育后,方可进场施工。

第五节　劳动纪律

一、劳动纪律的性质

劳动纪律,是指人们在共同劳动中必须遵循的秩序。劳动纪律是人们进行社会劳动的必要条件。任何一种生产活动,只要是有许多人共同参加的,都需要有一定的劳动纪律,以便把从事不同操作的劳动者联合为一个整体,把每个人的活动协调起来,使生产过程能够有秩序地进行;否则,每个人都可以自由行动、各行其是,生产活动就要发生混乱,甚至根本无法进行。

二、劳动纪律的主要内容

企业劳动纪律的主要内容包括组织纪律、生产技术纪律、工作时间纪律。

(1)组织纪律。组织纪律要求职工服从领导,服从组织分配,不讨价还价,不挑肥拣瘦。在劳动中,充分发挥主动性和积极性,保质保量完成或超额完成生产(工作)任务。

(2)生产技术纪律。要求职工严格遵守生产技术管理方面的各项规章制度,包括岗位职责、技术操作、安全技术、生产卫生规程和防火规则;执行直接领导者在生产规程方面的指示;遵守有关设备保养和工具、原材料、成品保管的规定。做到安全生产,爱护企业财产,保证工作场地的整洁,交班时把工作交待清楚,并自觉地保守企业机密。

(3)工作时间纪律。职工应认真负责地进行工作,遵守考勤制度,做到不迟到、不早退、不旷工。在生产中将全部工作时间用于生产,不做与生产无关的事,坚守工作岗位,不玩忽职守。

三、巩固劳动纪律的意义

巩固劳动纪律的意义如下:

(1)保证劳动生产率的提高和生产任务的完成。企业计划的完成,同每个职工工作的好坏密切相关。每个劳动者必须及时完成自己的任务,这已作为一条劳动纪律规定下来。

劳动纪律的主要内容是要求劳动者在生产活动中严格遵守组织纪律、生产技术纪律和工作时间纪律,这样就能使职工按照一定的制度、规程和准则,迅速提高思想政治觉悟和技术熟练程度,合理利用工时,获得更高的劳动生产率。

(2)促使职工树立正确的劳动态度。巩固劳动纪律,就是要求劳动者自觉地遵守劳动纪律,实际上就是要求劳动者以集体主义思想和正确的劳动态度来对待劳动,在劳动中加强主人翁责任感,树立团结互助的劳动态度。

四、巩固劳动纪律的方法

巩固劳动纪律的方法如下:

(1)加强思想政治教育,提高劳动者遵守劳动纪律的自觉性。

(2)建立健全各项规章制度,使劳动者在劳动中有章可循。

(3)执行纪律措施,做到有奖有惩、赏罚分明。

第五章　建筑企业劳动定额管理

第一节　劳动定额的概念和种类

一、劳动定额的概念

对每一个具体的生产过程或施工工序，事先规定的消耗标准或限额，通常称之为定额。它是企业的生产经营活动，在人力、物力、财力消耗方面应遵守或达到的数量标准。反映在建筑产品生产中活劳动消耗数量的标准，就是建筑安装工程的劳动定额，也称人工定额。它是指在正常的施工(生产)技术与组织条件下，生产一定的合格产品，或完成一定量的工作所预先规定必要劳动时间消耗量的标准；或是一定的时间内应该完成的合格产品的数量标准。它反映一定社会生产力水平条件下的产品生产和劳动消耗之间的数量关系。

二、劳动定额的种类

(一)按主管单位、批准权限和执行范围分类

1. 全国统一定额

由国家授权建设行政主管部门住房和城乡建设部负责组织，综合全国建筑安装工程的生产技术和施工组织管理的一般情况而编制的定额，在全国范围内执行。如全国统一安装工程定额。

全国统一定额反映全国建筑安装工程生产力水平的一般状况，它使全国的建筑安装施工企业在计划、统计、产品价格、成本核算、劳动生产率、劳动报酬等方面，具有统一尺度和可比性。由于它是综合地考虑了全国建筑业的情况，对各地区的特点和专业建筑安装工程的特点考虑得要少些。因此，需要编制行业定额和地方定额作为补充。

2. 行业统一定额

行业统一定额是由国家建设行政主管部门授权有关行业主管部门根据各行业部门专业工程技术特点，以及施工生产和管理水平，参照全国统一定额的水平编制的。它是为某些具体特点的建筑安装工程编制的，专业性比较强。一般是只在本行业和相同专业性质的范围内使用的专业定额。如公路工程定额、装饰工程定额、矿井建设工程定额等。这些定额不包括一般民用建筑中的定额项目。

3. 地方定额

地方定额包括省、市等各级地方定额。它是由国家授权本地区、考虑本地区的特点，并参照全国统一定额的水平作适当调整补充编制的，只在规定的地区范围内执行。各地区的气候条件、物质供应条件、施工技术条件、地方资源条件、交通运输条件以及机械化施工程度等，对定额内容和定额水平的影响，是编制地方定额的客观依据。

4. 企业定额

企业定额是由建筑安装施工企业考虑本企业具体情况，参照国家、行业或地方定额的水平组织编制的定额。企业定额只在企业内部使用，是企业素质的一个标志。企业定额水平一般应高于国家现行定额，才能满足生产技术发展、企业管理和市场竞争的需要。

5. 补充定额

补充定额是指随着设计、施工技术的发展，在现行定额不能满足需要的情况下，为了补充缺项所编制的定额。补充定额只能在指定的范围内使用，可以作为以后修订定额的基础。

（二）按生产和管理需要分类

1. 现行定额

现行定额是反映建筑业当前的生产技术组织水平和管理水平，施工生产中工人现在执行的定额，是劳动定额的主要形式，也是其他各种形式的劳动定额的基础。它是由国家授权主管部门组织制定的，并经批准颁布的现行定额，是建筑安装施工企业管理中一项法规性技术文件，对任何施工企业都具有约束力。

2. 不变定额或称固定定额

不变定额或称固定定额，是将某个时期的现行定额固定下来，在一定时期内保持不变的劳动定额。它是计算产值、编制建筑产品不变价格的依据之一。如全国统一定额，编制工作量大、周期长，需要执行比较长一段时间（如 4 ~ 6 年）以后，才能进行定额修订。全国定额在执行时期内，就可以称之为不变定额。

3. 计划定额

在计划期内预计实现的劳动定额。它是在现行定额水平的基础上，考虑到计划期内建设工程任务状况、施工技术组织条件、工人施工技术操作技能的熟练程度及思想反映，并在努力改善劳动组织，充分利用劳动工时，综合研究提高完成现行定额水平的可能情况下确定的。计划定额一般是以集体（如施工队、承包队、生产班组等）为单位，分工种或分项工程编制的。计划定额主要是用于编制劳动力、工程成本和施工作业计划。

4. 设计定额

设计定额是由设计单位根据建筑产品的技术资料和设计能力，概略地确定的定额标准，或者通过与同类型产品的现行定额进行分析、对比研究后，概略地确定的定额。它主要用于计算设计新建企业的生产能力、规模、设备需要量，以及确定企业的机构设置与劳动定员。同时，也可以作为企业逐步降低工时消耗的宏观控制目标。

（三）按生产要素分类

1. 人工定额

人工定额是在一定的生产技术组织条件下，为生产合格产品所预先规定的劳动时间标准，也即在产品生产过程中对活的劳动消耗量的规定。

2. 机械台班定额

机械台班定额是指在正常的施工条件下，利用某种机械生产单位合格产品所必须消耗的机械工作时间，或在单位时间内机械完成的合格产品的数量。因为都是以一台机械的一个工作班（八小时）为计量单位，所以称之为机械台班定额。

3. 施工定额

施工定额即建筑业的生产定额，一般由人工定额（劳动定额）、机械台班定额（机械设备利用定额)和材料消耗定额三部分组成。它规定建筑安装工人或生产班组在正常的施工条件下,完成单位合格产品的人工、机械台班(机械费)、材料消耗的数量标准。

第二节　劳动定额的作用

劳动定额是标准的劳动生产率,是衡量劳动效率高低的尺度,是组织生产和按劳分配的重要依据。劳动定额的作用主要表现在以下几个方面:

(1)劳动定额是企业科学组织生产,实行有计划管理的依据。通过劳动定额的计算,才能合理地配备劳动力,合理地核定各类人员的配置比例,保证施工生产的正常进行。另外,建筑施工企业编制生产计划、工资计划及施工作业计划都要以劳动定额为依据。

(2)劳动定额是制定编制定员标准,正确配备和使用人员,合理、节约使用劳动力的依据。

(3)劳动定额是实行经济核算的重要依据。经济核算就是用价值形式来计算、分析和比较企业经济活动中人力、物力、财力的消耗及其效果,以达到用尽可能少的生产消耗,取得最大经济效果的目的。劳动定额的完成情况是经济核算的一项重要内容。只有用劳动定额严格地对劳动消耗进行监督和控制,不断降低施工生产的工时消耗,努力节约人力、降低人工费用,才能达到降低工程人工成本的效果。

(4)劳动定额是考核工人劳动贡献的标准,是贯彻按劳分配原则的必备条件。劳动定额是衡量劳动量的重要尺度,完成劳动定额的情况可以直接反映出劳动者在一定时间内劳动贡献的大小,也可以间接地反映出劳动者的态度好坏和劳动技能的高低。因此,在规定劳动报酬时,应把劳动定额的完成作为一项必要的条件。

第三节　劳动定额的表现形式

一、建筑企业的劳动定额

建筑企业的劳动定额主要有两种基本形式,即时间定额和产量定额。

(一)时间定额

时间定额亦称工时定额,是指在正常的生产技术组织条件下,某工种、某一技术等级的工人,完成单位合格产品所必须消耗的工作时间。时间定额包括工人的准备与结束时间、基本工作时间、辅助工作时间、不可避免的中断时间以及必需的休息时间和生理需要时间。

时间定额的计量单位可以是工日,也可以是工时。目前,在我国通常是采用工日作为建筑施工企业计算时间的单位,每个工日按八小时计算。时间定额的计算方法如下:

$$\text{单位产品的时间定额(工日)} = \frac{1}{\text{每工日产量}}$$

或

$$\text{单位产品的时间定额} = \frac{\text{小组成员工日数总和}}{\text{台班产量}}$$

综合时间定额即完成一合格产品的各单项(或工序)时间定额的总和:

$$\text{综合时间定额(工日)} = \text{各单项(或工序)时间定额之和}$$

(二)产量定额

产量定额是指在合理的劳动组织与合理使用材料的条件下,某种专业、某种技术等级的生产工人或生产工人小组,在单位时间(工日)所应完成的合格产品的数量。其优点是形象化,便于分配任务。它的计量单位即产量的计量单位,如立方米、平方米、米、吨、根、块等,产量定额计算方法如下:

$$每工日产量定额=\frac{1}{单位产品时间定额(工日)}$$

或

$$每台班产量定额=\frac{小组成员工日数的总和}{单位产品时间定额(工日)}$$

综合产量定额即完成一合格产品的各单项(或工序)产量定额的总和:

$$综合产量定额=各单项(或工序)产量定额之和$$

(三)时间定额与产量定额之间的关系

(1)时间定额与产量定额互为倒数,成反比例关系。

即

$$时间定额\times产量定额=1$$

$$时间定额=\frac{1}{产量定额}$$

$$产量定额=\frac{1}{时间定额}$$

(2)综合时间定额与综合产量定额互为倒数,成反比例关系。

即

$$综合时间定额\times综合产量定额=1$$

$$综合时间定额(工日)=\frac{1}{综合产量定额}$$

$$综合产量定额=\frac{1}{综合时间定额(工日)}$$

二、机械台班定额的表现形式

(一)机械时间定额

机械时间定额是指机械在一定的工作内容和质量安全范围内生产单位合格产品所需消耗的工作时间。计量单位为台班/产品数量。表现形式为:

$$机械时间定额=\frac{1}{机械台班产量定额}$$

(二)机械台班产量定额

机械台班产量定额是指机械在单位时间内所应生产合格产品的数量。计量单位为产品数量/台班。表现形式为:

$$机械台班产量定额=\frac{1}{机械时间定额}$$

(三)机械时间定额与机械台班产量定额互为倒数,成反比例关系

即

$$机械时间定额\times机械台班产量定额=1$$

第四节　劳动定额的制定方法

要采用科学的方法，及时、准确和全面地制定出有技术根据的劳动定额，这是劳动定额工作的前提。在制定劳动定额工作中，要正确规定劳动定额水平。定额水平是对劳动者的劳动量大小的要求，也是企业的技术水平、管理水平等方面的综合反映，它是定额工作的核心。定额水平过高，职工经过努力达不到，便会挫伤积极性，影响定额的贯彻；定额水平过低，职工不经过努力就轻而易举地超额，对生产也没有促进作用。所以，合理的定额水平，是在正常的生产条件下，多数职工经过努力可以达到或超过的定额。为了制定先进合理的定额，要选择恰当的制定定额的方法，这首先就涉及工作时间构成分析。

一、工作时间构成分析

工人劳动时间也称工作时间，是指工作延续时间（不包括午休时间）。我国规定的现行工作时间为八小时。劳动者在工作班内消耗的时间，有的是必要的，即定额时间；有的则是损失掉的，即非定额时间，它与产品无关。工人的工作时间分为两类，即定额时间和非定额时间。

（一）定额时间

定额时间是制定劳动定额的主要依据，它由有效工作时间、休息时间和不可避免的中断时间组成。

1. 有效工作时间

有效工作时间包括三个部分：

（1）准备与结束工作时间，是指开始生产以前的准备工作（如接受施工任务、研究图纸、准备工具、领取材料、布置工作地点）和生产任务完成以后或下班以前的结束工作（如工具清洁、工作地点清理）所需要的工时消耗。准备与结束工作时间的长短，一般来说，与所负担的工作量大小无直接关系，而与工作任务的复杂程度直接有关。

（2）基本工作时间，是指为保证基本工艺过程，使劳动对象发生变化所消耗的时间，即指工人直接完成某项产品各个工序工作的工时消耗。它的长短与工作量大小成正比。

（3）辅助工作时间，是指为保证完成基本工作所必需的辅助性工作的工时消耗。辅助工作时间的工时消耗与工作量的大小成正比。

2. 休息时间

休息时间包括劳动者因工作繁重紧张、条件差（如高温、高寒等）不能连续作业，需中间短暂休息恢复体力的时间和生理需要（如喝水、大小便等）的时间消耗，但午饭时间不属于施工过程中的休息时间。它的长短与劳动强度、工作条件和工作性质有关。

3. 不可避免的中断时间

不可避免的中断时间，是指劳动者在施工生产过程中，由于技术操作、施工组织的原因，或因施工过程特殊性而不可避免或难以避免的中断时间。如安装工人等候起重机起吊构件时的工作中断以及在工地范围内由一个工作地点转移到另一个工作地点的工作中断时间。

（二）非定额时间（损失时间）

非定额时间是指与完成产品无关的工时消耗，由多余和偶然工作时间、停工时间组成。

1. 多余和偶然工作时间

多余和偶然工作时间是指在正常的条件下,由于意外事项所引起的时间消耗。例如,手推车运输过程中车子的倾翻和扶正,质量不合格产品的修正和返工,以及对合格产品多余的加工等工作的工时消耗。多余和偶然工作的工时消耗与工作量的大小无直接关系,但与工作条件及工人的技术水平直接有关。

2. 停工时间

停工时间是指由于非正常原因而造成的工作中断的工时消耗。由于造成停工原因不同,停工时间可分为以下三种:

(1)施工过失的停工时间,是指由于劳动组织和施工组织不当而引起的停工时间。例如,未及时向工人或工作小组布置任务,未及时向工地运送材料,未及时准备好足够的工作场地,技术交底不明确,以及工人班组成员配合不好而引起的停工等。

(2)非施工过失的停工时间,是指由于气候条件的特殊变化以及水电供应中断而引起的停工时间。例如,暴风、大雨、停电等。

(3)违反劳动纪律的停工时间,是指由于工人迟到、早退,以及个别工人不遵守劳动纪律的行为而造成的停工时间。

工作时间的构成如图 5-1 所示。

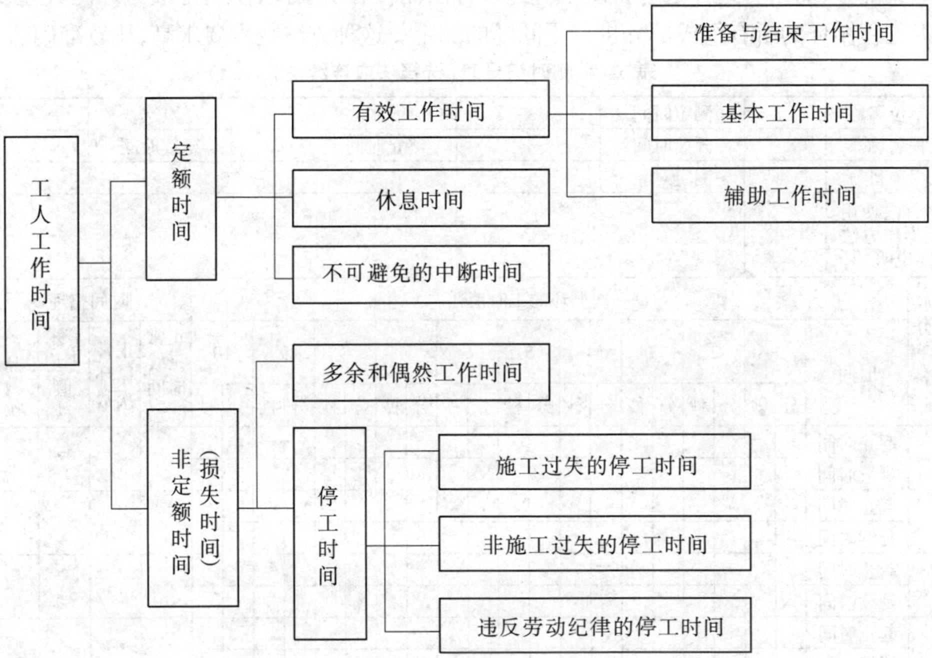

图 5-1　工作时间的构成

二、制定劳动定额的方法

制定建筑安装工程劳动定额的方法,大体上有 4 种,即技术测定法、经验估计法、统计分析法和比较类推法。

(一)技术测定法

技术测定法是在一定的生产技术组织条件下对建筑安装工程施工过程的各个组成部

分，各种工时消耗进行实地观察测定和科学计算，拟定合理的施工条件、操作方法、劳动组织和工时消耗，在充分考虑挖掘施工生产潜力的基础上，制定定额的方法。生产工人和机械在施工作业中的工时消耗，主要是在建筑安装工程施工现场进行实地观察记录下来的。

技术测定的优点是数据准确可靠、因素分析细致、定额水平精度高；缺点是技术要求高、工作量大、制定定额周期长。因此，它适用于生产技术组织条件比较正常、稳定，工程量大或常用的定额项目。技术测定法通常包括工作日写实、测时、写实记录等方法。

1. 工作日写实

工作日写实是按照工时消耗的顺序，对从事施工生产的工人在整个工作日的工时利用情况进行实地观察、记录和分析研究的一种测定方法。工作日写实的目的，一方面，是了解生产工人工作日工时的利用情况，分析造成工时损失的原因，拟定改进措施，提高工时利用率；另一方面，是为制定劳动定额提供必需的准备与结束时间、休息时间和不可避免的中断时间的资料。

2. 测时

测时主要是用来测定某些定时重复的循环工作的工时消耗。它是直接在施工现场，以工序操作或某一个工作项目为对象进行实地观测、记录、分析研究某施工作业时间消耗的一种测定方法（见表5-1）。测时分为选择法和连续法两种。选择法不是连续地测定施工过程循环的所有组成部分，而是有选择地进行测定。这种方法比较容易掌握，使用得最为广泛。连续法是对施工工程循环的所有组成部分进行不间断的测定。这种方法技术要求高，比较准确、完备。

表5-1　测时记录表（选择法或连续法）

施工单位名称		测定时间		号次		页次	
工程名称		开始时间		终止时间		延续时间	
工程项目		测定对象					
施工条件、使用机具、操作方法等简要说明							

序号	组成部分或工序名称	时间	每一次循环的工时消耗																				时间整理				附注
			1		2		3		4		5		6		7		8		9		10		正常延续时间（分）	正常循环次数	算术平均值（秒）	产品数量	
			分	秒	分	秒	分	秒	分	秒	分	秒	分	秒	分	秒	分	秒	分	秒	分	秒					
1		起止时间																									
		延续时间																									
2		起止时间																									
		延续时间																									
3		起止时间																									
		延续时间																									
4		起止时间																									
		延续时间																									
5		起止时间																									
		延续时间																									
6		起止时间																									
		延续时间																									
7		起止时间																									
		延续时间																									

测定者　　　　　　　　　　　　　　整理者

注：选择法只记录延续时间，不记录起止时间。

3. 写实记录

写实记录是对所观察的工人或工人小组在施工生产中的一切活动，自始至终地全面进行测定的方法。

测定的时间包括施工过程中的基本生产时间、辅助生产时间、准备与结束时间、休息时间、不可避免的中断时间以及各种损失时间。

记录时间的方法有数示法、图示法和混合法三种。

数示法，即测定时直接用数字记录时间。可同时对两个以内的工人进行测定，适用于组成部分较少且比较稳定的施工过程。写实记录(数示法)见表5-2。

图示法，即用图表的形式记录时间。适用于对3个以内的工人共同完成某一个产品的集体操作。写实记录(图示法)见表5-3。

混合法，即混合记录时间的方法。它吸取了图示法和数示法的优点，用图示法的直线记录各组成部分的延续时间，用数示法填写完成每一组成部分的工人人数。此方法适用于三人以上的集体操作。写实记录(混合法)见表5-3，测时、写实记录整理表见表5-4，数示法写实记录整理表见表5-5。写实观察填入工作日志写实记录(见表5-6)，整理分析填入工作日志写实汇总表(见表5-7)。

表5-2 写实记录(数示法)

施工单位名称		测定日期		号次		页次	
工程名称		开始时间		终止时间		延续时间	
工程项目		测定对象					
施工条件、使用机具、操作方法等简要说明							

<table>
<tr><th rowspan="2">序号</th><th rowspan="2">组成部分或工序名称</th><th colspan="5">测定对象</th><th colspan="5">测定对象</th></tr>
<tr><th>代号</th><th>起止时间(时:分)</th><th>延续时间(分)</th><th>产品数量</th><th>附注</th><th>代号</th><th>起止时间(时:分)</th><th>延续时间(分)</th><th>产品数量</th><th>附注</th></tr>
<tr><td></td><td></td><td></td><td></td><td></td><td></td><td></td><td></td><td></td><td></td><td></td><td></td></tr>
<tr><td></td><td></td><td></td><td></td><td></td><td></td><td></td><td></td><td></td><td></td><td></td><td></td></tr>
<tr><td></td><td></td><td></td><td></td><td></td><td></td><td></td><td></td><td></td><td></td><td></td><td></td></tr>
<tr><td></td><td></td><td></td><td></td><td></td><td></td><td></td><td></td><td></td><td></td><td></td><td></td></tr>
</table>

测定者　　　　　　　　　　　　整理者

表 5-3　写实记录(图示法或混合法)

施工单位名称		测定日期		号次		页次	
工程名称		开始时间		终止时间		延续时间	
工程项目		测定对象					
施工条件、使用机具、操作方法等简要说明							

序号	组成部分或工序名称	时间(分)												合计	产品数量	附注
		5	10	15	20	25	30	35	40	45	50	55				

测定者　　　　　　　　　　　　整理者

表 5-4　测时、写实记录整理表

施工单位名称		工程名称		工程项目		测定时间	
测定对象							
施工条件、使用机具、操作方法等简要说明							

序号	组成部分或工序名称	工时消耗(分)	占全部工时消耗(%)	工时利用及工效分析	测定意见

测定者　　　　　　　　　　　　整理者

表 5-5　数示法写实记录整理表

工程名称		工程项目		测定时间	
测定对象					
施工条件、使用机具、操作方法等简要说明					

组成部分代号	组成部分名称	组成部分计量单位	组成部分完成数量	时间消耗(分)				计算结果		
							合计	组成部分单位工时消耗(分)	各类工时占工作时间(%)	测定意见

测定者　　　　　　　　　　　　整理者

表 5-6　工作日志写实记录

年　月　日

施工单位名称		工程名称		工程项目	
开始时间		终止时间		延续时间	
测定对象					
施工条件、使用机具、操作方法等简要说明					

序号	组成部分或工序名称	起止时间	延续时间	产品数量	附注

测定者　　　　　　　　　　　　　　　整理者

表 5-7　工作日志写实汇总表

施工单位名称		工程名称		工程项目	
开始时间		终止时间		延续时间	
测定对象					
施工过程名称					

工时消耗分类		工时消耗（分）	占全部工时消耗（%）	施工过程中的问题与建议
定额时间	准备与结束工作时间			
	基本工作时间			
	辅助工作时间			
	小计			
	休息时间			
	不可避免的中断时间			
	合计			
非定额时间	多余或偶然工作时间			
	施工过失的停工时间			
	非施工过失的停工时间			
	违反劳动纪律的停工时间			
	合计			
总计				

完成劳动定额情况				
定额编号		完成产品数量		
定额工日		完成定额（%）	实际	
			可能	

测定者　　　　　　　　　　　　　　　整理者

(二)经验估计法

经验估计法亦称经验估工法,是由定额专业人员、工程技术人员和有经验的工人三者结合,根据个人或集体的实践经验制定定额的方法。它的优点是方法简单、易于掌握、工作量小、速度快。缺点是精确性和可靠性较差、比较粗糙,易受施工人员的水平和经验的局限,数据计算不够科学。因此,它只适用于产品品种多、批量小,不易计算工作量的施工(生产)作业或新产品试制等,通常作为一次性定额使用。

(三)统计分析法

统计分析法是利用已经积累的工时消耗统计资料,进行整理、分析、研究,确定定额水平和制定劳动定额的方法。它的优点是方法简便易行、工作量小。缺点是易受统计资料准确性的影响。另外,过去的统计资料不可避免地还包含着施工生产和经营管理上的不合理因素。这种方法一般适合于施工生产条件比较正常、产品比较稳定、批量较大、原始记录和统计工作制度比较健全的施工企业。

(四)比较类推法

比较类推法亦称典型定额法,是以同类型产品或相似工序的定额为依据,经过分析对比,推算出另一种产品或工序的劳动定额的方法。它的优点是制定方法比较简便,工作量小,便于保持定额水平的平衡。缺点是采用这种方法需要选择一套典型定额标准,工作复杂,如果典型产品或典型工序选择不恰当会影响定额的质量。因此,选择典型产品或典型工序必须注意具有"类似"或"近似"的特征和具有可比性。这种方法适用于同类型产品规格多、批量小的施工(生产)过程。

第五节　劳动定额管理

建筑企业劳动定额管理是企业管理工作的一个重要组成部分,其主要内容包括建立健全定额管理机构,制定、设计劳动定额,贯彻执行施工任务书制度和统计分析劳动定额的执行情况等。

一、劳动定额管理的内容

劳动定额的管理是有关建筑安装工程劳动定额的制定、贯彻、修订和日常管理工作的总称。其内容主要包括以下几个方面。

(1)正确地解释和制定劳动定额。对建筑业执行的全国统一定额和地方定额作出统一的解释,不得各取所需,任意曲解。由于统一定额或地方定额缺项或技术革新出现新成果,或施工条件发生变化,应及时制定补充定额。

(2)建立健全劳动定额管理机构,配备必要的定额管理专职人员,负责劳动定额的贯彻执行和管理制度的实施。

(3)建立健全劳动定额管理制度,制定劳动定额管理办法,使劳动定额管理有章可循,推动定额管理向标准化和科学化方向发展。

(4)建立健全劳动定额管理原始记录,积累定额资料,如施工日志、任务书、计时单、停工签证等。

(5)定期做好劳动定额的统计分析工作,经常了解定额完成情况,分析定额执行中存在的问题，挖掘生产潜力，帮助工人生产班组完成和超额完成定额。

(6)制定施工任务书管理办法，做好施工任务书的签发、交底、验收和结算工作，把劳动定额管理贯穿到施工操作过程中去。

(7)准确地执行劳动定额，定期或不定期地检查定额执行情况、定额与内部分配挂钩情况，及时纠正定额子目套用错误或系数采用不当等现象。

(8)定期汇总劳动定额执行情况。掌握本单位各工种生产工人完成定额水平，为企业的经济活动分析提供必要的基础资料。

(9)随着企业生产力水平不断提高及产品结构的改进，适时地对企业制定的劳动定额进行修订或完善。

(10)加强组织建设，稳定定额人员队伍，不断进行业务培训，提高人员素质，使劳动定额管理适应企业现代化管理的需要。

二、劳动定额管理机构和职责范围

企业的劳动定额工作，应由劳动工资部门归口统一管理。定额管理机构的设置和人员配备应符合有利生产、提高效率、节约用人的原则，做到"精兵简政"。实行统一领导与分级管理、专业与群众相结合、以专业为主的管理体制。

一般情况下，三级管理的施工企业，企业劳动工资部门内应该设专门负责劳动定额管理工作的职能组，并配备专职人员，工程管理部门应根据具体情况成立劳动定额管理职能组或配备专职定额人员，施工队可配备专职定额人员，班组可设定兼职定额员。企业专职定额人员的队伍要保持相对稳定，并应加强对定额人员的培训工作。

(一)建筑安装企业劳动定额管理部门的主要职责

(1)认真贯彻执行上级颁发的劳动定额和有关定额管理的方针、政策和指示，并经常宣传劳动定额的意义和作用。

(2)负责编制企业补充劳动定额，审批本企业临时定额，参加上级组织的劳动定额制定工作或提供必要的资料。

(3)做好调查研究，组织技术测定，积累劳动定额资料。

(4)经常深入基层和工地现场，检查劳动定额执行情况，帮助基层定额人员解决疑难问题；帮助工人提高工效，挖掘企业劳动潜力。

(5)认真抽查施工预算和施工任务书中劳动定额部分，了解完成劳动定额的实际情况，做好有关劳动定额的统计分析工作，按时填报规定的劳动定额报表。

(6)负责全公司劳动定额技术业务的培训工作，组织有关人员学习劳动定额知识，交流管理经验，开展业务竞赛，不断提高操作技术和劳动定额管理水平。

(二)基层劳动定额管理人员的主要职责

(1)认真贯彻执行上级颁发的劳动定额和管理办法，做好劳动定额的宣传解释工作，采取有效措施，帮助工人达到或超过劳动定额。

(2)负责培训班组定额员，组织有关人员学习劳动定额，不断提高操作技术和定额管理水平。

(3)经常收集重点工程项目的劳动定额资料，组织技术测定，参加上级组织的劳动定额制定工作或提供必要的资料。

(4)负责制定和申报一次性临时劳动定额，压缩计时工，扩大定额执行面。

(5)审核施工任务书中采用的劳动定额项目,协助工长进行劳动定额交底,并参加竣工验收,结算超额奖金和计件工资。

(6)建立劳动定额统计和施工任务书登记台账,及时填报劳动定额日报,按日、旬、月公布班组劳动定额完成情况。

(三)工人班组不脱产定额员的主要职责

(1)协助班组长合理组织劳动,推广先进操作技术,使班组达到或超过劳动定额。

(2)正确填写班组工时记录,及时统计劳动定额完成情况,并提出分析意见。

(3)收集班组对劳动定额工作的意见,及时表扬执行劳动定额中的好人好事。

(4)负责班组奖金及计件工资的分配工作。

三、建立劳动定额管理制度

劳动定额管理制度是企业职工在劳动定额工作方面的行动规范和准则,主要包括以下方面:

(1)劳动定额的制定、修订以及补充定额和调整定额水平的审批制度。

(2)定额管理业务人员的考核制度。

(3)定额的监督、定期和不定期的检查制度。

(4)生产工人班组考勤、工程用工记录制度。

(5)定额完成情况定期报告制度。

(6)施工任务书的签发、验收、结算制度。

(7)计件工资或生产奖金管理制度。

(8)定额管理原始记录保存制度等。

四、贯彻执行施工任务书制度

施工任务书是建筑安装施工企业基层生产单位(如工程项目部或作业队)向生产工人班组下达施工任务的指令,是工人班组组织施工生产的凭证,也是贯彻执行劳动定额的主要形式。它有以下几方面的主要作用:

(1)是组织实施基层施工单位生产作业计划的主要方法。

(2)是劳动定额管理的一个重要手段。

(3)是计算计件工资或生产奖金的主要依据。

(4)是进行成本核算的重要依据。可以正确、及时地提供工人班组出勤、工时利用、劳动效率等原始资料,有利于促进基层的成本核算。

施工作业计划通过施工任务书落实到班组和个人。劳动定额也是通过施工任务书来贯彻执行的。因此,施工作业计划、施工任务书、劳动定额三者是相辅相成的,一环扣一环,相互之间有着密切的联系。

(一)施工任务书的编制

施工任务书的编制要与月、旬作业计划紧密结合,保证月、旬作业计划的完成。任务书原则上按工种、按分部分项工程签发到班组包干完成(工程较大、工期较长的单位工程可分批签发)。跨月的任务书,月终可预支工人工资,竣工后统一核算。

施工任务书签发一式二份。一份下达班组,一份定额员保存备查。

生产班组根据施工任务书进行生产。如果由于客观条件变化,生产班组需要执行其他任务，施工员（或工长，下同）须在当天补签新任务的施工任务书。

计时用工，应由施工员签发计时任务书（或发计时工票）。

（二）施工任务书的主要内容

施工任务书的主要内容有：①工程任务，包括工程数量、工期要求、劳动定额、质量安全要求及施工注意事项等；②材料耗用量；③工程实际用工记录；④工程质量鉴定与安全情况。

施工任务书如表5-8所示。

表5-8 施工任务书

任务书编号__________ 任务交付工期______年____月____日

签发单位__________ 核 算 日 期______年____月____日

班组长姓名__________

单位工程名称__________

施工期限	计划	实际
开工		
竣工		

共______页 第______页

定额编号	分部分项工程名称及工作内容	计量单位	计划任务						实际完成				完成定额（%）	备注
			工程量	劳动定额		计件单价（元）	定额工日	工资（元）	工程量	定额工日	实际工日	工资（元）		
				时间定额	每工产量									
（1）	（2）	（3）	（4）	（5）	（6）	（7）	（8）=（4）×（5）	（9）=（7）×（4）	（10）	（11）=（10）×（5）	（12）	（13）=（7）×（10）	（14）=（11）÷（12）	
技术、安全操作、质量、节约要求														

任务交付人（工长） 任务接受人（班组长）	质量鉴定（质检员） 安全情况（技安员）	材料节约或超耗 （材料员）	验收人 交工人

项目经理　　　　工长　　　　定额员　　　　验交日期　　　　年　月　日

（三）施工任务书的签发流程

先由施工员根据施工预算或作业计划填写施工任务书中的单位工程名称、生产班组、分部分项工程名称及工作内容、计量单位、定额编号、调整系数、计划工程量、材料用量、计划开竣工日期及技术措施、操作方法、质量安全要求等，然后交定额员或材料员。定额员接到施工任务书后，立即进行编号登记，核对定额编号，填写每工产量和时间定额，计算计划定额工日数等，然后交材料员签发定额用料单，并将任务书交还施工员，以便向生产班组下达任务。

施工员向生产班组下达任务时，应进行任务交底、技术交底、质量安全交底，讲明施工注意事项等。

生产班组接受任务后，班组长应组织班组成员讨论任务要求，熟悉工程图纸，研究制定完成和超额完成的措施，然后将任务书交班组兼职定额员记工。班组兼职定额员填写实际开工日期，按分部分项工程做好逐日实际用工记录。用工记录如表 5-9 所示。

表 5-9　用工记录

分部分项工程名称	每日使用工时																																折合工日
	1	2	3	4	5	6	7	8	9	10	11	12	13	14	15	16	17	18	19	20	21	22	23	24	25	26	27	28	29	30	31	合计	
合计（折合工日）																																	
工长逐日审查签章																																	

施工员　　　　　　　　　　　　班组长　　　　　　　　　　　　考勤员

（四）施工任务书的回收与结算

施工任务书完成后，由施工员及时会同质量安全员、生产班组长按任务书进行实地验收。

施工员计算实际完成工程量，填写实际竣工日期，然后由质量安全员进行质量鉴定签证。

生产班组兼职料具员办理退料手续，材料员进行材料核算。

定额员按实际完成工程量计算定额工日，按实际用工核算工效，并登记任务书台账。

财务员结算工资。

施工任务书的管理以生产计划部门为主,劳资、材料、技术、机械、动力等部门配合。上述施工任务书的签发过程是由施工员签发交底、竣工验收,定额员核算使用定额,但有的单位是由施工员和定额员共同签发、验收。

施工任务书管理程序见图 5-2。

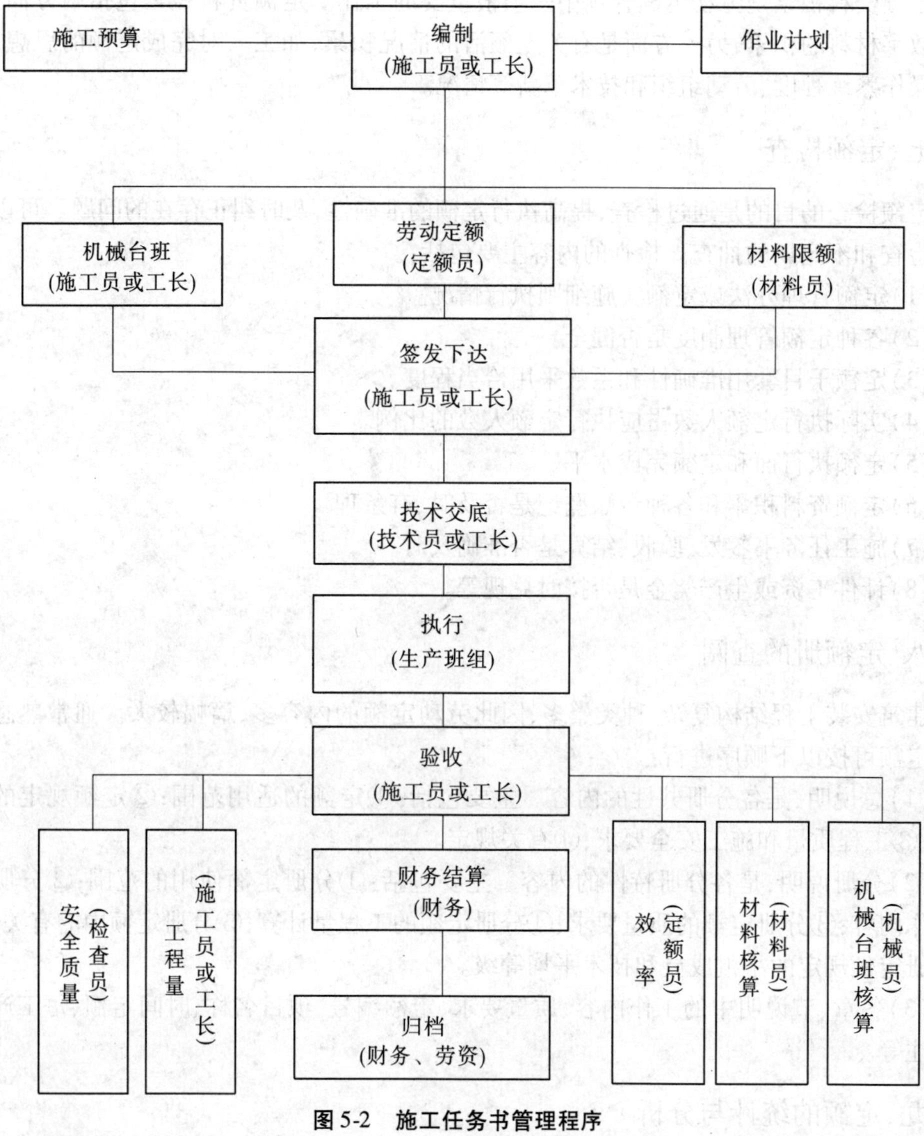

图 5-2　施工任务书管理程序

五、定额的修订

定额的修订分为定期修订和不定期修订两种。全国统一定额和地方定额可采取定期修订,企业内部定额可采取不定期修订。一般在下列情况下需要对劳动定额进行不定期的修订。

(1)个别定额项目明显偏高、偏低而不合理。

(2)定额规定的工作内容与实际有较大差别,定额项目划分不妥。

(3)定额规定的工种技术等级与实际工人技术等级差距太大。

(4)生产技术组织条件(如机具、设备等)发生显著变化等。

六、定额资料积累

定额资料积累是劳动定额管理中一项很重要的工作。定额资料积累包括两方面:一方面是数字材料的积累,另一方面是有关定额活的情况积累,如工人对完成定额的思想反映、技术操作熟练程度、劳动组织和技术革新等情况。

七、定额检查

定额检查的目的是通过检查,提高执行定额的准确性,及时纠正存在的问题。可以采用定期检查和不定期的抽查。检查的内容主要包括:

(1)定额管理办法或定额实施细则执行情况。

(2)各种定额管理制度是否健全。

(3)定额子目套用准确性和系数采用恰当程度。

(4)实际执行定额人数占应执行定额人数的比例。

(5)定额执行面和定额完成水平。

(6)定额资料积累和各种台账登记是否及时、有条理。

(7)施工任务书签发、验收、结算是否准确及时。

(8)计件工资或生产奖金是否按时兑现等。

八、定额册的查阅

建筑安装工程结构复杂、种类繁多,因此劳动定额的内容多、篇幅较大。通常熟悉查阅现行定额可按以下顺序进行:

(1)总说明,是各分册共性的内容。主要包括:①定额的适用范围;②定额规定的工作内容;③工程质量和施工安全要求;④有关规定。

(2)分册说明,是各分册特性的内容。主要包括:①分册定额使用的范围;②分册定额的工作内容;③分册定额的质量要求;④分册定额的工程量计算;⑤分册定额中的有关规定;⑥分册定额规定的小组成员和技术平均等级。

(3)各章、节说明中的工作内容、质量要求、定额编号、项目名称、时间定额、每工产量以及附注等。

九、定额的统计与分析

定额的统计与分析是劳动定额管理的一项很重要的日常工作。因此,必须做到准确、及时。

(一)执行定额面的统计

定额面是指应执行劳动定额的生产工人中实际执行定额的人数或工数与应执行定额的人数或工数之比。计算公式如下。

(1)按人数计算:

$$定额面=\frac{实际执行定额人数}{应执行定额人数}\times 100\%$$

(2)按工数计算:

$$定额面=\frac{实际执行定额工人的实用工日数总和}{应执行定额工人实际出勤工日数总和}\times 100\%$$

(二)完成劳动定额水平的统计

完成劳动定额水平是指生产工人在单位时间内生产某种产品或完成某道工序达到定额的程度。其计算公式为:

$$完成定额水平=\frac{定额工日}{实用工日}\times 100\%$$

定额工日是指在报告期完成的实际验收工程量按劳动定额计算所需的工日。实用工日是指在同一报告期完成的实际验收工程量所实际耗用的工日。

(三)劳动定额完成情况的分析

定额完成情况统计资料只能反映其数量的表象,不能反映定额完成情况的内在联系和它的本质,所以还要进行文字分析。可以着重从以下方面进行分析:①施工管理;②工时利用;③工人的技术操作熟练程度;④气候等自然条件;⑤施工环境和产品质量;⑥劳动组织和操作方法;⑦定额水平;⑧生产工具、设备和材料供应等。

十、劳动定额册中定额的表示方法

(1)定额编号。如 δ4—2—5,4 表示第四册定额,2 表示第四册定额的第二节,5 表示第四册定额第二节定额子目的第 5 个编号。

(2)定额表示方法。定额中人工有两种表示方法,一种为单式,分两栏分别表示时间定额和每工产量;另一种为复式,分子为时间定额,分母为每工产量(或台班产量)。

第六章　建筑企业劳动定员管理

建筑企业的劳动定员，是根据企业规模和一定的工程任务，在一定时期和一定的生产技术条件下，本着节约用人、精简机构、增加生产、提高工作效率的精神，在建立岗位责任制的基础上，把企业所属机构和各类人员相对地固定下来，确定企业人员配备的数量界限。

第一节　劳动定员的意义和作用

劳动定员或编制定员，一般是指一个单位的机构设置和人员配备。

建筑企业的劳动定员，是企业管理的一项基础工作，也是现代化企业管理的客观要求。因为现代化企业是一个复杂的分工体系，必须通过一定的组织机构来管理，才能统一全体人员的活动；同时必须按一定的比例配备各类人员，才能使生产协调地进行。

企业做好劳动定员工作，有以下重要意义和作用：

第一，劳动定员是企业编制劳动工资计划的依据之一。企业编制劳动工资计划，除考虑上级下达的指示和控制数字、计划期生产任务以及现有机构人员情况外，还要以先进合理定员标准为依据。

第二，劳动定员是企业配备劳动力的依据之一。一个岗位、一项工作要配多少人？配什么人？就是根据劳动定员确定的。随着企业生产任务和生产条件的变化，必然会出现劳动力的余缺情况，这就需要在企业内或企业间进行调剂。企业有了先进合理的定员，就可以为劳动力调配提供客观依据，避免因盲目的调配而造成劳动力的浪费。

第三，劳动定员是建立、健全以岗位责任制为中心的企业管理的基础之一。不同的工作内容、不同的岗位，劳动负荷量应基本相同，否则就容易造成分工不明、责任不清、影响团结、浪费劳动力的情况。

第四，劳动定员是促进企业改善劳动组织、巩固劳动纪律、贯彻按劳分配原则的重要条件之一。因为劳动定员是实现分工协作的手段，是衡量劳动消耗与贡献大小的尺度。同样任务、同样工作，若配备人员不一样，工资奖励就会产生不均的现象，就不能体现按劳分配的原则。

第五，劳动定员是企业提高劳动生产率的必要措施之一。企业劳动定员，就是要在保证生产需要的前提下，既节约又合理地使用劳动力，用尽可能少的人力，生产尽可能多的产品。而这正是提高企业劳动生产率的客观要求。

由此可见，劳动定员不是消极地控制企业用人，而是积极地促使企业合理用人。有了劳动定员，可使企业在用人方面经常做到心中有数，及时处理人力的忙闲不均、用人不当等问题；可使企业各级主管部门在审批下达劳动工资计划、考核企业劳动力使用情况时有据可依，以便及时总结经验、改进工作，不断降低劳动消耗、提高生产效率。

第二节 员工分类

员工分类是企业劳动定员的基础,也是施工生产和经营管理的需要。企业员工分类一般有两种方法。

一、按工作岗位性质不同分类

按工作岗位性质不同分类,可分为生产工人、学徒、工程技术人员、管理人员、服务人员和其他人员。

(一)生产工人

生产工人是指在企业内部直接从事建筑安装施工活动的物质生产的工人。按照他们参与企业产品生产过程的性质和方式不同,可分为建筑安装生产工人,附属、辅助生产工人,运输工人及其他生产工人。

1. 建筑安装生产工人

建筑安装生产工人是指在建筑安装工地现场直接从事施工生产活动的工人,包括参加现场建筑安装施工的工人,在施工现场或所需预制构件、木材加工厂生产施工所需要构件的工人,利用机械进行施工的工人,施工现场内的运输工人,从事施工前旧有建筑物的拆除、清理或工程竣工后从事收尾工作和成品保护的工人,从事临时设施施工的工人,从事现场防雨、防寒、道路维护的工人。

土建施工企业的建筑安装生产工人包括:瓦工、抹灰工、木工、架子工、钢筋工、混凝土工、水暖工、起重工、吊装工、防水工(油毡工)、油漆工、白铁工、电工、电焊工、气焊工、塔吊司机、翻斗车司机、机械工。另外还包括企业所属的混凝土预制厂、木材加工厂生产工人,如混凝土工、钢筋工、模板工、电焊工、气焊工、机械工、翻斗车司机、龙门吊司机、起重工、机木工、修理工等。

安装施工企业(含非标准件制作)的建筑安装生产工人包括:安装钳工、管道工、铆工、电焊工、气焊工、仪表工、电工、起重工、通风工、油漆工、钣金工、白铁工、冷作工、吊车司机、塔吊司机等。

2. 附属、辅助生产工人

附属、辅助生产工人是指为建筑安装施工生产服务,并负责供应构件、配件以及其他从事生产建筑材料和机修作业等工作的工人。如为施工生产供水、供电、供气、机具修理,以及企业所属混凝土预制构件厂、木材加工厂等的辅助生产工人,包括车工、维修钳工、铣工、汽车修理工、机械修理工、汽车司机、汽车吊司机、维修水暖工、维修电工、制材工等。

3. 运输工人

运输工人是指从事建筑安装工程施工现场以外运输和装卸工作的工人。如汽车司机、吊车司机、吊装工、装卸工等。

4. 其他生产工人

其他生产工人是指在建筑安装工程施工现场直接服务于施工生产活动的其他工人,包括施工现场材料管理的工人、工程质量检测试验的工人、施工当中测量放线的工人等。如负责现场材料的收发和量方的材料工及临时库房看管的料库工,负责工程质量检测的质量工,负责混凝土试块强度试验的试验工,负责工程定位柱的保护、纵横轴线和标高线标定的放线工以及负责混凝土洒水或用蒸汽养护的防冻工等。

(二)学徒

学徒是指在技术工人或熟练工人的指导下,在施工生产中学习生产知识和施工操作技术,享受学徒待遇的人员。企业劳动定员时,不能单独确定学徒定员编制。但是在对一个单位的生产工人总人数统计时,应将学徒人员统计在生产工人的人数内。

(三)工程技术人员

工程技术人员是指在企业内实际担负工程技术工作,并且具有工程技术能力和职称的人员。确定为工程技术人员的条件是:具有工程技术职称,如高级工程师、工程师、助理工程师、技术员,并担任工程技术工作。虽无工程技术职称,但具有大学、大专、中专的理工科专业学历,实际从事工程技术工作,并具有中专以上水平的技术能力,能处理解决工程技术问题。

(四)管理人员

管理人员是指在企业各职能机构和各基层单位从事生产、经济、行政管理工作的人员和政治工作人员,群众团体工作人员。生产管理工作人员包括主管生产的经理(厂长)、工程项目经理、工长,从事计划统计、调度、材料供应等工作人员;经济管理工作人员包括总经济师、总会计师,从事工程预算、财会会计、成本核算、劳动工资、劳动定额等工作人员;行政管理工作人员包括主管行政的经理(厂长),从事生活管理、房地产管理、文案档案管理等工作人员;政治工作人员包括党委(总支、支部)书记,从事宣传、组织、纪检等工作人员;群众团体工作人员包括工会主席、团委(总支、支部)书记,从事妇联、计划生育工作人员。

(五)服务人员

服务人员是指服务于职工生活或间接服务于施工生产的人员,包括职工食堂的管理、采购、保管、财务、运输、炊事等工作人员,哺乳室、托儿所、幼儿园的工作人员,文化教育工作(如文化学习、技术培训、图书馆、俱乐部)人员,医务室的工作人员,警卫消防人员(包括施工现场的巡逻人员),勤杂人员(如收发、传达、打字、复印人员),物业管理(包括后勤维修)人员,大小轿车、生活用车司机以及其他生活福利工作人员,企业办的技工学校、职工医院等社会服务性机构的人员。

(六)其他人员

其他人员是指由企业支付工资,但所从事的工作与企业的施工生产活动基本无关的人员,包括出国援外人员;脱离生产或工作岗位,学习时间连续在6个月以上人员;病伤或哺乳假期在6个月以上人员;借调到外单位工作的人员;待分配的下岗人员;内部退养人员等。

二、按劳动者同生产的关系分类

按劳动者同生产的关系分类,可分为直接生产人员、非直接生产人员。

(一)直接生产人员

直接生产人员是指直接从事建筑产品生产的人员,包括建筑安装生产工人,附属、辅助生产工人,运输工人,其他生产工人,大、中专毕业的实习生,学徒人员,企业的科研试验人员,设计人员,以及基层项目部主管技术的项目经理、工程师、技术员、工程质量监督检查人员、施工安全检查人员、工长等。

（二）非直接生产人员

非直接生产人员是指不直接从事产品生产，但却是保证企业正常生产活动不可缺少的人员。包括企业经营管理人员、工程技术人员中的业务技术管理人员、服务人员、政治工作人员、群众团体工作人员以及企业其他人员。

第三节　劳动定员的范围与原则

一、劳动定员的范围

无论企业规模的大小，在生产类型、产品方向、工作岗位、技术工种等各个方面有什么不同，凡是由劳动者从事经营、管理、生产活动的地方，都是劳动定员的范围。因此，劳动定员的范围通常限定在进行正常施工生产所需要的各类人员之内。而各类人员之间合理的比例关系是克服各岗位间忙闲不均，使施工生产活动协调地进行的关键。

（一）确定劳动定员的范围

企业劳动定员范围可从两方面进行确定。

（1）按工作性质确定，在企业中一切地方，凡是需要安排劳动者的岗位，无论是生产性的，还是非生产性的，都属于劳动定员范围。

（2）按工作岗位性质确定，包括生产工人、工程技术人员、管理人员和服务人员。这些人员是企业进行正常施工生产所必需的人员。

（二）企业各类人员的比例

（1）直接生产人员与非直接生产人员的比例。直接生产人员是物质产品的主要创造者，对提高企业的劳动生产率和经济效益起着决定性作用。因此，企业非直接生产人员均要控制在一定的比例之内。但是，随着生产力的不断提高，从长远发展趋势看，非直接生产人员的比例是逐步扩大的。

（2）生产工人内部基本生产工人与辅助生产工人的比例。两者之间的比例，要根据所承担的施工生产任务情况、施工生产条件及各自的工作量来安排。既要防止基本生产人员负担过多的辅助性工作，又要注意不能过多地安排辅助生产工人。

（3）基本生产工人和辅助生产工人内部各工种之间的比例。根据所承担的施工生产任务使各个工种既有专职，又要互助协作。各工种的数量、比例安排得科学合理，才能使施工生产活动有秩序、协调地进行，才能适应多工种联合作业的需要，防止互相推托、工种之间忙闲不均或窝工现象的发生。

（4）管理人员与全体员工的比例。管理人员占全体员工总数的比例，与企业的规模、专业化程度、机械化程度、现有管理人员素质状况和工作能力平均水平以及承担的施工生产任务对象等因素有关。随着科学技术的进步，机械化和自动化施工能力的提高，以及科学化、现代化管理手段的不断完善和增加，管理人员的比重将相对地增加。但是，在整体生产力水平比较低的情况下，管理人员占工人数的比例要严格控制。因此，应坚持工作能兼就兼，部门能并就并，层次能少就少，不强求一致和上下对口，力求精简，提高工作效率的原则。

（5）服务人员占全体员工总数的比例。企业的服务人员配备过少，会影响施工生产和职工生活，服务人员配备过多，会增加企业的负担，影响劳动生产率和经济效益的提高。

（6）企业全部职工中男女职工的比例。建筑安装工程施工生产活动劳动强度大，又是露天作业，所以女职工比例越小越好。一般来说，应控制在25%以内。

二、劳动定员的原则

劳动定员工作，必须遵循以下基本原则。

（一）在保证生产需要的前提下，劳动定员力求先进合理

劳动定员先进合理，是企业定员工作的核心，所谓先进合理，就是既保证生产需要，又避免人员的窝工浪费。也就是在条件大体相同的同类企业中，在保证完成生产任务的前提下，人员配备相对较少，各类人员的比例关系适当，能用较高的生产效率或工作效率来完成生产和工作任务。

为了使劳动定员先进合理，就要把一切经过努力可以争取实现的潜力都充分地估计到，要将定员建立在改进劳动组织和生产组织、开展技术革新和技术革命、加速科学技术进步、实行平均先进的劳动定额等一系列技术组织措施的基础上，既要提高效率、节约用人，又要提高质量、降低消耗，还要实现安全、文明生产。劳动定员不能脱离实际，搞得过紧，使职工的负担过重，完不成任务；也不能搞得过宽，迁就落后，宽打窄用，降低效率。

（二）劳动定员标准既应保持相对稳定，又要随着客观情况变化不断改进

在企业的定员标准确定以后，应保持相对稳定，就是一方面要在生产技术不变或变化不大的情况下，不过多过快地改变定员标准，以免引起劳动力使用上的混乱和影响职工的生产积极性；另一方面又要随着生产任务、工艺技术、设备条件、生产组织和劳动组织以及职工技术业务水平等变化，相应地调整定员标准，使其不断改进。

（三）劳动定员必须贯彻“精简效能”的方针

企业组织机构的设置，在保证生产需要的前提下，应该坚持“精简效能”的方针，以便达到精简、统一、效能、节约和克服官僚主义的目的。“精简”防止机构臃肿、人浮于事、层次过多；“统一”是建立统一的指挥、自如而又精干的工作系统；“效能”是指机构设置必须有利于提高工作效率，克服疲沓的现象；“节约”是要求节省不必要的开支，勤俭办事；“克服官僚主义”是要求密切联系群众，按客观经济规律办事，反对瞎指挥。要在不影响正常生产进行的条件下，适当减少管理层次，合并职能科室，降低非直接生产人员的比重，正确处理各类人员之间的比例关系，提高工作效率与生产效率。

（四）劳动定员必须在劳动工资计划的范围以内进行

劳动工资计划应该根据生产计划和先进合理的劳动定员标准来安排，但是劳动工资计划还要考虑劳动力的来源和平衡调剂问题，不可能和劳动定员恰巧一致。按照劳动定员标准配备人员的时候，不应该超过劳动工资计划指标。

第四节 劳动定员方法

建筑安装施工企业各类人员的工作性质和特点不同，总的工作量和个人劳动（工作）效率的表现形式不同，影响劳动定员的因素不同，因此确定定员的具体方法也不同。一般来说，主要有以下几种方法。

一、按劳动效率定员

按劳动效率定员是根据施工生产任务(工作量)、劳动效率和出勤率来计算定员人数。

$$定员人数=\frac{计划期内生产任务总量}{劳动效率\times 出勤率}$$

式中：

$$劳动效率=劳动定额\times 定额完成率$$

按劳动效率定员方法适用于实行劳动定额管理的建筑安装施工企业的基础生产单位，特别是以手工操作为主的工种。

这种定员方法的关键是如何确定先进合理的劳动效率水平。劳动效率水平应以实际已达到的劳动效率为基础，除考虑可能提高的各种因素外，还要考虑工人完成定额情况。劳动效率是以劳动定额为基础，然后根据可能超额的情况，适当加上一个超额系数，这个系数应根据统计资料进行研究分析以后来确定。

二、按设备定员

按设备定员这种方法是根据机器设备数量、机器设备的开动班次和工人看管定额等指标来计算定员人数。

$$定员人数=\frac{机器设备台数\times 每台机器设备开动班次}{工人看管定额\times 出勤率}$$

按设备定员方法适用于以机械操作为主，实行多机台看管的工种。因为这些工种的定员人数，主要取决于机器设备的数量和工人在同一时间内能够看管的机器设备台班。如有的机器设备一人只能看管一台；也有的大型机器设备需要两人或多人共同操作一台。在机器设备运转时间内，不论施工生产任务如何，都必须进行看管、操纵的设备，以及不便于实行定额的单人操纵的机器设备，都可以采用这种方法来确定定员。在确定定员时，在明确责任制的基础上还需考虑到实行兼职或交叉作业的可能性。

三、按岗位定员

按岗位定员是根据工作岗位的多少和每一个工作岗位工作量大小计算定员人数。主要适用于看管大型联动设备或装置的工种。另外对有些辅助工人和服务人员，如检验人员、测量放线人员、值班电工、库房保管员、烧水工、收发员、通信员以及消防、警卫人员等，也可以采用这种方法定员。在定员时，既要考虑工程任务、工作量的大小，还需根据岗位区域，考虑实行兼职作业的可能性等因素来确定。按岗位定员可分为两种：一种是按设备岗位定员，另一种是按工作岗位定员。

四、按比例定员

按比例定员是根据各类人员之间的比例关系或工作与服务对象人数之间的比例关系计算定员人数。在企业中，各类管理人员、服务人员与管理、服务对象之间存在着一定的比例关系。如工会工作人员可按职工总数的一定比例计算，炊事员可按在食堂就餐人数的一定比例计算。企业中的勤杂人员的定员也可采用按比例定员确定。

五、按组织机构、职责范围和业务分工定员

这种定员方法是在精简、高效、节约的前提下，先定组织机构，确定各职能科室（处室），明确其业务分工及职责范围，根据企业的规模、产品的特点、生产工艺过程的复杂度、各项业务工作量的大小，结合现有的管理人员或工程技术人员的工作能力和实际业务技术水平来确定人员。这种方法主要适用于管理人员和工程技术人员的定员。

在实际定员工作中，应根据具体条件，针对不同的变动因素，对上述几种定员方法加以灵活运用，或者把几种定员方法结合起来运用。

第五节 劳动定员管理

一、劳动定员和定员水平的概念

（一）劳动定员

定员是在一定的生产技术组织条件下，为了保证企业的施工生产活动正常进行而确定的各类人员的数量标准，所以也称人员定额。它是在组织机构已经确定的基础上，对企业生产经营所需要各类人员的数量所作出的规定。因此，它是企业内部用人的依据和标准。

劳动定员是完成企业内部各项生产经营工作及其之间相互联系的人力保证，是编制劳动计划和调配劳动力的依据，是充分发挥人才的聪明才智、提高工作效率和劳动生产率的需要。因此，劳动定员是企业各项管理中的一项很重要的基础工作，也是现代化企业管理的客观要求。

（二）定员水平

定员水平是指企业现行定员在数量上的松紧程度以及对各类人员数量控制的幅度。定员水平是定员管理的核心问题。定员水平应当做到先进合理，定员标准既不能过宽，迁就落后，宽打窄用，降低劳动（工作）效率，也不能规定得太紧，使职工负荷太重，完不成任务。所谓先进，是在条件大体相同的情况下比较，定员人数相对较少，非直接生产人员比较适当，各类人员安排得结构紧凑，职工的生产或工作基本达到了满负荷量；所谓合理，就是指定员人数切实可行，人员结构合理，能保证生产或工作正常进行，达到事事有人做，有人负责，而且能够做得很好。

为达到定员水平先进合理，在确定定员方案或修改定员方案过程中需要注意以下几点：

（1）力求先进，又不能脱离实际，注意从实际出发。

（2）要本着精简、高效、节约用人的原则，采用科学的方法，确定工作岗位、工作内容、工作量和人员数量。

（3）定员方案要正确贯彻加强施工生产第一线的原则，保证第一线有足够的劳动力。

（4）对职工的思想政治状况、业务技术水平和实际工作能力，进行分析研究，有比较正确的估计。

二、人员素质考评

人员素质包括思想品行、业务水平、工作能力、文化程度、健康状况等。在劳动定员工作

中,可以从三个方面即智力、体力和劳动态度对人员的素质进行综合衡量与考评。

从事脑力劳动的,智力应该是首要的,从事体力劳动的,身体状况(体力)应该是首要的。具备了上述条件,还必须有主动精神(劳动态度)才能真正胜任所担负的工作。

智力是指职工认识理解客观事物,运用知识和经验处理解决问题的能力。智力包括学历、工龄、技能等综合因素。一般来说,学历高,受正规教育的时间长,知识面比较广;工龄长,经验比较多一些;技能包括对所从事的劳动或工作的适应性和驾驭能力,技能高,适应性和驾驭能力强。

人的体力分为弱、一般和强。有强壮和健康的身体就有了胜任工作和完成劳动任务的基础,否则,就会增加胜任工作或参加施工劳动的困难。

劳动态度分为被动、服从和主动,以主人翁的姿态和主动精神工作和劳动,才是一个合格的管理人员和工人。

职工的素质水平高,劳动定员数量就会相对减少;相反,如果职工的素质水平低,定员数量就会相对增加。

三、定员管理和定员标准

(一)定员管理

建筑企业的定员管理工作,一般应由人力资源管理部门归口管理,按照上级有关规定和标准,结合本单位实际,并根据先进合理的定员水平制订企业的定员方案,建立健全定员管理制度和定员执行情况检查制度。非经批准,不得增设机构或增加人员,不得随意抽调生产人员从事非生产性工作,也不得把部门不需要的人员塞给下属单位。在贯彻执行劳动定员中,要从企业的全局出发合理地安排和使用劳动力,做到人尽其力、人事相宜。凡是老弱人员能够胜任的工作岗位,应当尽可能地安排老弱人员去做,把青壮人员安排到生产第一线。定员后的富余人员必须及时从原岗位上撤下来。

为保证经过批准的劳动定员能严格贯彻执行,必须建立、健全和完善相应的劳动力管理制度,主要有以下制度:

(1)企业内部劳动力调配制度;

(2)员工招收录用制度;

(3)员工考勤、业务考绩、提升制度;

(4)员工退休退职制度;

(5)员工奖惩制度;

(6)增设机构或增加人员的申请审批制度等。

随着施工生产任务的变化、劳动组织的调整、机械化施工程度的增加,以及员工的业务管理和施工操作水平的提高,应适时修订劳动定员标准。

(二)定员标准

定员标准是指根据一定的工程施工任务,在一定的生产技术、组织条件下,为保证建筑安装施工生产活动的正常进行所规定的建筑安装施工企业各类人员配备的数量界限。

企业结合所承担的施工生产任务与各类人员素质状况,以及技术与组织等条件制定的定员标准,只适用于本单位。企业定员标准分为单项定员标准或综合定员标准。单项定员标准也称详细定员标准,综合定员标准也称概略定员标准。单项定员标准是对某些岗位、工种、设备或某一部分人员所规定人员配备的数量标准。比如值班电工规定每工班配备几个人,塔吊司机规定每台班应配备几个人,工会工作人员规定占职工总人数的百分比等,均属单项定员标准。一般来说,单项定员标准适应性强,便于具体使用,而综合定员标准只作为对企业考核使用。

第七章　建筑企业员工培训

第一节　员工培训的意义

随着科学技术的发展和社会的进步,“事”对人的要求越来越高、越来越新,人与“事”的结合常常处在动态的矛盾之中。今年你是很称职的员工,如不坚持学习,明年就有可能落伍。人与“事”的不协调是绝对的,解决这一矛盾的方法之一是进行员工培训。一个企业要想在现代社会的竞争中立于不败之地,就必须重视对员工的培训。

员工培训,是组织人力资源管理与开发的重要组成部分和关键职能,是人力资源资产增值的重要途径,也是企业组织效益提高的重要途径。员工培训的重要性主要体现在以下几个方面。

一、员工培训是培育和形成共同的价值观、增强凝聚力的关键性工作

一个企业人才队伍建设一般有两种:一种是靠引进,另一种就是靠自己培养。所以,企业应不断地进行员工培训,向员工灌输企业的价值观,培训良好的行为规范,使员工能够自觉地按惯例工作,从而形成良好、融洽的工作氛围。通过培训,可以增强员工对组织的认同感,增强员工与员工、员工与管理人员之间的凝聚力及团队精神。

二、员工培训是提升员工技术、能力水准,达到人与“事”相匹配的有效途径

员工培训的一个主要方面就是岗位培训,其中岗位规范、专业知识和专业能力的要求被视为岗位培训的重要目标。岗位人员上岗后也需要不断地进步、提高,参加更高层次的技术升级和职务晋升等方面的培训,使各自的专业知识、技术能力达到岗位规范的高一层标准,以适应未来岗位的需要。员工培训工作显得尤为重要,实践证明它也是达到预期目标的一条有效途径。

三、员工培训是激励员工工作积极性的重要措施

员工培训是一项重要的人力资源投资,同时也是一种有效的激励方式。例如,组织业绩突出的员工去外地参观先进企业,鼓励员工利用业余时间进修予以报销费用等。据有关调查,进修培训是许多员工看重的一个条件,因为金钱对于有技术、知识型员工的激励是暂时的,短时间可以,长时间不行,他们更看重的是通过工作得到更好的发展和提高。

四、员工培训是建立学习型组织的最佳手段

学习型组织是现代企业管理理论与实践的创新,是企业员工培训开发理论与实践的创新。企业要想尽快建立学习型组织,除了有效开展各类培训,更主要的是贯穿“以人为本”提高员工素质的培训思路,建立一个能够充分激发员工活力的人才培训机制。成功的企业

将员工培训作为企业不断获得效益的源泉。学习型企业与一般的企业最大的区别就是,永不满足地提高产品和服务的质量,通过不断学习和创新来提高效率。

第二节　员工培训计划的制订

培训计划自然成为人力资源部门的工作重点之一。为配合年度计划的实施,人力资源部门需要作出合理的人员配置计划、人员招聘计划、绩效考核计划、职业发展计划,而培训计划是这些计划得以有效实施的保障。因此,人力资源部门需要对年度培训进行统筹安排,组织拟定年度培训计划。

一、制订年度培训计划的五个步骤

(一)第一步:找准需求

培训计划的制订是从需求开始的。培训需求包括两个层面,一是年度工作计划对员工的要求,二是员工为完成工作目标需要做出的提升,通过两个层面的分析,得出公司年度的培训需求。

培训需求是和员工的绩效紧密结合在一起的,在设计员工培训结构化表格的时候,要结合员工的绩效来做。具体来讲,可以设计这样几个维度:知识、技能、态度,在过去一个绩效周期内,员工在知识、技能、态度方面和公司的要求存在哪些差异,把这些差异点找出来,作为员工改进计划,列入培训需求计划。

当每个部门把培训需求报上来以后,人力资源部门要组织做好培训需求汇总,然后结合公司的年度目标任务,与培训需求进行比对,找出其中的契合部分,并汇总整理,形成培训需求汇总表。负责培训的人员要选定分类标准,把培训需求分好类别,在分好类别的基础上确定培训的课题。分类时,可以按照培训的内容来分类,譬如,财务类、人力资源管理类、营销类、执行类、管理类、战略类等。也可以按照培训对象来分类,譬如,新员工岗前培训、普通员工培训、中层管理人员培训、高级管理人员培训等。

(二)第二步:落实课程和师资

根据确定的培训需求,选择合适的课程,列出培训目标、课程大纲、培训课时以及实施时间。在设计培训课程时,要注意课程的先后逻辑关系,做到循序渐进、有条不紊。在培训方式的选定上,也要根据参训人员的不同,选择出最适合的方式。例如中层管理人员培训,其培训重点在于管理者能力的开发,通过培训,激发经理级员工的个人潜能,增强团队活力、凝聚力和创造力,使中层管理者加深对现代企业经营管理的理解,了解企业内外部的形势,树立长远发展的观点,提高中层管理者的计划、执行能力。

为使课程符合部门业务和员工的需要,人力资源部门要在开课前预先发出《开课前意见征询表》,并做好课程跟踪的第一记录——《课程签到表》。支持员工的职业生涯发展是激励员工的一个重要方面,公司在企业发展的同时,要使员工有提高个人技能和得到培训发展的机会,有施展个人才能专长和个人晋升发展的空间。

培训方式有以下几种:选择内训或外出参加公开课方式、通过集中讨论与自学相结合的方式、部门经理负责对下属提供学习和管理的机会,等等。又譬如新员工岗前培训,主要针对公司新接收的大中专毕业生、社会招聘人员,内容为公司级培训,之后由所在各单位进行二级培训,所在部门或生产车间进行三级培训。对新招聘员工的培训,采用课堂学习与户外体验式培训相结合的方式,使新员工逐步认识公司,加深对公司企业文化的理解,获得新感觉、新动力。

另外,还需要落实讲师资源,是从外面请专业的讲师还是由企业内部的培训师来讲?或者为节省开支买讲师的光盘,在企业内部播放?这些都是培训主管应该考虑的事情。

(三)第三步:制定预算

根据确定的培训课程,结合市场行情,制定培训预算。培训预算要经过相应领导的批示。制定培训预算要考虑多种因素,如公司业绩发展情况,上年度培训总费用、人均培训费用,等等,在上年度基础上根据培训工作的进展情况考虑有比例地加大或缩减培训预算。

做培训费用预算应与财务沟通好科目问题,一般培训费用包括讲师费、教材费、差旅费、场地费、器材费、茶水餐饮费,等等,一项培训课程应全面考虑这些费用,做出大致预算。在预算得出后,可在总数基础上上浮10%~20%,留些弹性的空间。

(四)第四步:编写计划

在以上工作的基础上,编写年度培训计划。

(五)第五步:年度培训计划的审批与管理

1. 年度培训计划的审批

年度培训计划由总经理办公会(或董事会)负责审批,批准后的年度培训计划作为年度计划的一部分,就可以列入明年的工作计划开始实施。

初步制订出来的培训计划先在内部进行审核,由人力资源部的负责人和主管一起分析、讨论该年度培训计划的可执行性,找出存在的问题,进行改善,确定一个最终版本,提交给培训工作的最高决策机构——总经理办公会(或董事会)进行审批。公司最高领导者要从公司长远发展的角度出发,制定公司员工培训的长远规划,并写进公司的年度计划中。

2. 年度培训计划的管理

培训也是存在很多风险的,例如选拔外派学习员工流失的风险、专业技术保密难度增大的风险、培养竞争对手的风险等,面对种种风险,企业的防范措施要做到以下几个方面:依法建立劳动、培训关系;建立有效的激励机制;鼓励自学,加大职位培训力度;完善培训制度,提高培训质量;运用法律手段保护公司专利技术等,尽可能降低培训的风险。

制订培训计划要本着有利于公司总体目标的实现,有利于竞争能力、获利能力及获利水平提高的原则,以员工为中心点,切实提高和改善员工的态度、知识、技能和行为模式。良好的计划是成功的一半,当培训计划在为企业经营和业务发展提供帮助,在为管理者提高整体绩效时,培训将发挥出更大的作用。

二、制订年度培训计划应注意的问题

通常,各个企业都在做年度培训计划,但是由于企业管理水平、人力资源干部素质以及企业对培训的看法不同,导致各个企业的年度培训计划存在较大的差异。

(一)掌握真实需求并能描述需求的来源

所谓掌握真实需求,是指要了解各个部门当前工作中最需要的培训需求,而不是时下有哪些最流行的课程和哪些最知名的讲师。很多企业容易犯一个错误,就是在进行培训需求调查的时候并不是从公司的业务出发,而是从培训提供商出发,不是考虑员工的工作需要什么培训,而是从一些培训机构来信来函的介绍中所列举的课程出发,把这些课程重新编排,作为需求调查的内容。

这样的做法很容易误导对培训并不熟悉和擅长的部门负责人,以为培训就是听口碑好的老师的课,不管老师讲什么内容,只要是名师,只要是知名的培训机构,就是最好的选择。因此,他们把知名的老师和知名的机构作为培训需求的源头,来制订本部门的培训计划。

其实,培训的需求来自绩效。这是培训的唯一来源。一切培训活动都是为了帮助员工提升绩效,帮助员工与企业步调一致、目标统一。所以,只有从员工绩效出发的培训需求才是最真实的需求,也是企业最需要的。从这个观点出发,人力资源部在设计培训需求调查表的时候,就要从员工的绩效出发,设计结构化的培训需求调查表。

(二)年度培训的目标要清晰

所谓培训目标,其实很简单,也很明确,就是帮助员工改善绩效。在这个大目标的基础上,可以根据员工的工作职责以及上一绩效周期的绩效考核,确定针对性的培训目标。例如,上一绩效周期内,员工在工作计划方面存在薄弱环节,工作缺乏计划性,或计划不合理,可以设计一个"如何做好计划管理"的课程,培训目标是:掌握计划管理的理论、学会编制计划、学会检查计划。

(三)编写一份高质量的年度培训计划书

为使年度培训计划的制订更加有效,人力资源部门应该编写一份高质量的年度培训计划书,年度培训计划书主要考虑以下几个方面的内容:

(1)培训需求调查;

(2)年度培训计划的制订;

(3)年度培训计划的组织;

(4)培训总结。

【案例一】 某建筑施工企业培训计划

针对员工适应能力、创新能力、执行能力薄弱的现象,结合公司"五年发展规划纲要"和"十二五"总体发展战略,大力推进员工素质提升工程,突出高技能、高技术人才培养及专业技术力量储备培训,为公司建立具有永续竞争力的卓越企业提供合适的人力资源,全面提升公司员工的综合素质和业务能力,推进企业健康快速发展。

一、总体目标

(1)加强公司高层管理人员的培训,提升经营者的经营理念,开阔思路,增强决策能力、战略开拓能力和现代经营管理能力。

(2)加强公司中层管理人员的培训,提高管理者的综合素质,完善知识结构,增强综合管理能力、创新能力和执行能力。

(3)加强公司专业技术人员的培训,提高技术理论水平和专业技能,增强科技研发、技术创新、技术改造能力。

(4)加强公司操作人员的技术等级培训,不断提升操作人员的业务水平和操作技能,增强严格履行岗位职责的能力。

(5)加强公司员工的学历培训,提升各层次人员的科学文化水平,增强员工队伍的整体文化素质。

(6)加强各级管理人员和行业人员执业资格的培训,加快持证上岗工作步伐,进一步规范管理。

二、原则与要求

(1)坚持按需施教、务求实效的原则。根据公司改革与发展的需要和员工多样化培训需求,分层次、分类别地开展内容丰富、形式灵活的培训,增强教育培训的针对性和实效性,确保培训质量。

(2)坚持以自主培训为主,外委培训为辅的原则。整合培训资源,建立健全以公司培训中心为主要培训基地,邻近院校为外委培训基地的培训网络,立足自主培训,搞好基础培训和常规培训,通过外委基地搞好相关专业培训。

(3)坚持"公司+院校"的联合办学方式,业余学习为主的原则。根据公司需求主流与相关院校进行联合办学,开办相关专业的专本科课程进修班,组织员工利用周末和节假日集中授课,结合自学完成学业,取得学历。

(4)坚持培训人员、培训内容、培训时间三落实原则。××××年,高管人员参加经营管理培训累计时间不少于30天;中层干部和专业技术人员业务培训累计时间不少于20天;一般员工操作技能培训累计时间不少于10天。

三、培训内容与方式

(一)公司领导与高管人员

(1)国家的大政方针的学习,国内外政治局势、经济形势分析,国家有关政策法规的研究与解读。通过上级主管部门统一组织培训。

(2)开拓战略思维,提升经营理念,提高科学决策能力和经营管理能力。主要形式有:参加企业家高端论坛、峰会、年会;到国内外成功企业参观学习;参加国内外著名企业高级培训师的高端讲座。

(3)学历学位培训、执业资格培训。参加北京大学、清华大学以及中央、省委党校的学历进修或 MBA、EMBA 学习;参加高级经营师等执业资格培训。

(二)中层管理干部

(1)管理实务培训。生产组织与管理、成本管理与绩效考核、人力资源管理、激励与沟通、领导艺术等。请专家教授来公司集中授课;组织相关人员参加专场讲座。

(2)学历进修和专业知识培训。积极鼓励符合条件的中层干部参加大学(专本科)函授、自考或参加 MBA 及其他硕士学位进修;组织经营、企管、财会专业管理干部参加执业资格考试,获取执业资格证书。

(3)强化项目经理(建造师)培训。××××年公司将下大力组织对在职和后备项目经理进行轮训,培训面力争达到50%以上,重点提高他们的政治素养、管理能力、人际沟通能力和业务能力。同时开通"环球职业教育在线"远程职业教育网,给员工提供学习的绿色通道。要求公司各单位选拔具有符合建造师报考条件,且有专业发展能力的员工,组织强化培训,参加社会建造师考试,年净增人数力争达到10人以上。

(4)开阔眼界、拓展思路、掌握信息、汲取经验。组织中层干部分期分批到上下游企业和关联企业学习参观,了解生产经营情况,借鉴成功经验。

(三)专业技术人员

(1)由各专业副总工程师、工程师定期进行专题技术讲座,并建设公司自己的远程教育培训基地，进行新工艺、新材料及质量管理知识等专项培训，培养创新能力，提高研发水平。

(2)组织专业技术人员到同行业先进企业学习，学习先进经验，开阔视野。年内计划安排两批人员到××、××单位参观学习。

(3)加强对外出培训人员的严格管理，培训后要写出书面材料报培训中心，必要时对一些新知识在公司内进行学习、推广。

(4)对会计、经济、统计等需通过考试取得专业技术职务的专业人员，通过计划培训和考前辅导，提高职称考试的合格率。对工程类等通过评审取得专业技术职务的专业人员，聘请相关专业的专家进行专题讲座，多渠道提高专业技术人员的技术等级。

(四)员工基础培训

1. 新员工入厂培训

建设满足企业发展需要的人才队伍，必须大力开展新员工培训工作和建立完备的新员工培训系统，通过新员工培训计划选拔合适人才，同时可以从新员工培训过程中提高企业员工的素质，使新员工培训制度成为企业引进高质量员工的重要渠道。新员工岗前培训流程如图7-1所示。

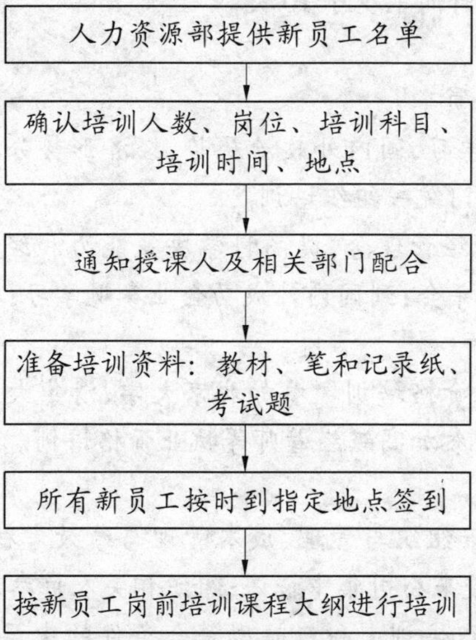

图7-1　新员工岗前培训流程

××××年继续对新招聘员工进行强化公司的企业文化、法律法规、劳动纪律、安全生产、团队精神、质量意识培训。每项培训不得低于8个学时。

通过实行师傅带徒弟，对新员工进行专业技能培训，基层各单位、分公司的新员工合同签订率必须达到100%。试用期结合绩效考核评定成绩，考核不合格的予以辞退，考核优秀者给予一定的表彰奖励。

2. 转岗员工培训

××××年要继续对人力中心人员进行企业文化、法律法规、劳动纪律、安全生产、团队精神、择业观念、公司发展战略、公司形象、项目进展等方面的培训。每项培训不得低于8个学时。

同时随着公司的扩建，内部就业渠道的增加，及时进行专业技术培训，培训时间不得少于20天。

3. 员工技术等级培训

××××年公司计划新培养高级工程师×名，副高级工程师×名。中级工以上人员占技术人员比例达到70%以上；××××年一方面继续普及，扩大比例，工作重点是培养高级技术人员，计划培养高级技工2人，中级技工10人，形成较为完善的技能人才体系。基层单位及分公司要把工作重点放在基础工作上，重点培训中级工和高级工，争取中级工以上人员能占整个技术工人40%以上，使技术管理人员的素质有整体提高。

4. 高技能人才的培养和职业技能鉴定

××××年，公司将选择部分主业工种进行轮训，并在本市相关技校适时组织符合技师、高级技师条件的员工进行强化培训、考核，力争新增技师、高级技师达30人以上，使其结构和总量趋于合理，逐步满足企业发展的要求。职业技能鉴定要使35岁以下的技术工人在职业技能培训的基础上完成初次鉴定取证工作。

5. 复合型、高层次人才培训

各部门和基层单位要积极创造条件，鼓励员工自学和参加各类组织培训，实现个人发展与企业培训需求相统一。使管理人员的专业能力向不同管理职业方向拓展和提高；使专业技术人员的专业能力向相关专业及管理领域拓展和提高；使施工作业人员掌握两种以上的技能，成为一专多能的复合型人才和高层次人才。

6. 特种作业人员的培训

做好特种作业人员的安全技术取证和复证培训工作，严格执行持证上岗的规定。

在建工程项目经理部，要按照“三位一体”管理体系标准要求，扎实有效地做好施工生产关键工序和特殊过程操作人员的培训，以及施工环境保护、职业健康安全的应急预案的演练培训，确保人力资源满足施工生产要求。

要把施工承包工程队人员的培训监管纳入管理视野，实行指导和有效的干预，消除隐患，切实维护企业信誉。

开展职业技能比武，促进年轻优秀人才的成长。公司今年将选择3~5个主要职业进行技能比武，并通过专业比武的形式，选拔培养年轻优秀高技能人才。

（五）开展学历教育

（1）公司培训中心要与一些高等院校联合办学，开办土木工程、市政工程技术、电气工程及机电一体化等技术专业大专班。通过全国成人高考，对符合录取条件的公司员工进行有计划的集中培训，获取学历。

（2）与一些高等院校联合办学，举办市政建筑工程及电气机电类专业的函授本科班；推荐优秀中层以上管理人员到一些高等院校攻读硕士学位。提高公司高管人员的学历、业务水平和决策能力，更好地为公司服务。

（3）调动员工自学积极性。为员工自学考试提供良好的服务，帮助员工报名，提供函授信息；制定或调整现有在岗员工学历进修的奖励标准；将学历水平作为上岗和行政、技术职务晋升的条件，增加员工学习的动力。

四、措施及要求

（1）领导要高度重视，各基层单位及业务部门要积极参与配合，制订切实有效的培训实施计划，实行指导性与指令性相结合的办法，坚持在开发员工整体素质上，树立长远观念和大局观念,积极构建“大培训格局”,确保培训计划开班率达90%以上,全员培训率达35%以上。

(2)培训的原则和形式。按照“谁管人、谁培训”的分级管理、分级培训原则组织培训。公司重点抓管理层领导、项目经理、总工、高技能人才及“四新”推广培训;各部门和基层单位要紧密配合培训中心抓好新员工和在职员工轮训及复合型人才培训工作。在培训形式上,要结合企业实际,因地制宜、因材施教,外培与内训相结合,基地培训和现场培训相结合,采取技能演练、技术比武、鉴定考试等灵活多样的形式;在培训方法上要把授课、角色扮演、案例、研讨、现场观摩等方法相互结合。选择最佳的方法和形式,组织开展培训。

(3)加强培训基础设施的建设和开发。一是加强和高等院校的联合办学力度,在就近院校设置培训实习基地,并充分发挥利用培训资源和专业特长,积极整合,合理开发,使其在公司人力资源培训开发中发挥骨干作用;二是要根据公司内部自身专业特长,建设自己的培训基地。选择专业或课题,组织编写适合企业特点的培训教材或讲义;三是要加强企业专兼职培训师队伍建设,实行资源的有偿服务。

(4)确保培训经费投入的落实。我们要按国家现行规定,即按工资总额的1.5%足额提取职教经费,由培训主管部门掌握使用,财务部门监督,其中0.5%上缴公司统一协调使用,严禁将培训经费挪作他用。

(5)确保培训效果的真实有效。一是加大检查指导力度,完善制度。公司应建立完善自己的员工培训机构及场所(如员工大学、职业技术学校),并对培训中心各级各类培训情况进行不定期的检查与指导。二是建立表彰和通报制度。对培训工作成绩显著、扎实有效的单位和培训机构给予表彰奖励;对培训计划落实不到位、员工培训工作滞后的单位予以通报批评。三是建立员工培训情况反馈制度,坚持将培训过程的考核情况及结果与本人培训期间的工资、奖金挂钩,实现员工自我培训意识的提高。

(6)加强为基层单位现场培训工作的服务意识,充分发挥业务主管部门的主观能动性,积极主动深入现场解决培训中的实际问题,扎扎实实把年度培训计划落实到位。

(7)公司办班培训及员工外送培训要严格按照《人力资源管理办法》程序和要求组织落实与实施。各主办部门(单位)要做好开班前的策划及教学设计,各单位要做好学员的选送工作,确保培训质量的有效性。

培训是帮助员工提高生存能力和岗位竞争能力的有效途径,努力提高员工学习的主动性,建设一支高素质的团队是人力资源部义不容辞的职责。我们一定要自觉站在公司建设具有永续竞争力的卓越企业的战略高度重视员工的学习和成长;同时,企业要想在激烈的市场竞争中立于不败之地,就必须落实创建学习型企业,从加快职业教育和培训事业的发展入手,来提升员工队伍政治、技术的整体素质,构筑人力资源的核心竞争力,以此提高员工参与企业市场竞争的能力。

在企业改革大发展的今天,面临着新时期所给予的机遇和挑战,只有保持员工教育培训工作的生机和活力,才能为企业造就出一支能力强、技术精、素质高,适应市场经济发展的员工队伍,使其更好地发挥他们的聪明才智,为企业的发展和社会的进步作出更大的贡献。

人力资源是企业发展的第一要素,但我们的企业总是觉得人才梯队难以跟上,优秀的员工难选、难育、难用、难留。所以,如何打造企业的核心竞争力,人才培养是关键,而人才的培养,来源于员工通过不断地学习和培训,不断提升自身的职业素养和知识技能,打造一支高绩效的团队,从而使企业从优秀到卓越,永远基业长青!

员工培训计划表见表7-1。

表7-1　员工培训计划表

培训编号：

培训名称		培训时间	自 至

培训课程时数及负责人

课程	培训时间	负责人	起止时间	课程	培训时间	负责人	起止时间

参加人员：　　　　　　　　　　　　　　　　　　共　　　人，名单如下：

部门	职务	姓名	部门	职务	姓名	部门	职务	姓名	部门	职务	姓名

费用预算：

【案例二】　培训项目方案格式

培训项目的名称

一、培训目标

（培训的具体目的，要达到什么效果，形成什么影响，等等）

二、培训内容

（列出将要开展的培训项目内容，具体到细节）

三、培训对象

（针对哪些知识层面人员的培训）

四、培训形式

（具体开展培训的方式，如面授、实验、实践，等等）

五、培训费用

（具体的培训费用，标明是否包含教材费等其他费用）

六、培训进度和学时安排

（详细的培训时间表，计划，学时的分配）

七、培训考核及发证

（有无考核、考核形式、计算考核结果的方式、培训结果的表现形式，等等）

八、培训要求

（对参与培训的学员及指导教师的要求，对培训目的、过程等方面的要求）

九、食宿安排

（吃、住的地点及安排，若培训项目中涉及食宿，则要详细说明食宿安排的办法、费用情况、标准等方面，若不涉及食宿，则无须此项）

第三节　培训效果的提高

现在很多企业都意识到培训的重要,但如何达到和提高培训的效果,要注重以下几点。

一、来自管理高层的支持和重视是关键

尽管这似乎是老生常谈,而且几乎所有公司的管理高层似乎都支持员工培训,但支持和重视的程度还远远不够。例如,在消费领域,员工培训的总预算不到广告费用的1/10。他们没有充分认识到,把广告费用的10%转移到员工培训上来,不仅会改善产品推广的最终效果,而且会提高公司的总体利润,以及增强公司长期的发展。

要搞清培训对象,并对其分类。因为培训最忌讳人员水平的参差不齐,设计好的课程很难满足具备不同水准的中、高层管理人员。

二、培训部门要把自己的队伍建设成为专家型队伍

必须能够成为决策层的顾问,同时影响决策层,这样只有通过培训提升管理水平,培养良好的组织习惯才能实现。这将是国内规模较大的企业培训部门在今后几年中的工作重点和难点。

三、把握培训对象的需求是提高培训效果的关键一步

需求分为个人需求和组织需求。对于管理规范的企业,都鼓励员工的个人发展,结合员工个人发展所提供的培训课程,无疑会受到员工从内心深处的欢迎,培训效果的提高从主观上来讲就没有问题。这一部分的培训关键是要看培训的形式。对于受教育程度高的员工,互动式培训会较合适,而对于受教育程度低的员工,课堂式会更合适一些。

四、需要制订一个有效的培训计划

培训计划包括以下具体内容:

(1)具体、多样的培训主题。如ISO 9000培训、项目管理培训、销售培训、技术培训,等等。每个培训都有具体的要求,这种要求决定了培训的方式方法。

(2)涵盖各个部门、各个层次的员工,如生产、采购、财务、研发、市场与销售等部门中的专业技术人员、行政人员、管理人员、车间里的基层工人,等等。针对不同的培训对象,采用适当的主题、深度及培训形式是很重要的。一刀切式的培训不会收到预期效果。对高级经理强调培训也同样重要。培训往往是为提升低层员工而设的。如果高级经理不称职,那么整个培训预算将会付诸东流。

(3)企业的短期利益与长期利益的培训。虽然针对短期利益的培训,对公司目前在竞争激烈的市场上取得成功很重要,但致力于企业长期利益的培训正变得越来越重要。旨在长期利益的培训包括更深层次的技术和管理专业知识。

五、课程设计要有针对性

课程设计要有针对性,这不仅意味着对培训人员要有的放矢;在外企,课程设计还要注

重东西方文化，因为两种文化背景的受训人员接受知识的背景和方式有很大的不同，如东方人喜欢集体性的问答，而西方人则喜欢与教师独立交流的互动式学习。在培训形式上要灵活、生动、活泼，易于为员工接受，切忌形式主义、走过场；要紧密联系实践，形成双方的良性互动，避免单向的灌输。

六、培训的师资要同时具备专业知识和工作热情

专业知识的丰富与否直接影响培训内容。而工作热情对教师同样重要，它意味着该教师是否热爱这份工作。这将是一种态度。爱立信（Ericsson）对待教师的考核有三方面，即专业知识、教学技能和教学态度。培训导师的选择一个是公司的高级经理，一个是外聘。使用公司的高级经理作为培训导师，好处是具有较强的针对性，缺点是高级经理可能缺乏培训技巧，不能进行生动的讲解，如果先安排高级经理参加授课培训，培训员工的效果会好些；对于外聘的培训导师，一个是费用较高，另一个是目前很多培训机构和培训导师鱼龙混杂，另外还要关注培训机构和导师的专长范围，因此必须把握好评估关，这可以向他们的客户进行咨询，也可以进行试听。

七、让公司的全体员工切实认识到培训的重要性也非常关键

员工往往认为培训的重要意义在于获得证书，而忽略了培训的实质。一旦获得所需要的证书，员工进一步提高自我，甚至应用从培训中所获得技能的积极性就消失了。切忌所有学员都有证书，如果是这样，也就丧失了激励的作用。每次培训保持一定比例的不及格者，这样学员才会努力并认真地参与进来。对于不及格者，可参加下次的培训，并拿到证书。证书不一定是权威机构的，公司内部的也可以，但要尽量将这个证书变得权威些，变得有吸引力些。改善员工的硬技能固然重要，同时，改善他们的软技能，如纪律、职业道德和奉献精神更为重要。提高这些软技能，对一个公司的成功来说更为关键，因为它是对硬技能培训有效性的保障，同时也更具挑战性，因为软技能要求员工改变他们的态度。为此，要精心设计一系列的行动方案，以保证能有效改变他们的态度。这一过程西方称之为“变革管理”。为了有效管理这种变化，公司需要制定一套明确的绩效评估方法和激励计划，其中要能够反映出先进技能的重要性。“人们往往并不按照正确的或必须的去做，而是按照要考核或奖励的去做。”对于出于组织需求的培训课程，要分析可能引起培训效果降低的原因。常见的一个原因就是这些课程不能引起学员的兴趣，所以向学员表明培训及课程对他们的重要性及对他们职业发展的帮助会提高效果。大部分跨国公司都有职位说明书，在职位说明书中都会列明该职位所需要的知识、技能和态度。所以，出于组织需要的培训就要结合职位说明书来进行。

第四节　员工培训的内容与形式

一、培训的内容

员工培训的内容和形式必须与企业的战略目标、员工的职位特点相适应，同时考虑适应内外部经营环境的变化。一般地，任何培训都是为了提供员工在知识、技能和态度三方面的

学习与进步。

(一)知识的学习

知识学习是员工培训的主要方面,包括事实知识与程序知识学习。员工应通过培训掌握完成本职工作所需要的基本知识,企业应根据经营发展战略要求和技术变化的预测,以及将来对人力资源的数量、质量、结构的要求与需要,有计划、有组织地培训员工,使员工了解企业的发展战略、经营方针、经营状况、规章制度、文化基础、市场及竞争,等等。依据培训对象的不同,知识内容还应结合岗位目标来进行。如对管理人员则要培训计划、组织、领导和控制等管理方面的知识,还要他们掌握心理学、激励理论等有关方面的知识,以及经营环境如社会、政治、文化、伦理等方面的知识。

(二)技能的提高

知识的运用必须具备一定技能。培训首先对不同层次的员工进行岗位所需的技术性能力培训,即认知能力与阅读、写作能力的培训。认知能力包括语言理解能力、定量分析能力和推理能力等三方面。有研究表明,员工的认知能力与其工作的成功有正相关关系。随着工作变得越来越复杂,认知能力对完成工作显得越来越重要。阅读能力不够会阻碍员工良好业绩的取得。随着信息技术的发展,不仅要开发员工的书面文字阅读能力,而且要培养员工的电子阅读能力。此外,企业应更多培养员工的人际交往能力。尤其是管理者,更应注重判断与决策能力、改革创新能力、灵活应变能力、人际交往能力等的培训。

(三)态度的转变

态度是影响能力与工作绩效的重要因素。员工的态度与培训效果和工作表现是直接相关的。管理者重视员工态度的转变使培训成功的可能性会增加。受训员工的工作态度怎样?如何形成?怎样受影响?既是一个复杂的理论问题,又是一个实践技巧。通过培训可以改变员工的工作态度,但这不是绝对的。关键是管理者的工作。管理者要在员工中树立并保持积极的态度,同时善于敦促员工达到所要求的工作标准。管理者根据员工不同的特点,采取最有效的影响与控制方式,规范员工的行为,促进员工态度的转变。

二、培训的组织形式

为适应不同的培训目的、不同的培训内容、不同的受训者等,员工培训的组织形式也多种多样。

(一)按培训职能部门的组建分

按培训职能部门的组建分,培训有学院模式、客户模式、矩阵模式、企业办学模式和虚拟培训组织模式等五种模式。

1. 学院模式

学院模式即企业组建培训部门,看起来非常像一所大学结构。培训部门由主管人会同一组对特定课题或特定的技术领域具有专业知识的专家共同领导。专家负责开发、管理和修改培训项目。

2. 客户模式

客户模式即企业组建培训部门负责满足公司内某个职能部门的培训需求,使培训项目与经营部门的特定需要而不是与培训者的专业技能相一致。但培训者必须了解经营需要并不断更新培训课程和内容以适应这种需求。

3. 矩阵模式

矩阵模式即企业组建培训部门能适应培训者既向部门经理又要向特定职能部门的经理汇报工作的模式。培训者具有培训专家和职能专家两个方面的职责。它有助于将培训与经营需求联系起来;培训者可以通过某一特定的经营职能培训而获得专门的知识。

4. 企业办学模式

利用企业办学组建职能部门趋向于提供范围更广的培训项目与课程。该模式的客户群不仅包括员工和经理,还包括公司外部的相关利益者;企业一些重要的文化和价值观将在企业大学的培训课程中得到重视;它保证企业某部门内部开展的有价值的培训活动能在整个企业进行传播。

5. 虚拟培训组织模式(Virtual Training Organization,简称 VTO)

虚拟培训组织模式与传统培训部门的最大区别体现在结构上,传统的培训组织趋向于由固定的从事某一特定职能如指导设计的培训者和管理者来运营。而 VTO 中的培训者的数量则根据对产品和服务的需求不同而变化。培训者不仅要具有专业能力,能作为内部咨询专家,并能提供更完善的服务。VTO 的运作遵循三个原则:员工对学习负主要责任;在工作中进行最有效的学习,而不是在课堂上;经理与员工的关系对将培训成果转换成工作绩效的提高起着重要的作用。

总之,不论公司规模大小,按虚拟培训组织、企业办学模式来组建培训职能部门呈现出上升趋势。

(二)按培训的对象分

按培训的对象分,培训有管理人员培训、专业技术人员培训、基层员工培训及新员工培训。

管理人员培训主要让他们掌握必要的管理技能,以及新的管理知识与理论、先进的管理方法。

专业技术人员培训是让他们提高专业领域的能力,旨在提高其新产品研制能力;同时培训财务、营销知识、时间管理、信息管理、沟通技巧、团队建设、人际能力、指导员工、外语等方面的知识与能力。

基层员工培训让员工操作技能提高,培训是针对不同岗位所要求的知识与技能而言。

新员工培训,即为新进入企业的员工指引方向,使之对新的工作环境、条件、工作关系、工作职责、工作内容、规章制度、组织期望等有所了解,使其尽快顺利地融入企业并投身到工作之中。

(三)按员工培训的时间分

按员工培训的时间分,培训有全脱产培训、半脱产培训与业余培训等。全脱产培训是受训者在一段时期内完全脱离工作岗位,接受专门培训后,再继续工作。半脱产培训是受训者每天或每周抽出一部分时间参加学习的培训形式。业余培训是受训者完全利用个人业余时间参加培训,不影响正常生产或工作的培训形式。

【案例三】 领导层核心能力建设培训解决方案
——领导者能力提升培训内容规划

对于企业领导层能力提升，以对企业战略发展要求及管理现状的差距为基本依据，结合为国内顶尖商学院设置EMBA课程的实战经验，为企业领导层进行创新性的再研发，结合当前实际需要和发展要求，既体现实效性，又具备超前性：每一次培训都将紧扣企业领导层能力建设的具体需求；每一次培训都直指培训效果和目的。

企业领导层核心能力建设培训课程设置如表7-2所示。

表7-2 企业领导层核心能力建设培训课程设置

培训模块	课题
战略管理和决策能力	1. 战略决策思维修炼
	2. 战略管理能力
	3. 危机与风险管理
	4. 经营决策能力
组织运作能力	5. 企业转型期管理
	6. 企业规范化管理
	7. 资本运营
	8. 企业制度与公司治理
	9. 组织行为与组织变革
	10. 流程管理
	11. 高效管理沟通
企业文化塑造能力	12. 化育之道——用文化管理企业
	13. 强势文化与弱势文化
	14. 构建中国企业文化再造系统
	15. 企业文化再造机制与实操方法
	16. 中国企业文化的十项修炼
市场营销能力	17. 现代营销管理
	18. 市场商业环境分析
	19. 深度营销与营销创新
	20. 客户关系管理
	21. 市场营销策略
	22. 品牌塑造
	23. 消费者心理分析
	24. 渠道建设与管理

续表 7-2

培训模块	课题
领导力与人力资源管理	25. 能本管理与如何经营人
	26. 非人力资源经理的人力资源管理
	27. 培训培训者
	28. 高绩效团队建设
	29. 员工激励与士气管理
	30. 领导授权与监控
	31. 卓越领导力修炼
领导者思维与修养	32. 五项修炼
	33. 六顶思考帽
	34. 高效能人士的七个习惯
	35. 创造性地解决问题
	36. 领导者创新思维
	37. 压力与情绪管理
	38. 老子与企业家修养
	39. 公众演讲与表达技巧
财务管理能力	40. 非财务经理的财务管理
	41. 财务管理与公司理财
	42. 纳税与税务筹划
	43. 企业现金流分析
	44. 资本运营与收购兼并
	45. 企业资本结构优化
	46. 投资分析与风险控制
	47. 企业融资技巧

注：以上课程设置为标准设置，可进一步根据企业的具体需求及前期现场调研诊断结果，进行"度身定制"式的再度开发和策划，也可根据具体需要进行选择和组合。

第五节　特种作业人员安全技术培训考核管理

一、特种作业定义

特种作业是指容易发生事故，对操作者本人、他人的安全健康及设备、设施的安全可能造成重大危害的作业。特种作业人员是指直接从事特种作业的从业人员。据国内外有关资料统计，由于特种作业人员违规违章操作造成的生产安全事故，占生产经营单位事故总量的比例约80%。因此，加强特种作业人员安全技术培训考核，对保障安全生产十分重要。

二、特种作业范围

特种作业包括：①电工作业；②金属焊接切割作业；③起重机械（含电梯）作业；④企业内机动车辆驾驶；⑤登高架设作业；⑥锅炉作业（含水质化验）；⑦压力容器操作；⑧制冷作业；⑨爆破作业；⑩矿山通风作业（含瓦斯检验）；⑪矿山排水作业（含尾矿坝作业）；⑫由省、自治区、直辖市安全生产综合管理部门或国务院行业主管部门提出，并经国家批准的其他作业。

三、特种作业人员必须具备的基本条件

特种作业人员应当符合下列条件：

(1)年满18周岁，且不超过国家法定退休年龄；

(2)经社区或者县级以上医疗机构体检健康合格，并无妨碍从事相应特种作业的器质性心脏病、癫痫病、美尼尔氏症、眩晕症、癔病、震颤麻痹症、精神病、痴呆症以及其他疾病和生理缺陷；

(3)具有初中及以上文化程度；

(4)具备必要的安全技术知识与技能；

(5)相应特种作业规定的其他条件。

危险化学品特种作业人员除符合第(1)项、第(2)项、第(4)项和第(5)项规定的条件外，应当具备高中或者相当于高中及以上文化程度。

特种作业人员必须经专门的安全技术培训并考核合格，取得《中华人民共和国特种作业操作证》(简称特种作业操作证)后，方可上岗作业。

四、培训

特种作业人员应当接受与其所从事的特种作业相应的安全技术理论培训和实际操作培训。已经取得职业高中、技工学校及中专以上学历的毕业生从事与其所学专业相应的特种作业，持学历证明经考核发证机关同意，可以免予相关专业的培训。跨省、自治区、直辖市从业的特种作业人员，可以在户籍所在地或者从业所在地参加培训。

从事特种作业人员安全技术培训的机构(统称培训机构)，必须按照有关规定取得安全生产培训资质证书后，方可从事特种作业人员的安全技术培训。培训机构开展特种作业人员的安全技术培训，应当制定相应的培训计划、教学安排，并报有关考核发证机关审查、备案。培训机构应当按照安全监管总局、煤矿安监局制定的特种作业人员培训大纲和煤矿特种作业人员培训大纲进行特种作业人员的安全技术培训。

五、考核发证

特种作业人员的考核包括考试和审核两部分。参加特种作业操作资格考试的人员，应当填写考试申请表，由申请人或者申请人的单位持学历证明或者培训机构出具的培训证明向申请人户籍所在地或者从业所在地的考核发证机关或其委托的单位提出申请。

特种作业操作资格考试包括安全技术理论考试和实际操作考试两部分。考试不及格

的，允许补考1次。经补考仍不及格的，重新参加相应的安全技术培训。

特种作业操作证有效期为6年，在全国范围内有效。特种作业操作证遗失的，应当向原考核发证机关提出书面申请，经原考核发证机关审查同意后，予以补发。

特种作业操作证所记载的信息发生变化或者损毁的，应当向原考核发证机关提出书面申请，经原考核发证机关审查确认后，予以更换或者更新。

六、复审

特种作业操作证每3年复审1次。

特种作业人员在特种作业操作证有效期内，连续从事本工种10年以上，严格遵守有关安全生产法律法规的，经原考核发证机关或者从业所在地考核发证机关同意，特种作业操作证的复审时间可以延长至每6年1次。

特种作业操作证需要复审的，应当在期满前60日内，由申请人或者申请人的单位向原考核发证机关或者从业所在地考核发证机关提出申请，并提交下列材料：

(1)社区或者县级以上医疗机构出具的健康证明；

(2)从事特种作业的情况；

(3)安全培训考试合格记录。

特种作业操作证有效期届满需要延期换证的，应当按照前款的规定申请延期复审。

特种作业操作证申请复审或者延期复审前，特种作业人员应当参加必要的安全培训并考试合格。安全培训时间不少于8个学时，主要培训法律、法规、标准、事故案例和有关新工艺、新技术、新装备等知识。

申请复审的，考核发证机关应当在收到申请之日起20个工作日内完成复审工作。复审合格的，由考核发证机关签章、登记，予以确认；不合格的，说明理由。

申请延期复审的，经复审合格后，由考核发证机关重新颁发特种作业操作证。

特种作业人员有下列情形之一的，复审或者延期复审不予通过：

(1)健康体检不合格的；

(2)违章操作造成严重后果或者有2次以上违章行为，并经查证确实的；

(3)有安全生产违法行为，并给予行政处罚的；

(4)拒绝、阻碍安全生产监管监察部门监督检查的；

(5)未按规定参加安全培训，或者考试不合格的。

再复审、延期复审仍不合格，或者未按期复审的，特种作业操作证失效。

第六节　按ISO 9001质量保证标准组织实施员工培训

一、ISO 9001质量保证标准对培训的要求

标准原文如下："基于适当的教育、培训、经验和技能，从事影响产品要求符合性工作的人员应是能够胜任的"。

"组织应：

a)确定从事影响产品要求符合性工作的人员所需的能力；

b)使用时,提供培训或采取其他措施以获得所需的能力;

c)评价所采取措施的有效性;

d)确保组织的人员认识到所从事活动的相关性和重要性,以及如何为实现质量目标作出贡献;

e)保持教育、培训、经验和技能的适当记录。”

应制定并实施本单位培训工作的管理程序,确保对质量有影响的管理、执行和验证人员都进行培训。培训内容和要求应针对不同岗位的需要作出决定。对与质量有关人员的培训要求、培训计划、考核、记录都作出规定。要明确什么时间由什么人做什么,怎么做,做到什么程度。让人一看就明白培训管理工作是怎样运行的。

培训管理程序主要包括:①管理职责。明确各有关人员或部门如主管、劳资、干部、安技及其他各职能科室与基层单位在培训方面的职责,从而使配合培训工作开展成为其工作范围内的事情。②计划编制。③培训对象和内容。明确对质量有影响的所有管理、执行、验证人员都是培训对象,包括管理层的各级负责人员、特殊工种人员、产品质量检验员、装置操作工、新进厂员工和调换岗操作工等。需要强调的是厂级领导的培训必须纳入其中。培训内容都是与质量有关的岗位技术知识的培训(训练),包括质量体系文件的培训。④培训实施。⑤外出培训。⑥特殊工作人员的培训、取证。特殊工作人员培训的范围、培训的手续、取证等,是标准要求的重点内容,在程序编写时内容要详细、责任要明确。比如由哪个部门负责确定特殊工作人员的名单,由哪个部门负责培训考核,由哪个部门负责记入档案,等等。还要写明工作流程,由一个环节到下一个环节,环环相扣,出现问题,责任明确。

对于从事特殊工作的人员都要经过培训并进行资格考核认可才能上岗作业或工作,并要有相应的证明文件。特殊工作人员一般包括三类人员:①国家规定的涉及人身设备安全的特殊工种,如电焊、锅炉、起重等,一般由安技部门负责。②验证人员。如计量检定、质量检验员、内部质量体系审核员等。③本单位规定的关键岗位人员。

对于有关人员的培训记录应妥善保存,保存期限、保存记录范围和内容在程序文件中规定,并能提供查阅。

有关培训的质量记录和资料共有下列几项:

(1)年度计划需求表:主要用做基层和各职能部门的培训需求调查;

(2)年度培训计划:根据计划征询表的内容汇总整理,经主管领导审批下发的红头文件;

(3)培训计划变更表:培训计划不能按时完成,作为计划变更的审批手续。

(4)培训计划表:培训的具体计划,包括培训的目的、要求、培训内容、时间、地点、计划人数等;

(5)培训登记表:培训情况的真实记录,包括培训内容、教材选用、教师和学员名单以及考勤、成绩统计等;

(6)员工培训教育档案(受控质量记录):对所有对质量有影响的人员的培训登记存档(对全体员工都建立了档案,用电子计算机管理);

(7)特殊工作人员培训档案(受控质量记录):对特殊工作人员除记载培训内容外,还要记录特殊工作人员的取证情况,并保存特殊工作人员上岗所持有的特殊工作培训考核证书的复印件。

根据本单位实际情况,还可以根据需要设立其他的培训记录。

二、在贯彻 ISO 9001 质量保证标准中应注意的问题

(1)培训管理程序(标准)要既简明又具体,培训内容既顾及整体又突出重点。程序是指为进行某项活动所规定的途径。其内容包括该项活动的目的和范围;做什么和谁来做,何时、何地、如何做以及如何对活动进行控制和记录等。在制定培训管理程序时,应特别注意避免繁杂,不使细枝末节充斥整个程序,要在简明和具体上下工夫,以提高其可操作性。培训内容不仅要照顾当前和今后一个时期内员工教育的现实,开展多方面、多层次的培训,而且要抓住对质量有影响的管理、执行和验证人员的培训这一重点,集中有限的教育资源,改善企业员工的整体素质,从而为企业产品质量上档次提供技术保证。

(2)在程序执行过程中,要坚持方法灵活、实事求是的原则。按照规定,与质量无关的培训内容可不列入程序,如学历教育、职业道德思想教育等。但在实际操作过程中这些培训又不可避免地要涉及。因此,必须以实事求是的态度对待这一问题,在保证培训重点的同时,高标准、严要求,统一管理,完成整个培训任务。

(3)培训的主管部门是培训教育部门。培训管理程序的执行主体也是培训教育部门。在程序制定上应本着方便工作、归口管理的原则,由培训教育部门承担的工作都必须承担下来,一味地推脱责任,把可以由教育部门承担的工作推给其他部门,不但减轻不了负担,反而会增加工作的难度。

(4)注重痕迹管理,培训的各个环节都要做好记录。在第三方认证审查中,审查一个单位的质量体系是否有效运行,主要是看程序文件规定的各种记录是不是准确、齐全,并且无论哪个环节都要有齐备的证明标准。这不仅是贯彻 ISO 9001 质量保证标准的需要,而且对培训的质量评估与信息反馈具有重要意义。

三、贯彻 ISO 9001 质量保证标准对员工培训的作用

(一)转变了观念

对于企业员工教育来说,其主要内容是技术技能培训,技术技能是一种现实的生产力。所以,今天的员工教育就是现实的生产力。贯彻 ISO 9001 质量保证标准是保证产品质量、提高企业信誉度的需要,同时,也是企业不断更新技术、充实产品技术含量的有效手段。

(二)抓住了重点

以前的员工培训,无论从培训对象上来讲,还是从培训内容上来讲,可以说是胡子眉毛一把抓。虽然也提抓重点,但究竟哪些人员、哪些内容是重点,概念很模糊,往往是把上级下达的任务和有能力搞的培训当做重点。贯彻 ISO 9001 质量保证标准以后,按照程序文件的规定,对质量有影响的所有管理、执行、验证人员都必须进行培训,尤其是特殊作业人员,必须做到培训考核后持证上岗,从而明确了重点培训对象。在培训内容上也作了规定。

(三)规范了培训管理

培训工作都是严格按照国际标准制定的程序文件运行的。应该说其工作的过程和执行的结果是基本符合国际标准和国际惯例的。由于程序文件规定得比较具体、详细,无论谁在这个岗位上都是按照程序文件执行,不会因为人为因素使工作结果出现很大差异,从而保证培训的质量。

(四)做到了学用结合

按照程序的要求,在年度培训计划的制订中都经过了对各基层车间和各职能部门的征询,所以培训内容都是生产工作所需要的,这避免了上级强行下达任务、培训部门搞形式主义的弊端,使培训紧贴生产工作实际,做到学用的紧密结合。

(五)明确了责任

通过贯彻 ISO 9001 质量保证标准,把培训这个"软指标"变成了"硬指标"。比如,对质量有影响的人员不培训就不能上岗,培训不再是以前认为的那样可有可无,企业要像抓生产一样抓培训工作。由于程序中明确了什么工作由谁来做,每个部门、每个基层单位都能找到自己在培训工作中的位置,扯皮现象明显减少。

质量体系的建立和实施确保对产品质量有影响的技术、管理和人的因素始终处于受控状态,从而使企业产品保持持续按要求生产的能力。而根据培训要素标准制定的程序文件既是保证质量体系正常运转的关键,又是按国际标准和惯例进行员工培训的依据。

【案例四】 某建筑企业人力资源培训程序

1 目的

为了保证所有从事与质量、环境、职业健康安全工作有直接责任的人员能够满足相应的意识和能力需求,使需要得到相关培训的人员得以有效地培训,特制定本办法。

2 范围

本程序适用于对质量、环境、职业健康安全有影响的从业人员。

3 相关文件

公司质量、环境、职业健康安全管理体系文件。

4 定义

本程序无特殊定义。

5 职责

5.1 人力资源部

负责编制公司员工教育中长期规划及年度员工培训计划,并做好建造师取证工作。协助质量、安全、环境、健康、设备等各主责部门及教育培训中心、各基层单位综合管理各类人员的资格及培训工作。

5.2 教育培训中心

负责公司各类人员培训的实施工作,指导和实施员工培训中的继续教育、岗位培训及取换证工作。

5.3 公司相关业务部门和下属单位

根据质量、环境、职业健康安全管理体系的要求,掌握本系统本单位人员的持证上岗情况,并进行年度分析识别工作,同时结合实际工作能力及持证情况,向人力资源部提出培训需求计划。协助公司教育培训中心、人力资源部等培训主责部门落实公司年度培训计划,做好培训对象的组织输送工作。

6 控制程序

6.1 人员能力识别

人力资源部门每年某月份牵头组织对从事质量、环境和职业健康安全管理工作的在岗员工进行一次能力识别，以识别这些员工能否满足本岗位资格要求。能力识别的内容主要包括受教育程度、培训经历、工作技能和工作经验等方面。识别结果满足能力要求的继续上岗，不能满足能力要求的要进行培训或调整工作岗位。识别的方式采取分级识别的方法，即公司负责对司属单位班子有关成员和公司机关各职能部门有关人员的识别，司属单位负责本单位所属有关人员的识别。具体办法由组织者自行制定。识别过程中考核实施部门负责填写《人员能力识别表》（见表7-3），并保存识别记录。

表7-3　某公司人员能力识别表

<table>
<tr><td>姓名</td><td></td><td>性别</td><td></td><td>年龄</td><td></td><td>学历</td><td></td><td>职称</td><td></td></tr>
<tr><td colspan="3">出生年月</td><td colspan="2"></td><td colspan="3">参加工作时间</td><td colspan="2"></td></tr>
<tr><td colspan="3">现有资格证书</td><td colspan="2"></td><td colspan="3">现岗位</td><td colspan="2"></td></tr>
<tr><td>主要工作经历</td><td colspan="9"></td></tr>
<tr><td>培训经历</td><td colspan="9"></td></tr>
<tr><td>能力鉴定</td><td colspan="9">部门领导：</td></tr>
<tr><td>识别意见</td><td colspan="9">［　］满足能力要求，继续上岗。
［　］基本满足能力要求，需要进行培训。
［　］不满足要求，调整工作岗位。
人力资源部门（盖章）　　　　日期：　年　月　日</td></tr>
</table>

6.2　培训需求

按照质量、环境、职业健康安全管理体系在运行中对有直接责任和可能产生影响的岗位人员的要求，对相关人员进行必要的培训，使之具备相应的意识、能力和岗位资格，并使全体员工意识到：

(1)顾客及法规的重要性。

(2)预防污染和保护环境的重要性。

(3)保护员工健康安全的重要性。

(4)违反这些要求所造成的严重后果。

(5)如何为实现自己的工作目标作出贡献。

6.2.1　管理人员

各级管理人员根据需要进行法规、规章、质量、环境、职业健康安全管理体系标准及项目施工、企业管理、政治业务理论方面的培训。

6.2.2　特殊岗位人员

6.2.2.1　施工项目经理应经过建造师资格培训合格后持证上岗。

6.2.2.2 内部审核员、施工员、材料员、质量员、安全员均需经过岗位资格培训合格后持证上岗。

6.2.2.3 电工、起重工、焊工、车工、架子工、吊车司机等特殊作业人员均需经过上岗操作技术培训后持证作业。

6.2.2.4 工程分承包方从事与质量、环境、职业健康安全工作有直接责任的人员应具备相应的意识、能力与资格。

6.2.2.5 持证人员的岗位资格证书到期前需参加培训考核,取得换发的相应证书。

6.2.3 新员工岗前培训

6.2.3.1 经认可的“五大”毕业生就业前应经过相应的专业培训。

6.2.3.2 院校直接分配的大中专毕业生、技校生等新参加工作的员工应进行三级安全教育。

6.2.4 专门培训

根据加强技术管理的需要和所承接工程项目的特殊要求,应对涉及的中高级管理人员和技术工人进行必要的适应性技术培训及强化教育,使其掌握本岗位应具备的知识和工作技能。

6.3 制订培训计划及计划变更

人力资源部会同教育培训中心,根据公司员工教育中长期规划要求,于每年初提出公司员工培训指导性意见,下发公司各职能部门及分公司等基层单位。

公司机关各职能部门及分公司等基层单位,根据公司员工培训计划指导性意见,结合单位、部门内部培训需求等实际情况,于当年2月编制填报年度员工培训需求计划,经主管领导审批后,报送人力资源管理部门。

人力资源部根据年度培训总体要求及机关各职能部门和基层单位报送的年度员工培训需求计划,会同教育培训中心编制公司年度员工培训计划,经主管经理审批后下发实施。

当公司年度员工培训计划落实的客观条件发生变化,需部分变更时,人力资源部出具变更通知,经主管经理批准后实施。

6.4 培训实施

6.4.1 教育培训中心根据公司年度员工培训计划,编制公司年度员工培训实施计划,经主管经理审批后下发组织实施。

6.4.2 教育培训中心及有关实施部门根据公司年度员工培训计划(含应急性计划)组织实施培训和考试。

6.4.3 人力资源部在培训的前一周下发培训通知,以便参加培训的人员安排和协调工作。

6.4.4 培训班开课前,各参培单位负责填写《参加培训人员登记表》,报人力资源管理部门。

6.4.5 教育培训中心应建立员工教育培训记录、所聘教师花名册、较为完整的相应专业试题库、培训人员成绩等培训档案,责成专人保管。教育培训中心及有关部门分别管理相应的岗位培训合格证书。

6.5 培训效果确认

6.5.1 外部机构培训以培训机构的评价和考试成绩、毕业/结业证书、合格证书、岗位资格证书、操作证书等作为评价结果。培训实施部门应将合格人员名单上报人力资源部备案,各类证书一律保存在实施培训部门。分公司人力资源部门应记录培训人员培训情况和结果。

6.5.2　由公司内部组织的培训，可采取理论考试、考核等方式，组织考试或考核，并作出合格与否的评价。

7　要求的记录

(1)员工培训需求计划。

(2)年度员工培训计划。

(3)人员资格鉴定表。

(4)参加培训人员登记表。

(5)特殊岗位(工种)人员花名册。

第八章 建筑企业专门人才管理

第一节 公司高管人员管理

一、加强公司高管人员管理和考核的意义

（一）公司高管人员的含义和范围

公司高级管理人员（简称高管人员），就是指公司管理层中担任重要职务、负责公司经营管理、掌握公司重要信息的人员，主要包括经理、副经理、财务负责人、董事会秘书和公司章程规定的其他人员。这里的经理、副经理，是指《中华人民共和国公司法》（简称《公司法》）第五十条和第一百一十四条规定的经理、副经理，在实际中，就是公司的总经理、副总经理、总工程师、董事会秘书、总会计师。经理由董事会决定聘任或者解聘，对董事会负责；副经理由经理提请董事会决定聘任或者解聘。这里的财务负责人是指由经理提请董事会决定聘任或者解聘的财务负责人员。至于"公司章程规定的其他人员"则是为了赋予公司自治的权利，允许公司自己选择管理方式，聘任高级管理人员，但是，这些人员（职位）必须在公司章程中明文加以规定。上述高级管理人员应当符合《公司法》第六章关于公司高级管理人员任职资格的规定，并履行法律和章程规定的义务。

（二）加强公司高管人员管理的意义

公司高管人员是公司的主要经营管理者，是公司从业人员的排头兵、领头羊，是公司经营与发展的主要决策者和推动者，是传达领会与贯彻行业主管部门和股东会、董事会指示、意图的枢纽及关键，是促进公司规范发展、科学发展、创新发展的中坚力量。高管人员素质的优劣、水平的高低，直接关系到公司的稳健运营、健康发展和做大做强。加强高管人员管理和考核，建设一支重合作、讲自律、会经营、精管理的高管人员队伍，是不断提高公司核心竞争力和公司可持续发展能力的重要手段。

加强高管人员管理和考核，有利于强化高管人员的政治意识、大局意识、法律意识和责任意识；有利于提高高管人员队伍的战斗力和凝聚力；有利于促进公司诚信、规范、高效运行，实现公司又好又快发展。公司应着眼于行业的可持续发展，充分认识加强高管人员管理和考核的重要性，把加强高管人员管理和考核作为一项十分重要的工作任务抓紧抓好，通过高管人员选拔、聘任和管理工作，真正做到用制度管人、按程序办事，切实搞好高管人员队伍建设，不断改进和完善高管人员管理方式，进一步优化高管人员队伍结构，提升高管人员队伍的综合素质。

二、公司高管人员管理

（一）公司高管人员选拔、任用、管理必须坚持的原则

（1）党管人才与董事会依法选择经营管理者以及经营管理者依法行使用人权相结合的

原则；

(2)任人唯贤、德才兼备、群众公认,注重能力和业绩相结合；

(3)公开、平等、竞争、择优的原则；

(4)组织考察与市场化选聘相结合的原则；

(5)民主集中制的原则；

(6)按程序办事和定编定岗、按岗配备的原则。

(二)高管人员选拔任用条件

1. 高管人员应当具备的基本条件

(1)具有履行职责所需要的马克思列宁主义、毛泽东思想、邓小平理论的水平,认真实践“三个代表”重要思想,坚决执行党的基本路线和各项方针、政策,全面贯彻科学发展观,立志改革开放,在社会主义现代化建设中艰苦创业,做出业绩。

(2)坚持解放思想,实事求是,与时俱进,开拓创新,认真调查研究,讲实话,办实事,求实效,反对形式主义。

(3)事业心和责任心强,对企业忠诚,不怕困难,勤奋敬业,有搞好企业的坚定信念和决心。

(4)熟悉现代企业管理,有实践经验,有胜任企业领导工作的组织协调能力、市场应变能力、开拓创新能力和经营管理能力,在现岗位上作出突出贡献。

(5)品行端正,廉洁自律,遵纪守法,勤政为民,自觉接受党组织和群众的批评与监督,不滥用职权、谋求私利。

(6)坚持民主集中制原则,作风民主,顾全大局,善于集中正确意见。善于团结同志,包括同自己有不同意见的同志一道工作。

(7)遵守公司章程,坚决贯彻集团公司的规章制度、决议和决定。

2. 担任高管人员应当具备的资格

(1)新提拔高管人员,一般应在下一层次正职岗位工作 3 年以上;高管人员由副职提拔为正职的,一般应当在副职岗位工作 3 年以上。

(2)一般应具有大学专科以上学历。

(3)新提拔高管人员年龄一般不超过男 45 岁,女 40 岁,且身体状况能够适应领导岗位工作需要。特殊情况、工作特别需要的年龄可适当放宽。

(4)专业性较强的职位,一般应具有高级专业技术职务任职资格。

(5)任用高管人员应当逐级提拔。对特别优秀的年轻干部或者工作特别需要的,可以破格提拔。

(三)公司高管人员选拔任用程序

公司高管人员领导职务实行聘任制,由董事会依法聘任或解聘。

1. 提拔高管人员(包括副职提拔为正职)程序

(1)董事会推荐或提名委员会建议；

(2)提名委员会组织考察；

(3)董事会集体讨论；

(4)董事会聘任；

(5)同任职对象谈话；

（6）颁发聘书和任职文件。

2. 选拔任用高管人员，提名委员会应当组织民主推荐

民主推荐包括会议投票推荐和个别谈话推荐。民主推荐会由下列人员参加：

（1）公司董事会成员；

（2）公司监事会成员；

（3）公司党委成员；

（4）公司纪委成员；

（5）机关部门负责人和基层单位党政主要领导成员；

（6）全资、控股子公司党政主要领导成员；

（7）其他需要参加的人员。

3. 民主推荐的程序

（1）召开推荐会，公布推荐职务、任职条件、推荐人员范围，提出有关要求；

（2）填写推荐表，进行个别谈话；

（3）对不同职务层次人员的推荐票分别统计、综合统计；

（4）向董事会或总经理汇报推荐意见。

4. 公司高管人员的考察

选拔任用高管人员，在民主推荐的基础上，提名委员会应组织有关部门组成考察工作组进行组织考察。拟提职人员未经考察不得上会。考察高管人员拟任人选，必须依据高管人员选拔任用条件和不同领导职务的职责要求，全面考察德、能、勤、绩，注重考察工作实效。

考察高管人员拟任人选，应当经过以下程序：

（1）组织考察组，制订考察工作方案。

（2）根据考察对象的不同情况，确定个别谈话和征求意见的范围。

（3）采取个别谈话、发放征求意见表、民主测评、实地考察、查阅资料、专项调查、同考察对象面谈等方法，广泛深入地了解情况。对需要进行经济专项审计的考察对象，应当委托审计部门按照有关规定进行审计。

（4）综合分析考察情况，形成书面考察材料。考察材料内容应包括：①德、能、勤、绩方面的主要表现和主要特长；②主要缺点和不足；③民主推荐、民主测评情况。

5. 高管人员的任免

董事会讨论决定高管人员任免事项，必须有2/3以上的成员到会。参加会议的人员要充分发表个人意见，并采用口头表决、举手表决或者无记名投票等方式进行表决。董事会讨论决定高管人员任免事项，应当按照下列程序进行：

（1）提名委员会指定专人介绍拟任人选的提名、推荐、考察和任免理由等情况；

（2）与会人员进行讨论；

（3）进行表决，以董事会应到会成员超过半数同意形成决定，多数人不同意的，应暂缓决定任免。

（四）公开选拔和竞争上岗

公开选拔、竞争上岗是公司选拔任用高管人员的方式之一。公开选拔面向社会进行，竞争上岗在本公司内部进行。报名参加公开选拔、竞争上岗人员的基本条件和资格，应当符合高管人员的规定条件和资格。公开选拔、竞争上岗工作在董事会领导下进行，由提名委员会

组织实施,应当经过下列程序:

(1)公布职位、报考人员的资格条件、基本程序和方法等;

(2)报名和资格审查;

(3)统一考试;

(4)组织考察、研究提出人选方案;

(5)董事会讨论决定。

(五)高管人员任职回避制度

回避的亲属关系为:夫妻关系、直系血亲关系、三代以内旁系血亲以及近姻亲关系。有上述亲属关系的,不得在同一机关担任双方直接隶属于同一领导人员的职务或者有直接上下级领导关系的职务,也不得在其中一方担任领导职务的机关从事组织(人事)、纪检(监察)、审计、财务工作。

实行高管人员选拔任用工作回避制度。董事会及提名委员会讨论干部任免事宜,涉及与会本人及其亲属的,本人必须回避。

(六)试用、辞职、免职

公司实行高管人员试用、辞职、免职制度,使高管人员能上能下,逐步形成良性循环。

1. 建立高管人员试用制度

对新提拔的高管人员实行试用期制度,时间一般为一年。试用期间享受现职待遇。试用期满,由公司提名委员会和公司绩效考核委员会进行考核。称职者,正式任职;基本称职者,延长半年试用期;经考核不称职或延长试用期后仍达不到岗位要求的,解除试用职务,不再保留试用期间待遇。

2. 建立高管人员辞职制度

辞职包括自愿辞职、引咎辞职和责令辞职。

1)自愿辞职

自愿辞职是指高管人员因个人或其他原因,自行提出辞去现任领导职务。自愿辞职,必须写出书面申请,由董事会审批。董事会应当自收到申请书之日起 3 个月内予以答复。未经批准,不得擅离职守;擅离职守给公司造成损失的应承担赔偿责任;擅自离职的,应予以除名。有下列情形之一的,不得提出辞职:

(1)在涉及企业重要机密等特殊职位任职且不满解密期限的;

(2)重要公务尚未处理完毕,须由本人继续处理的;

(3)有其他特殊原因的。

2)引咎辞职

引咎辞职,是指高管人员因工作严重失误、失职造成重大损失或者恶劣影响,或者对重大事故负有重要领导责任,不宜再担任现职,由本人主动提出辞去现任领导职务。

3)责令辞职

责令辞职,是指公司董事会根据高管人员任职期间的表现,认定其不再适合担任现职,通过一定程序责令其辞去现任领导职务。拒不辞职的,应当免去现职。

引咎辞职、责令辞职、降职的高管人员,在新的岗位工作一年以上,实绩突出,符合提拔任用条件的,可以按照有关规定,重新担任或提拔担任领导职务。

（七）高管人员待遇

高管人员按照干什么工作，享受什么待遇的原则，任职期间享受高管人员的相应待遇。免职或解聘后一般不再保留任职期间的职务待遇。

对于在高管领导岗位上恪尽职守、勤勉敬业，为实现公司和全体股东的最大利益做出显著成绩，由于年龄或身体健康原因未到退休年龄，从现任岗位退下来的高管人员，通过一定会议研究决定内退、退养待遇。

三、高管人员绩效考核

（一）绩效考核

绩效考核也称成绩或成果测评，绩效考核是企业为了实现生产经营目的，运用特定的标准和指标，采取科学的方法，对承担生产经营过程及结果的各级管理人员完成指定任务的工作实绩和由此带来的诸多效果作出价值判断的过程。绩效考核是一项系统工程，涉及战略目标体系及其目标责任体系、指标评价体系、评价标准及评价方法等内容，其核心是促进企业获利能力的提高及综合实力的增强，其实质是做到人尽其才，使人力资源作用发挥到极致。

高管人员绩效考核就是收集、分析、传递有关高管人员个人在其工作岗位上的工作行为表现和工作结果方面的信息情况的过程。

（二）绩效目标的确定和分解

公司以预算为基础确定公司年度经营目标，由公司董事会以业绩合同的形式将该目标下达至经营团队；公司总经理以年度经营目标为基础，由总经理以业绩合同或指标的形式下达至各主管经理。

（三）绩效考核工作原则

1. 公平、公开原则

考核内容和流程向考核对象公开，以过程的公正保证结果的公正性。

2. 客观公正原则

强调切实关注下属的工作过程，不可带有任何的偏见和先入为主，切忌不奖励先进，漠视员工的优点和成绩，无原则包容落后和过错。

3. 沟通和改进原则

绩效考核是一个手段而非最终目的，考核人将通过不断沟通帮助考核对象发现工作中存在的问题，找到改进的方向，从而使组织和员工达成更高的业绩水平。

（四）对高管人员实行年度和任期考核制度

高管人员由公司董事会提名委员会和薪酬与绩效考核委员会负责考核，一般一年一次。

年度绩效考核是对整个公司年度主体经营目标完成情况的考核评定，是对公司年度各方面工作的全面总结和检讨，并依据代表董事会的董事长与代表经营层的总经理签署的业绩合同，兑现与相关业绩指标挂钩的未发放的经营层高管的效绩工资和激励工资。

年度和任期考核结果与高管人员的使用、升降、奖惩挂钩。考核优秀者，作为奖励或晋升的依据；考核称职者，可以续聘或留用现职；考核不称职者，予以免职或降职使用。

四、经理层高管人员绩效考核指标

（一）经理层综合指标

（1）财务指标：①净资产收益率；②总资产报酬率；③总资产周转率；④流动资产周转率；⑤资产负债率；⑥已获利息倍数；⑦销售（营业）增长率；⑧资本积累率。

（2）营运指标：①经营指标；②安全生产；③工程产品质量；④全员劳动生产率；⑤企业总产值；⑥项目成本降低额；⑦实现毛利润。

（3）管理指标（评议指标）：①基础管理水平；②发展创新能力；③经营发展战略；④制度建设与执行。

（二）经理层个人指标

（1）分管任务业绩指标。

（2）胜任力指标：①管理技能；②战略思考；③人际关系；④个人特质。

（3）态度指标：①认真完成任务；②有责任感，愿意承担更多的责任；③要求自己以身作则；④对经营计划的立案、实施有充分的准备；⑤关注公司长期的发展方向及长期目标的实施；⑥关心下属成长及员工工作效率；⑦能严守期限，达成目标；⑧遵守上级指示。

五、经理层高管人员绩效考核指标解释

（一）净资产收益率

净资产收益率是用以反映企业资本经营效益状况的基本指标，是指企业一定时期内的净利润同平均净资产的比率。净资产收益率充分体现投资者投入企业的自有资本获取收益的能力，突出反映了投资与报酬的关系。

净资产收益率的计算公式为：

$$净资产收益率 = \frac{净利润}{平均净资产} \times 100\%$$

净利润是指企业的税后利润，即利润总额扣除应缴所得税后的净额，是未经任何分配的数额，受各种政策等其他人为因素影响较少，能比较客观、综合地反映企业的经济效益，准确体现投资者投入资本的获利能力。

平均净资产是企业所有者权益年初数与所有者权益年末数的平均值，平均净资产的计算公式为：

$$平均净资产 = (所有者权益年初数 + 所有者权益年末数)/2$$

净资产包括实收资本、资本公积、盈余公积和未分配利润。一般认为，企业净资产收益率越高，企业自有资本获取利益的能力越强，运营效益越好，对企业投资人、债权人的保证程度越高。

（二）总资产报酬率

总资产报酬率是用以反映企业资产经营能力的指标，是指企业一定时期内获得报酬总额与平均资产总额的比率。总资产报酬率表示企业包括净资产和负债在内的全部资产的总体获利能力。

总资产报酬率的计算公式为：

$$总资产报酬率 = \frac{利润总额 + 利息支出}{平均资产总额} \times 100\%$$

利润总额是指企业实现的全部利润，包括企业当年营业利润、投资收益、补贴收入、营业外收支净额和所得税等项内容，如为亏损，以“ - ”号表示。

利息支出是指企业在生产经营过程中实际支出的借款利息、债券利息等。

平均资产总额是指企业资产总额年初数与年末数的平均值，平均资产总额的计算公式为：

$$平均资产总额 = (资产总额年初数 + 资产总额年末数)/2$$

总资产报酬率越高，表明企业投入产出的水平越好，企业的资产运营越有效。

（三）总资产周转率

总资产周转率是指企业一定时期销售（营业）收入净额同平均资产总额的比值。总资产周转率是综合评价企业全部资产经营质量和利用效率的重要指标。

总资产周转率的计算公式为：

$$总资产周转率(次) = \frac{销售(营业)收入净额}{平均资产总额} \times 100\%$$

销售（营业）收入净额是指企业当期销售产品、提供劳务等经营活动取得的收入减去销售折扣与折让后的数额。

平均资产总额含义同前。

一般情况下，总资产周转率数值越高，周转速度越快，销售能力越强，资产利用效率越高。

（四）流动资产周转率

流动资产周转率是指企业一定时期销售（营业）收入净额同平均流动资产总额的比值。流动资产周转率是评价企业资产利用效率的另一主要指标。

流动资产周转率的计算公式为：

$$流动资产周转率 = \frac{销售(营业)收入净额}{平均流动资产总额} \times 100\%$$

销售（营业）收入净额含义同前。

平均流动资产总额是指企业流动资产总额年初数与年末数的平均值，平均流动资产总额的计算公式为：

$$平均流动资产总额 = (流动资产总额年初数 + 流动资产总额年末数)/2$$

一般情况下，流动资产周转率越高，表明企业流动资产周转速度越快，利用越好。在较快的周转速度下，流动资产会相对节约，其意义相当于流动资产的扩大，在某种程度上增强了企业的盈利能力；而周转速度慢，则需补充流动资金参加周转，形成资金浪费，降低企业盈利能力。

（五）资产负债率

资产负债率是指企业一定时期负债总额同资产总额的比率。资产负债率表示企业总资产中有多少是通过负债筹集的，该指标是评价企业负债水平的综合指标。

资产负债率的计算公式为：

$$资产负债率 = \frac{负债总额}{资产总额} \times 100\%$$

负债总额是指企业承担的各项短期负债和长期负债的总和。

资产总额是指企业拥有各项资产价值的总和。

在企业管理实践中，难以简单用资产负债率的高或低来判断负债状况的优劣，因为过高的负债率表明企业财务风险太大，过低的负债率则表明企业对财务杠杆利用不够。所以，实际分析时，应结合国家总体经济状况、行业发展趋势、企业所处竞争环境等具体条件进行客观判定。

（六）已获利息倍数

已获利息倍数是企业一定时期息税前利润与利息支出的比值。已获利息倍数反映了企业偿付债务利息的能力。已获利息倍数的计算公式为：

$$已获利息倍数 = \frac{息税前利润}{利息支出}$$

息税前利润是指企业当年实现的利润总额与利息支出的合计数，息税前利润的计算公式为：

$$息税前利润 = 利润总额 + 利息支出$$

利息支出含义同前。

已获利息倍数越高，表明企业的债务偿还越有保证；相反，则表明企业没有足够资金来源偿还债务利息，企业偿债能力低下。

（七）销售（营业）增长率

销售（营业）增长率是指企业本年销售（营业）增长额同上年销售（营业）收入总额的比率。销售（营业）增长率表示与上年相比，企业销售（营业）收入的增减变动情况，是评价企业成长状况和发展能力的重要指标。

销售（营业）增长率的计算公式为：

$$销售（营业）增长率 = \frac{本年销售（营业）增长额}{上年销售（营业）收入总额} \times 100\%$$

本年销售（营业）增长额是企业本年销售（营业）收入与上年销售（营业）收入的差额，本年销售（营业）增长额的计算公式为：

$$本年销售（营业）增长额 = 本年销售（营业）收入 - 上年销售（营业）收入$$

如本年销售（营业）收入低于上年销售（营业）收入，本年销售（营业）增长额用“-”表示。

上年销售（营业）收入总额指企业上年全年销售（营业）收入总额。

销售（营业）增长率在实际操作时，应结合企业历年的销售（营业）水平、企业市场占有情况、行业未来发展及其他影响企业发展的潜在因素进行前瞻性预测，或者结合企业前三年的销售（营业）收入增长率作出趋势性分析判断。

（八）资本积累率

资本积累率是指企业本年所有者权益增长额同年初所有者权益的比率。资本积累率表示企业当年资本的积累能力，是评价企业发展潜力的重要指标。

资本积累率计算公式为：

$$资本积累率 = \frac{本年所有者权益增长额}{年初所有者权益} \times 100\%$$

本年所有者权益增长额是指企业本年所有者权益与上年所有者权益的差额，本年所有者权益增长额的计算公式为：

$$本年所有者权益增长额 = 本年所有者权益 - 上年所有者权益$$

资本积累率越高，表明企业本年度所有者权益增加得越多，反映出企业资产增长状况良好；反之，资本积累率越低，表明企业本年度所有者权益增加得越少，反映企业资产增加状况并不好。

（九）管理技能

管理技能是指作为企业高层管理者管理企业所需要的技能，是企业管理者在长期管理企业工作中所形成的能力。它包括组织能力、计划能力、监控能力和抗风险能力。管理技能反映了管理者在企业管理工作中所具备的胜任力，它与管理者的知识、技术以及工作经验有关，是长期工作所形成的管理能力。

（十）战略思考

战略思考反映企业高层管理者从企业的根本利益出发，在企业管理工作中所体现出来的兼顾短期目标和长期目标，把握组织的机会和面临的挑战，构建企业核心竞争力等的思想和行为能力。

（十一）人际关系

人际关系是反映企业高层管理者在进行企业管理工作时与企业的利益相关者以及组织内人的交往程度，主要涉及与企业有关的人。企业管理者是与人一起工作并通过人完成企业规定的目标，需要与团队的成员和企业的利益相关者建立良好的合作关系。为了保证这种合作关系，管理者必须保证有一个好的人际沟通环境，企业参与者必须把企业和承担的义务联系起来，同时，管理者的领导风格必须与企业的具体环境相融合。这样，企业经理才能领导、激发和影响团队成员。在具体实施企业管理工作时，对于一个企业管理者来说他需要具备良好的沟通、协调、解决冲突的能力。人际关系包括团队合作、团队领导、关系建立、人际理解、客户导向、沟通能力、组织知觉、组织文化共 8 个方面。

（十二）个人特质

个人特质包含 6 个方面，分别是牺牲精神、成就导向、自信、自我控制、适应性、主动性。这些胜任力特征主要反映了管理者的个人特征和品质，是企业高层管理者深层次的个性特征，具有稳定性，不会随工作环境的变化而改变。个人特质一般是不容易被觉察、改变和衡量的。它左右个人行为和影响个人的工作绩效。它对人的知识、技能的提升和发挥起着促进或阻碍的作用。

第二节　建筑企业中层干部管理

一、中层干部的概念

中层干部是指组织机构中在中间的一层或几层负责的干部，是联系组织机构高层与基层的桥梁和纽带。打个比方说，如果我们把一个班级作为整体，班委会成员是班干部，那么，这个班级的中层干部就是各个小组的组长。

二、企业中层干部范围和职数

企业中层干部的范围一般包括企业任命的总经理助理、副三总师；内设机构的党政领导;二级单位党政正副职等。

企业中层干部的职数依据企业机构编制,结合企业实际情况,按照精干、高效的原则,根据部门和单位的工作需要进行设置,对某些职位可实行兼职或党政交叉任职。

三、企业中层干部的作用

企业中层干部是企业人才的中坚力量,在企业中处于承上启下的位置,上有领导,下有员工,在一个单位中处于上与下、宏观与微观的结合点上,既要在上级的领导下开展工作,又要指导本部门员工开展工作,可以说既是战斗员又是指挥员。一项工作的推进,既靠领导班子的正确决策,也需要中层干部狠抓落实。这种特殊地位使企业中层干部具有企业战略决策的执行者,基层工作的组织者、管理者,以及基层管理与决策层管理沟通等重要作用。他们的素质好与差、能力能否得到充分发挥,直接影响到企业的生产经营和发展。

(一)企业战略决策的具体执行者

企业的成功取决于正确的决策与有效的执行,二者缺一不可。企业中层干部所处的中间位置,决定了他们处于企业战略决策执行者的地位。一个单位领导班子作出的决策,关键是要通过中层干部去推动、去落实、去实践。尤其是一项正确决策的实施,最终能否产生预期的效果,与我们的广大中层干部如何执行、怎样实施有着很大的关系。

(二)企业基层工作的组织者、管理者,企业战术决策的制定者

由于经营规模的扩大,生产技术的迅速发展,生产过程的高度复杂化以及市场竞争不断加剧,迫使企业需要迅速、及时地实施战略决策。企业中层干部作为企业基层工作的组织者、管理者,不仅要严格地执行和组织实施企业高层的决策方案,还要发挥其作为一位领导人的影响力,通过有效的战术决策,提高方案的实施效率和效果,立足于企业和自己负责部门的全局,实施领导行为,以有效地实现企业的目标。

(三)企业高层管理者和基层管理者之间进行沟通的桥梁

一方面,中层管理者在企业中起到将高层决策向基层管理者进行推行的作用,另一方面,也负有将基层管理者在实施过程中发现的问题向高层管理者进行反馈的职责,为领导出谋划策,为高层决策提供充分的第一手材料。

四、企业中层干部选拔任用的原则

(1)党管干部原则;

(2)任人唯贤、德才兼备原则;

(3)群众公认、注重实绩原则;

(4)公开、平等、竞争、择优原则;

(5)民主集中制原则;

(6)依法办事原则。

五、企业中层干部任职条件

(一)企业中层干部应具备的基本条件

(1)具有履行职责所需要的马克思列宁主义、毛泽东思想和邓小平理论的水平,能够认真实践“三个代表”重要思想和科学发展观。

(2)坚持党的基本路线和方针,贯彻执行党和国家的政策、法规,坚决执行企业的规章制度、决议和决定。

(3)熟悉企业的生产经营管理工作,有胜任领导工作的组织能力、文化水平和专业知识,有改革开放意识和开拓创新精神。

(4)具有高度的事业心、责任感和奉献精神,热爱管理工作,能够把党的方针、政策同企业的生产经营工作相结合,做到讲实话、办实事、求实效,反对形式主义。

(5)清正廉洁、勤政为民、以身作则、艰苦朴素,密切联系群众,坚持党的群众路线,自觉地接受党和群众的监督,做到自重、自省、自警、自励,反对官僚主义,反对任何滥用职权、谋取私利的不正之风。

(6)坚持党的民主集中制,公道正派、作风民主、团结同志、顾全大局。

(二)企业中层干部应具有的任职资格

(1)符合拟担任职务所规定的学历要求。其中担任专业技术业务领导工作的,应具有相应专业的中级及以上职称。

(2)提任的中层副职年龄一般应在45周岁以下。

(3)新提任的中层副职,应具有五年以上工龄和两年以上相关工作经历。

(4)中层副职提任正职者,应在副职岗位工作两年以上。

(5)身体健康,能适应工作需要。

(6)任党内职务者,应符合《中国共产党章程》规定的党龄要求。

(7)中层干部应逐级提拔,特别优秀的中青年干部,需破格或越级提拔的,应召开相关会议研究通过。

六、企业中层干部任免

(1)企业行政中层领导职务一般实行聘任制,由经理决定任免。任用中层干部在核定的职位编制内进行。提拔中层行政领导职务(包括由副职提为正职)一般按照下列程序进行:①经理提名或党委推荐;②党务、人力资源部门联合考核;③党政领导班子集体讨论;④经理聘任;⑤同任职对象谈话;⑥颁发任职文件。

(2)企业各级党的委员会(含工、团组织,余同)在党员大会或代表大会召开期间实行选举制。候选人名单报企业党委审查后进行选举,选举结果报企业党委批准。闭会期间需要调整的,由企业党委决定任免。党的工作部门负责人员由企业党委任命。企业工会副主席及所属单位专职工会主席需要调整的,由企业工会委员会提名,报企业党委批准,按有关程序办理任职手续。企业团委书记、副书记需要调整的,由企业党委与上级团委协商,党委任命。委任中层党群干部,一般按下列程序进行:①党委提名;②党委工作部门考核;③党委听取行政领导意见和建议后任命;④党委指定专人同任职对象谈话;⑤颁发任职文件。

(3)在企业中层干部的产生、选用工作中,要积极引入市场机制,采取总经理提名,党委推荐或授权行政正职提名行政副职人选,经组织考核合格予以任用,或采取竞争上岗、公开招聘等多种方式,拓宽选人渠道,扩大选人范围。

(4)企业中层行政干部同级调整的,由经理征求企业党委意见后决定。企业中层党群领导干部同级调整的,由企业党委决定。

(5)中层领导职务具有下列情形之一的,应免去现任职务:①转换职位的;②晋升或降低职务的；③离职学习期限超过一年的；④因健康原因不能坚持正常工作的；⑤因其他原因需要免职的。

(6)企业干部具有下列情形之一的，其职务即自行免除，一般不再办理免职手续：①因机构变动失去职位的；②退休退职的；③任职期满不再聘任的；④换届选举落选的；⑤停薪留职的。

(7)中层干部任期未满，因工作需要调整职务的，办理任免手续；因工作需要或其他原因被提前解聘或解职的，办理免职手续。

七、企业中层干部待遇

(1)按照干什么工作，享受什么待遇的原则，任职期间享受该职级干部的相应待遇，免职或解聘后一般不再保留任职期间的职务待遇。

(2)为照顾老同志，中层干部达到规定任职年龄，从岗位退下来后可以聘任为助理员或协理员，并享受相应岗位的待遇。

八、企业中层干部管理制度

(一)企业中层干部岗位职责和岗位目标责任制度

建立企业中层干部岗位职责和岗位目标责任制度，根据每个中层干部岗位的性质和特点，确定岗位职责，实行岗位管理。同时，要根据公司的总体工作目标及本单位、本部门的工作任务，制定中层干部年度岗位目标责任和任期岗位目标责任。每年年终及任职期满要进行严格考核，考核结果作为干部任免、奖惩、交流的重要依据之一。

(二)企业中层干部任期制和试用期制

聘任制的中层干部聘任期一般为三年。新提拔的中层干部，实行一年的试用期。试用期满，经考核合格者正式聘任或任命，享受相应待遇，试用期计入干部任职时间；经考核不合格者解除试用职务，由所在单位安排工作。

中层干部在试用期间，行使任职岗位职权，履行任职岗位义务，承担任职岗位的责任。

试用期间享受所在岗位干部的政治、经济待遇；其岗位工资按所任职务低一个岗级执行。

(三)后备中层干部管理制度

搞好后备干部队伍建设是加强干部管理的一项重要内容，是保证企业人才队伍建设长远发展的基础。企业要坚持把文化素质高、业务技术强、群众基础好、思想过硬、积极进步的青年列入企业中层及以上后备干部。进入后备人才库的人员实施动态管理，每年调整一次，使后备干部队伍始终保持最佳人选。要加强对后备干部的培养和考察，使他们逐步走上干部管理岗位。

要加强对中层干部和中层后备干部的培训与教育。从思想上、政治上、业务上关心他们的成长，定期选派优秀后备干部进行深造学习，提高中层及后备干部业务水平、创新管理能力、廉洁自律能力。

(四)企业中层干部交流制度

交流的对象主要是：因工作需要交流的；需要通过交流丰富领导经验、提高领导水平的；因其他原因需要交流的。

同一单位的党政正职一般不同时易地交流。

交流可以在基层单位之间、机关部门之间、基层单位与机关部门之间进行。

(五)企业中层干部任职回避制度

任职回避的亲属关系为:夫妻关系、直系血亲关系、三代以内旁系血亲以及近姻亲关系。有上述亲属关系的,不得在同一单位担任双方直接隶属于同一领导人员的职务或者有直接上下级领导关系的职务,也不得在其中一方担任领导职务的单位从事组织、人事、纪检、监察、审计、财务工作。

领导干部及党务人事部门,在讨论干部任免时,凡涉及与会人员本人及其亲属的,本人必须回避。

九、企业中层干部考核

(一)考核种类

一般分为年度考核和任期考核两类。

(二)考核时间

年度考核每年一次,一般年终进行。任期考核在任期届满进行。

(三)考核内容和标准

(1)考核的内容包括德、能、勤、绩四个方面,主要是贯彻落实企业规章制度及年度工作安排,管理水平和领导能力,经营管理状况和廉洁自律情况,重点是工作实绩。

德,主要是指政治、思想和道德品质的表现情况;能,是指业务知识和工作能力;勤,主要是指对工作的事业心和责任感;绩,是指工作的数量、质量、效益和贡献。

(2)考核标准以领导干部的职位职责和所承担的工作任务为基本依据,并将审计结果作为重要依据。考核结果分为优秀、称职、不称职三个等次。各等次的基本标准是:

优秀:正确贯彻执行党和国家的路线、方针、政策,模范遵守企业各项规章制度,业务熟练、工作勤奋,有改革创新精神,廉洁奉公,德、能、勤达到现任职务要求,成绩突出。

称职:正确贯彻执行党和国家的路线、方针、政策,自觉遵守企业各项规章制度,业务熟悉,工作积极,廉洁公正,能够完成工作任务,德、能、勤达到现任职务要求,成绩较好。

不称职:政治、业务素质较差,难以适应工作要求,工作责任心不强,德、能、勤有一项明显达不到现任职务要求,不能完成工作任务或在工作中造成严重失误。

(四)考核办法和程序

考核贯彻客观公正、民主公开和注重实绩的原则,实行领导与群众考核相结合、个别谈话与民主测评相结合、公司机关与司属基层单位双向考核相结合的办法进行。

考核的基本程序如下。

1. 个人总结

被考核人按考核内容写出个人总结或述职报告。着重对照岗位职责,总结本年度完成工作的数量、质量和效果以及存在的问题,尽量以事实说话,以数字说话,少讲大话、空话、套话。

2. 个人述职

被考核人将自己一年来履行岗位职责情况向企业考核组及所在单位中层以上领导及员工代表进行述职。

3. 民主评议

参加评议人员要有广泛的代表性，主要由所在基层单位领导班子成员、机关科室负责人员和员工代表组成。在中层干部考核工作中，要进一步扩大视野，扩大员工参与范围。一是加大员工群众代表参与比例，二是不能只局限于机关科室，还要深入生产一线或本人工作涉及范围听取意见、了解情况，从而更加全面深入地考察中层干部的表现，作出实事求是、客观公正的评价。

4. 听取意见

个别听取意见的范围除在基层班子及队科级领导干部中进行外，还要扩大到员工代表和一般群众，既要听取企业机关部门对基层单位被考核人的意见，又要征求基层单位对企业机关部门被考核人的意见。

5. 综合评议

考核组对被考核人作出客观公正的评价，既充分肯定成绩，又实事求是指出问题。

6. 整改

被考核人针对考核反馈问题制定整改意见，抓好整改落实。

（五）考核结果的处置

中层干部的年度考核结果作为对其使用、升降或奖惩的重要依据。考核优秀者，作为奖励或晋升的依据；考核称职者，可以续聘或留用现职；考核不称职者，一年黄牌警告；连续两年不称职者，予以就地免职或降职使用。

（六）考核档案管理

企业中层干部考核、考察、奖惩相关资料，由企业相关职能部门组织建立档案，并做好管理。

第三节　项目经理管理

一、施工项目经理在企业中的地位和作用

施工项目经理是施工企业项目经理的简称（简称项目经理），是施工承包企业法定代表人在施工项目上的代表人。因此，项目经理在项目管理中处于中心地位，是项目管理成败的关键。

（一）项目经理是施工承包企业法人代表在项目上的全权委托代理人

从企业内部看，项目经理是施工项目全过程所有工作的总负责人，是项目的总责任者，是项目动态管理的体现者，是项目生产要素合理投入和优化组合的组织者。从对外方面看，作为企业法人代表的企业经理，不直接对每个建设单位负责，而是由项目经理在授权范围内对建设单位直接负责。由此可见，项目经理是项目目标的全面实现者，既要对建设单位的成果性目标负责，又要对企业效率性目标负责。

（二）项目经理是协调各方面关系，使之相互紧密协作、配合的桥梁和纽带

项目经理对项目管理目标的实现承担着全部责任，即承担合同责任、履行合同义务、执行合同条款、处理合同纠纷、受法律的约束和保护。

(三)项目经理对项目实施进行控制,是各种信息的集散中心

自下、自外而来的信息,通过各种渠道汇集到项目经理的手中;项目经理又通过指令、计划和办法,对下、对外发布信息,通过信息的集散达到控制的目的,使项目管理取得成功。

(四)项目经理是施工项目责、权、利的主体

项目经理是项目总体的组织管理者,即他是项目中人、财、物、技术、信息和管理等所有生产要素的组织管理人。首先,项目经理必须是项目的责任主体,是实现项目目标的最高责任者,而且目标的实现还应该不超出限定的资源条件。责任是实现项目经理责任制的核心,它构成了项目经理工作的压力和动力,是确定项目经理权力和利益的依据。对项目经理的上级管理部门来说,最重要的工作之一就是把项目经理的这种压力转化为动力。其次,项目经理必须是项目的权力主体。权力是确保项目经理能够承担起责任的条件与手段,所以权力的范围,必须视项目经理责任的要求而定。如果没有必要的权力,项目经理就无法对工作负责。项目经理还必须是项目的利益主体。利益是项目经理工作的动力,是由于项目经理负有相应的责任而得到的报酬,所以利益的形式及利益的多少也应该视项目经理的责任而定。如果没有一定的利益,项目经理就不愿负起相应的责任,也不会认真行使相应的权力,项目经理也难以处理好国家、企业和员工的利益关系。

二、项目经理的任用

项目经理作为项目实施的最高责任人和组织者,选择合适的项目经理,是顺利实现施工项目管理任务的首要条件。选择项目经理应坚持三个基本点:一是选择的方式必须有利于选聘适合项目管理的人担任项目经理;二是产生的程序必须具有一定的资质、能力审查和监督机制;三是最后决定人选需按照"经理决策、董事会审核、合同管理"的原则由企业法定代表人任命。

目前我国建筑企业任用施工项目经理一般有以下三种方式。

(一)竞争招聘

招聘的范围可面向社会,但要本着先内后外的原则,其程序是:个人自荐,组织审查,答辩讲演,择优选聘。这种方式既可选优,又可增强项目经理的竞争意识和责任心。

(二)总经理提名,董事会审核

委任的范围一般限于企业内部在聘干部,其程序是经过经理提名,组织人事部门考察,经理班子办公会议决定。这种方式要求组织人事部门严格考核,公司经理知人善任。

(三)内部协调,基层推荐

这种方式一般是建设单位、企业各基层施工队或劳务作业队向公司推荐若干人选,然后由人事组织部门集中各方面意见,进行严格考核后,提出拟聘用人选,报企业经理班子会议研究决定。

三、项目经理的条件和素质

项目经理应根据企业法定代表人授权的范围、时间和内容,对施工项目自项目前期准备至工程施工管理等全过程实施管理。项目经理应接受企业法定代表人的领导,接受企业决策和管理层的检查与监督。项目发生重大安全、质量事故或项目经理违法、违纪时,企业可撤换项目经理。

项目经理应具备下列条件和素质：

(1)具有符合开发项目管理的能力；

(2)具有相应的开发项目管理经验和业绩；

(3)熟悉施工流程，具有承担开发项目管理任务的专业技术、管理、经济和法律法规知识；

(4)具有良好的道德品质；

(5)有较高的领导艺术和协调能力；

(6)有健康的身体和充沛的精力。

四、项目经理的职责和权利

(一)项目经理的职责

(1)项目经理应根据企业法定代表人授权的范围、时间和内容对施工项目自开工准备至竣工验收，实施全过程、全面管理。

(2)执行国家的法律、法规和强制性标准，执行企业的各项管理规章制度，维护企业的合法权益。

(3)履行企业与发包人签订的工程施工合同和《工程项目管理目标承包合同》中规定的任务，对工程施工质量、职业健康、安全、文明施工、工期、成本等进行有效控制，确保项目管理目标的全面实现。

(4)组织编制项目管理实施规划，对进入施工项目的人力、物资、设备等生产要素进行优化配置和动态管理。

(5)建立质量管理体系和安全管理体系并组织实施。积极吸收和运用新技术、新工艺、新材料和现代化管理方法。

(6)项目部收到施工图纸及设计变更后及时编制施工预算，并报送企业核算部门。

(7)编制和调整年、季、月施工进度计划，按时报送有关统计报表和资料。负责组织整理工程项目的各项经济技术资料和交竣工文件，办理竣工决算、交工手续及工程资料归档工作。

(8)依据合同向发包人进行索赔，不失时机地与发包人进行工程造价审定。按月报告用款计划，严格控制项目成本，及时回收工程进度款和拖欠款。

(9)按《工程项目管理目标责任书》和企业的有关规定，处理项目部与企业、分包单位及员工之间的利益分配。

(10)负责与企业管理层、劳务作业层、各协作单位、发包人、分包人和监理单位等协调，解决项目中出现的问题。处理好与当地政府及就地周围群众的关系。

(11)以项目带动经营，承揽施工任务。

(12)接受企业的指导、监督和审计。处理项目经理部的善后工作，配合企业做好工程项目保修和回访工作。

(二)项目经理的权利

(1)有权选聘管理人员，对项目部管理人员有考核、评价、奖惩和辞退权。

(2)以企业法人委派的身份，签署有关工程文件，受法人委托签订有关补充合同。

(3)拥有企业赋予的用工自主权，有权选择企业内部劳务和企业外部劳务分包队伍。

有权对劳务队伍进行定期考核、评价和奖惩。

(4)对工程施工项目有组织指挥权、技术决策权。在企业财务制度规定范围内,有资金支配权。

(5)有权管理和调配进入工程项目的人员、物资。按照企业的有关规定,在授权范围内决定项目内部的计酬方式和分配办法。

(6)在授权范围内,按材料采购管理规定,组织施工材料的采购。有权拒绝使用质次价高或不合格的施工材料和加工件。

(7)主持项目部工作,组织制定工程项目的各项管理规章制度。

(8)根据企业法定代表人授权,协调和处理与施工项目管理有关的内部和外部事项。

(9)有权拒绝任何单位和个人以本项目部及本人名义从事非法经营活动。

五、项目经理的利益及奖惩

项目经理与企业高层应签订"项目管理目标责任书",项目经理每年按项目分解指标分别向企业交纳一定比例的风险责任抵押金。

项目经理应享有以下利益及奖惩:

(1)获得基本工资、岗位工资和绩效工资及奖金;

(2)除按"项目管理目标责任书"可获得物质奖励外,还可获得表彰、记功、优秀项目经理等荣誉称号;

(3)经考核和审计,未完成"项目管理目标责任书"确定的责任目标或造成亏损的,应按其中有关条款承担责任,并接受经济或行政处罚。

第四节　公司专家管理

一、实行技术专家管理的目的和意义

公司技术(技能)专家(简称专家)是指在工程技术(技能)方面具有较高造诣、技术(技能)业务水平和能力较强、具有丰富的实践经验,解决过大量的关键性技术难题,并取得显著工作业绩,被本专业同行公认且享有较高声誉,能够代表公司某一专业领域较高水平的工程技术(技能)人才。

做好技术专家管理有利于企业加快实施科技兴企战略,进一步优化人才结构,培养企业"高、精、尖"人才,完善工程技术人才和一线技术工人的成长通道,鼓励技术人员和技术工人精心钻研技术和业务,充分发挥其特长和才能,推动技术创新和管理创新不断攀升,构筑公司技术竞争优势和专业竞争优势,为实现公司生产经营目标提供人才保障。

二、专家的级别和职责

可按照技术业务水平、工作能力、业绩贡献以及资历等设置多个级别。

(一)公司工程技术专家和技能专家(简称公司专家)

公司专家的职责是能够负责对重大技术问题进行咨询和质疑,并提出具体的意见和建议,在工程技术工作中发挥带头人作用,对年轻技术人员的培养和成长发挥传、帮、带作用;

不断促进公司的技术创新和管理创新。

(二)公司工程技术学科带头人(简称公司首席专家)

公司首席专家的职责是负责组织专家组成员对公司重、难、急、险工程项目的施工方案进行研讨、确定,并组织实施。负责组织对公司重难点工程项目的科技攻关、项目运作过程中技术指导、监督、要素配备调整以及公司领导交办的事宜。

三、专家评选原则和范围

(一)专家评选原则

(1)采取个人自荐、组织推荐相结合的原则。

(2)坚持宁缺勿滥的原则。严格按标准择优选拔,注重实际能力、业绩成果,选拔推荐公开、公平、公正。

(3)行业重点专业,兼顾其他专业。

(二)专家评选范围

公司专家评选的范围应是与公司签订了劳动合同的在岗员工,评选的对象是长期在工程技术和一线施工岗位从事工程技术工作的人员。

四、专家评选的组织管理和评选程序

(一)专家评选的组织管理

公司专家评选要成立专家评定委员会,其职责是负责专家组织评选、考核复审、管理工作等各项政策制度的制定和管理工作的组织领导,以及专家资格评选、考核复审结果的审批等。评委会下设评审和管理办公室,职责是负责组织或草拟专家评选、考核复审和管理的有关规章制度,对专家资格申报材料进行初审,筹备相关会议,公布专家资格评选、考核复审、聘任、奖惩结果。

(二)专家评选程序

公司专家资格的评选程序是:通过个人申报,单位(部门)审核推荐、公示,公司技术专家评定小组考评,再公示,而后审批聘用。

1. 个人申报

个人对照技术专家评聘条件写出近5年来技术工作总结(2 000字以上),并附近5年来取得的工作业绩等申报材料原件和复印件,交本人所在基层单位(部门)。

2. 单位(部门)审核推荐公示

各单位(部门)应成立技术专家评定小组。申报人员先由所在单位(部门)技术专家评定小组进行初评,确定推荐人名单。将推荐人名单及有关材料在本单位范围内公示(公示时间不少于7天),接受员工监督。公示后确定的候选人填写《公司技术专家评定简表》,连同申报材料和公示结果一并上报公司技术专家评定小组。

3. 公司技术专家评定小组进行评定

公司成立技术专家评定小组对申报人进行以专业(或技能)水平、综合能力为主的综合评价,确定候选人人选。

4. 审批聘用

候选人名单及有关材料在公司范围内公示,接受员工监督。公示后报公司批准,颁发公司技术专家聘书。

公司专家由公司统一评选和聘任。一般情况下每年评选一次。

(三)破格评审

在评聘公司专家时,对个别虽不具备公司专家评聘标准规定的从事工程技术工作的年限、学历和职称等要求,但确有真才实学,确有解决本岗位复杂技术问题的能力,工作业绩突出的技术骨干,可予以破格。

破格须由所在单位(部门)出具破格报告,公司技术专家评定小组推荐,公司研究同意,颁发公司专家聘书。

五、专家聘任

(1)公司专家实行聘任制。经评定获得专家资格的人员,按照择优的原则,由公司进行聘任,聘期为一年。期满,重新参与下一年度的公司技术专家评聘。公司专家晋升原则上按层阶由低到高依次进行。

(2)公司专家的聘任,由公司发文公布聘任结果并发给聘书。

(3)公司技术专家在聘期内有下列行为之一的,公司予以解聘:①利用职务之便谋取私利或泄露公司商业、技术秘密,造成重大损失或恶劣影响;②弄虚作假、骗取荣誉、谎报工作业绩、剽窃他人成果及其他严重违反职业道德行为;③脱离原专业(工种)岗位,或因身体原因,不能履行技术专家职责;④因调离公司、擅自离岗、不服从公司统一调配、劳动关系终(中)止等原因不适合继续担当公司技术专家的。

六、专家待遇

公司专家在聘期间除正常待遇外,另行设立技术专家津贴待遇。技术专家津贴于聘期结束时由公司予以一次性发放。其月津贴标准可根据公司情况设定。

七、专家的考核管理

专家是公司的重要资源,要本着资源内部共享和资源效益的最大化原则,对公司专家实行统一调配使用,各专业专家应无条件服从公司需要。专家有义务积极参加本专业人才发掘、培养和培训工作,并对本专业的行业技术发展进行跟踪和全面了解,对适用的新技术、新工艺、新材料、新设备、新标准提出推广建议并积极参与推广活动。

专家是公司的资源财富,专家应积极做好技术管理和技术进步工作,解决本专业技术难题和理顺专业技术管理程序,并积极参与公司组织的各项技术(投标、技术攻关、跨单位技术支持等)活动,确保本专业施工技术和技能跟上并超越现代技术水平,对公司专家要实行动态管理。专家每年年底应对当年的专业技术工作进行总结,专家所在单位应对专家的技术工作总结进行业绩真实性的审核确认。公司应建立专家考绩档案,在每年年初,由主管领导组织相关部门对专家年度技术工作总结进行考评,相关部门在考评中应结合专家一年来的工作业绩给予真实的评价,公司专家评定小组依据相关部门的考评结果进行综合评审,对其学识水平、操作技能、业绩成果及政治表现作出客观公正的评价,以决定续聘与否。对于表现平平的进行诫勉;年内无显著成果以及违反技术专家制度的不再参加下届选聘,取消相关待遇。

【案例】 某公司专家的评聘条件

公司专家和公司首席专家评聘的基本条件:应坚持德才兼备原则,忠于职守,安心本企业工程技术工作,在水平、能力、贡献、学历、资历等方面主要侧重于实际能力和水平,同时在评聘期间未担任公司中层正职及以上行政领导职务。

一、公司工程技术专家应同时具备下列评聘条件。

(1)在工程技术岗位上工作8年以上,且具有5年以上工程师(含内部工程师)职称或具有高级工程师职称。

(2)在本单位工程专业技术人员中知名度较高。

(3)具备下列条件中的两项:

①担任过公司一、二级工程项目的主要专业技术负责人;

②在公司引进、推广应用新技术、新工艺、新材料、新设备或在新的施工技术的研发等方面作出过突出贡献且取得较为显著的经济效益;

③牵头组织过公司较为复杂的生产技术管理工作(如主持编写较复杂工程的标书和施工组织设计,比较特殊的施工方案,完成省级三等奖以上工法一项等);

④主持解决过公司本专业复杂技术难题且取得较为显著的成绩。

二、公司技能专家的评聘条件。

(1)具有良好的职业道德和精湛的技术技能,本工种工作时间满10年。

(2)具备以下条件中的四项:

①在聘技师(含内部技师)或高级技师(含内部高级技师),且工作表现突出;

②有被公认的绝招绝技,在公司同行中处于领先水平;

③在公司重点工程项目中运用先进工艺技术,解决重大关键性技术问题;

④在公司领域高、精、尖设备安装过程中作出重要贡献;

⑤在公司技术改革、技术攻关、工法创新项目中取得突出成绩;

⑥在某一施工生产领域总结出先进的操作技术方法,经公司推广取得明显经济效益;

⑦在引进吸收先进技术、推广应用先进科技成果中,做出突出成绩;

⑧在为公司培养后备高技能人才方面作出突出贡献。

三、在专业技术岗位上工作10年以上,具有6年以上中级专业技术职称或具有高级专业技术职称,精通经营报价业务,为公司经营工作作出过突出贡献者,也可评聘为公司专家。

四、公司首席专家应同时具备下列评聘条件。

(1)在工程技术岗位上工作12年以上,具有8年及以上工程师(含内部工程师)职称或具有高级工程师职称;

(2)担任过公司一、二级工程项目的主要专业技术负责人,且该工程项目未出现过重大质量事故;

(3)具有新技术、新工艺、新材料、新设备的研发或转化应用能力,主持解决过施工生产中重大技术难题,或者牵头组织过公司复杂生产技术管理工作(如主持编写大型复杂工程标书和施工组织设计、典型特殊施工方案、完成省级二等奖以上工法一项等),且成果显著;

(4)在公司工程专业技术人员中有较高技术权威。

五、具有良好的职业道德和精湛的技术技能,本工种工作时间满15年以上,工作表现突出的在聘高级技师(含内部高级技师),在同时具备公司技能专家评聘条件第二条中的六项以上者,也可评聘为公司首席专家。

第五节　普通高等院校毕业生管理

普通高等院校指按照国家规定的设置标准和审批程序批准举办,通过全国普通高等学校统一招生考试,招收普通高中毕业生及职业高中毕业生为主要培养对象,实施高等教育的全日制大学、独立学院和高等专科学校、高等职业学校和其他教育机构。

毕业生是指具有正式学籍的学生,学完教学计划规定的全部课程,考试及格或修满学分准予毕业者。毕业生由学校发给毕业证书。

一、毕业生的接收

(一)接收原则

(1)实行总量控制按规定条件接收的原则,立足生产急需,突出主要专业,严格接收标准,确保接收质量。

(2)编制毕业生接收计划必须坚持当前和长远有机结合的原则。

(3)毕业生洽谈坚持“双向选择、择优录用”的原则。

(4)毕业生分配安置坚持“专业对口、按需分配、统筹兼顾、均衡分布”的原则。既要考虑单位需求与毕业生的个人意愿,又要统筹考虑人才总体分布。

(5)坚持学用一致的原则,做到分配合理、使用得当、用其所长,面向基层、面向一线,企业总部原则上不直接安置毕业生。

(6)坚持先培训后上岗的原则。

(二)接收条件

(1)国家正规全日制院校专科及以上毕业生。

(2)思想品德端正、学习成绩优良、身体健康。

(三)接收程序

(1)企业所属各单位根据本单位生产工作需要和发展规划,制定大中专毕业生需求计划,报送企业人力资源管理部门。

(2)企业人力资源管理部门根据企业发展规划、年度生产经营计划和所属各单位年度大中专毕业生需求计划,结合企业人才资源现状,制订企业年度大中专毕业生招聘计划,报企业主管领导批准后,统一组织从大中专院校、人才市场进行招聘。

(3)参加全国专业对口高校及人才市场举办的毕业生洽谈会,与毕业生签订《全国普通高等院校毕业生就业协议书》及《毕业生就业补充协议书》。

(4)毕业生报到。毕业生按规定日期携带报到证、毕业证、学位证、户口迁移证报到,并进行户口、组织关系的接转工作。自报到之日起(没报到者按报到证规定之日期算起)超过三个月不到岗的,取消接收资格,退回原毕业学校。

(5)毕业生由企业所属各单位统一组织体检,对患精神病、传染病、伤残等疾病不能坚持正常工作的毕业生退回原毕业学校。

二、毕业生的见习

(1)毕业生报到后,对不实行见习期的研究生及以上学历的毕业生(含双学士学位大学本科毕业生)直接聘任;本科及以下(含研究生结业)毕业生实行见习期,见习期限为一年(企业也可根据具体情况相应缩短),见习期间聘任为见习生。毕业生试用期根据劳动合同法规不超过六个月。

(2)毕业生岗前培训,由企业人力资源管理部门或所属各单位人力资源管理部门根据实际情况进行。培训内容应包括安全教育、企业概况、企业文化、企业发展战略、思想政治、企业现行有关政策及相关法律法规等。

(3)企业所属各单位人力资源管理部门要根据毕业生所学专业,按照“专业对口,学用一致”的原则进行分配。

(4)毕业生实行见习指导老师制度。为确保毕业生有专人指导、专人培养,使其尽快成长,要严格推行见习指导老师制度。为保证指导质量,各单位要做好指导老师的选配工作,选思想素质好、工作作风踏实、专业技术能力强、有丰富实践经验、专业对口的人员担任指导老师。

(5)企业所属各单位人力资源管理部门要会同各专业部门,为每名毕业生有针对性地建立见习手册,分阶段制订见习计划,见习内容经各专业部门负责人审阅合格后实施。

(6)毕业生见习期间,要服从工作安排,遵章守纪,虚心学习,努力钻研,奋发向上,严格按计划进行见习并填写见习总结与见习鉴定。

(7)指导老师要以高度的责任感履行指导职责,严格按照见习内容,通过各种形式,将理论知识与实践紧密结合起来,使毕业生熟悉工作程序,了解专业特点。分阶段填写见习手册,做好见习鉴定,阶段见习计划没有完成的,要在下一阶段进行补习,确保见习质量。

(8)建立毕业生见习监督检查制度。企业所属各单位人力资源管理部门至少每半年对毕业生见习工作进行一次检查,企业人力资源管理部门结合实际情况进行抽查,对毕业生的分配、见习计划的制订、指导老师的配备、见习计划的落实等工作进行监督,保证毕业生见习期内得到有效指导与培养,见习工作不流于形式。

(9)毕业生见习期间不得办理调动、离职、外出劳务、留学、报考研究生等事项,以保证见习计划的落实。

三、毕业生的定级

(1)见习期满后,毕业生本人写出见习总结,企业所属单位人力资源管理部门与相关部门共同进行考核,作出全面鉴定,并提出定职定级意见,填写《高等院校毕业生定级审批表》,经企业人力资源管理部门审批后办理定级手续。

(2)毕业生见习期间病、事假累计超过一个月的,见习期按月顺延。见习期满没有达到见习计划要求的,应延长见习期半年,延长期满仍达不到要求的,定级为工人职务。

(3)企业所属单位要按期完成定级毕业生的考试、考核工作,确保毕业生按期定级。

四、毕业生的职业发展规划

(1)毕业生自定职之日起,纳入职业发展规划管理。

(2)职业发展规划的基本原则:

①坚持个人发展与企业需求最佳匹配的原则；

②坚持准确评价、合理定位的原则；

③坚持公开、公平、公正、透明的规划培养原则；

④坚持职责明确、分工负责、逐级落实的原则；

⑤坚持有奖有罚、奖罚明晰、有效激励的原则。

(3)为加强领导与管理，企业所属单位应成立毕业生职业发展规划与培养工作领导小组，组长由单位经理、党委书记担任，副组长由各业务系统的分管领导担任。领导小组负责职业发展规划与培养的领导、决策及监督工作。

(4)毕业生职业发展途径分两种，一是专业技术途径向专家方向发展，二是行政、党群管理途径向高层管理者方向发展。

专业技术途径具体为：员级专业技术职务→助理级→中级→副高级→教授级高级→专家。

行政、党群管理途径具体为：

工程类：技术员→项目技术主管→项目总工程师(项目副经理或机关部门副职)→项目经理(机关部门正职)→公司领导层。

管理类：项目部职员→项目部部门负责人→机关部门职员→机关部门副职→机关部门正职→公司领导层。

(5)毕业生首次职业发展规划期限一般为五年，培养目标如下：

①专业技术途径。定级为助理级的毕业生，自定级之日起两到三年内要基本达到中级专业技术水平，六到八年内基本达到高级专业技术水平。

②行政、党群管理途径。

工程类：自定级之日起，两到三年内达到项目技术主管任职标准，三到四年内达到项目总工程师(副经理)任职标准，四到五年内达到项目经理任职标准。

管理类：自定职之日起，两年内达到项目部部门负责人任职标准，两到三年内达到机关部门职员任职标准，四到五年内达到机关部门副职任职标准。

(6)企业所属单位每年在对定职毕业生进行全面考核、谈话的基础上，结合个人发展意愿，按照专业技术与管理的一定比例，为每名毕业生进行科学合理的职业发展规划，填写《职业发展规划表》，建立职业发展规划与培养档案。

(7)企业所属单位各业务部门的分管领导，结合本单位专业特点，组织制定本业务系统各规划阶段的培养内容，包括应主持或参与的工作，参加专业技术理论的培训计划等，培养内容要按季度详细分解制定。

(8)对毕业生的培养实行“导师带徒”的方式进行，导师负责按培养内容进行理论与实践的具体指导，并按季度进行阶段总结与检验。

(9)毕业生在培养过程中，可根据实际培养与成长情况，对规划进行调整。

毕业生在规定的时间内，没有达到培养目标任职标准的，可延长培养时间，待达到培养目标任职标准时再转入下一目标的培养。

(10)建立毕业生职业发展规划与培养的检查、考核制度，企业人力资源管理部门根据实际情况对各单位的毕业生职业发展规划与培养进行抽查，各单位每年要对本单位进行年度检查与考核，对达到培养目标的师徒给予年度奖励，对未达到培养目标的师徒视具体情况进行调整。

(11)导师的选聘：

①导师选聘的基本条件是：具有较好的政治素质，工作作风扎实，有较强的事业心、责任感，专业技术水平较高，具有培养目标岗位一年及以上的工作经验，乐于向毕业生传授知识。

②导师的人选由各单位人力资源管理部门提出，经本单位毕业生职业发展规划领导小组研究同意后下达聘书聘任。

③导师可根据其能力同时担任不超过三名毕业生的指导，导师应结合每个毕业生能力、特点，有针对性地进行传授。

五、待遇与激励政策

（一）毕业生的待遇

1. 保障工资

毕业生实行保障工资，自报到之日起，凡正常出勤工作的，每月工资收入不低于保障工资，不足部分用效益工资补齐。见习期间当月出勤不足15天或受处分的，按薪酬制度有关规定执行。

2. 安家费

对主要专业或当年紧缺专业，发给一定数量的安家费，在毕业生报到时由企业所属单位统一一次性支付，费用由企业所属单位列支。安家费数额根据学校、专业及接收当年实际情况另行确定。

（二）指导老师、导师待遇

(1)指导老师、导师津贴标准。对见习生的指导老师及毕业生职业发展的导师均实行指导津贴，按指导人数给予相应数目的津贴，并限定最高标准。

(2)指导老师、导师评先制度。企业所属单位每年按见习生指导老师一定的比例，以指导态度、指导责任心、指导内容完成情况、见习生成长情况等为考核指标，评选出优秀的见习指导老师，由企业或企业所属单位颁发荣誉证书并给予一次性奖励。每两年对毕业生职业发展的导师进行评选，主要以工作态度、责任心、培养内容完成情况、培养目标实现情况等为评选内容，按导师的一定比例评选出优秀导师，由企业或企业所属单位颁发荣誉证书并给予一次性奖励，优秀导师在职务晋升上，在同等条件下享有优先权。

(3)指导老师或导师在指导工作过程中不履行责任，态度不端正，不能按期完成指导与培养内容，指导没有效果的，扣发指导津贴，不得再聘任指导老师或导师。

六、劳动合同管理

(1)毕业生经单位体检合格后，自报到之日起与单位签订劳动合同，首次签订的期限为五年，试用期六个月。试用满五个月时，对所有毕业生进行全面考核，考核合格后继续聘用，表现较差考核不合格的，由单位领导研究是否留用，决定解除劳动合同的报企业人力资源管理部门审批后办理解除劳动合同手续。

(2)企业所属单位做好劳动合同即将到期毕业生的合同续签工作，对日常工作表现较差，不能胜任岗位工作的，全面考核并经本单位研究通过后上报企业人力资源管理部门，审批后办理终止劳动合同手续，不再聘用。

(3)毕业生在劳动合同履行期内，因个人原因解除劳动合同的，退回单位支付的安家费及各类专项培训费用，因违约造成单位经济损失的，要承担一定的赔偿责任。

第九章　建筑企业薪酬管理与员工激励

第一节　企业薪酬概述

企业薪酬是指企业支付给企业所有职工的全部货币性收入。工资是企业薪酬的主要形式，它是指企业依据国家法律规定和劳动合同，以货币形式直接支付给职工的劳动报酬。广义的工资包括基本工资和奖金、津贴、补贴等各种形式的附加工资；狭义的工资主要指基本工资或标准工资。

一、企业薪酬的性质

企业薪酬与其他劳动报酬或劳动收入相比，具有以下基本特性：

(1)薪酬是企业职工基于劳动关系所得的劳动报酬，是企业对职工履行劳动义务的物质补偿形式；

(2)薪酬是以国家的劳动法规、劳动政策、集体合同和劳动合同为依据确定的；

(3)薪酬是以法定货币和法定方式定期支付给企业职工的劳动报酬。

二、企业薪酬的职能

对企业而言，薪酬具有以下职能：

(1)增值职能。它是能够为企业带来预期收益的资本，企业要从事经营和生产，必须使用劳动力，薪酬就是用来购买劳动力所支付的特定成本，是用来交换劳动者活劳动的一种手段。薪酬的投入可以为企业带来预期的大于成本的收益。

(2)激励职能。薪酬是企业人力资源管理的工具，管理者可以通过薪酬评价职工的工作绩效，促进劳动者的工作数量和质量的提高，保护和激励职工的工作积极性。从企业管理的角度看，激励职能是薪酬的核心职能。

(3)协调职能。薪酬也是企业合理配置劳动力，提高企业效率的杠杆。企业作为一个生产组织，可以通过薪酬水平的变动，将组织目标和管理者意图传递给企业职工，促使个人行为与组织行为相融合，调节职工与企业之间、职工与职工之间的关系。

(4)配置职能。在企业管理系统中，薪酬是重要的管理要素，是企业管理系统中的一个子系统，它与企业其他管理系统有机地结合在一起，管理者通过薪酬变动调节企业各生产环节的人力资源，实现企业内部各种资源的有效配置。

对企业职工来讲，薪酬具有以下功能：

(1)满足生活需求。职工通过在企业的生产和劳动行为，取得劳动薪酬，以满足个人及其家庭的生活需求，获得物质生活资料。

(2)满足保障需求。合理的工资制度和工资水平，可以使职工有一种安全感和对预期风险的心理保障意识，从而增强对企业的信任感和归属感；反之，不合理的工资制度和工资水平,则使职工产生不公平和不信任的感觉,影响职工积极性的发挥。

(3)满足精神和社会地位需求。精神和社会地位的满足是一种高层次的满足,对企业职工而言,薪酬可以在一定程度上起到这种作用。高收入是职工工作业绩的体现,它反映了职工的工作水平和工作能力,显示了职工在企业组织中的相对地位和作用。薪酬也是一种晋升和成功的信号,职工薪酬的提高,表明其工作业绩得到企业的认可,或者其在企业中的地位上升,使职工产生满足感和成就感,激发更大的工作热情。

三、企业薪酬的构成

薪酬包括企业职工的全部劳动收入,它主要由四部分组成:基本薪酬、奖金、津贴和补贴。奖金、津贴和补贴与基本薪酬相对应,又可称为辅助薪酬。

(一)基本薪酬

基本薪酬是以职工劳动的熟练程度、复杂程度、责任及劳动强度为依据,按照职工实际完成的劳动定额、工作时间或劳动消耗而计付的劳动报酬。基本薪酬是企业职工劳动收入的主体部分,也是确定其他劳动报酬和福利待遇的基础。与辅助薪酬相比,基本薪酬主要有以下几个特点:

(1)常规性。基本薪酬是劳动者在法定工作时间内和正常条件下所完成的定额劳动的报酬。在一般情况下,职工应该完成定额劳动,并得到基本薪酬收入。

(2)固定性。职工的基本薪酬数额以企业所确定的基本薪酬等级标准为依据,等级标准在一定时期内相对稳定,职工的基本薪酬数额也相对固定。

(3)基准性。所谓基准性带有两层含义。一是基本薪酬是辅助薪酬的计算基准,辅助薪酬的数额、比例及其变动以基本薪酬为基础;二是为保证职工的基本生活需要,国家一般对企业基本薪酬的下限作出强制性的规定。因此,基本薪酬也称标准薪酬。

(4)综合性。与辅助薪酬形式相比,基本薪酬能较全面地反映薪酬的各项职能,其他薪酬形式一般只反映单项薪酬职能。

确定企业职工的基本薪酬有两种方法:

(1)绝对量法。即对企业全体职工不分等级,发放相同的基本薪酬数额。

(2)相对量法。即按照不同的薪酬等级和相同的比例确定基本薪酬总额,根据标准薪酬确定每个职工的基本薪酬数额。

基本薪酬的形式包括等级薪酬、岗位薪酬、结构薪酬、技能薪酬和年功薪酬等几种主要类型,基本薪酬的类型与基本薪酬制度相联系。

(二)辅助薪酬

与基本薪酬相对应的是辅助薪酬,具体包括奖金、津贴和补贴等形式。与基本薪酬相比,各种辅助薪酬形式有两个共同的特点:

(1)在薪酬中占据辅助地位,对基本薪酬起补充作用。基本薪酬因为具有相对稳定性和固定性的特点,不能及时反映劳动者的实际劳动数量及质量的变化,需要辅助薪酬作为基本的补充形式。

(2)形式多样,数额不固定,是薪酬中的可变部分。

1. 奖金

奖金是企业对职工超额劳动部分或劳动绩效突出部分所支付的奖励性报酬,是企业为了鼓励职工提高劳动效率和工作质量付给职工的货币奖励。奖金的支付对象是正常劳动以外的超额劳动，随劳动绩效而变动，只付给那些符合奖励条件的企业职工。奖金的形式多样，以时间为单位，可分为月度奖金、季度奖金和年度奖金；从发放次数的角度，可分为经常性奖励和一次性奖励。

2. 津贴

津贴是一种补充性劳动报酬，主要是指对职工在特殊劳动条件下所付出的额外劳动消耗和生活费开支的一种物质补偿形式。企业中一些劳动强度大、劳动条件差的劳动，如危险作业、有毒有害作业、高温高空、海上野外作业和重体力劳动等，需要劳动者付出更多的劳动力支出，或者对劳动者身体造成一定的伤害，企业通过津贴的形式予以补偿。

3. 补贴

补贴是企业受一些外部因素的影响，造成企业职工的实际收入水平下降，企业为维持当前的实际薪酬水平不降低，或者防止职工流失等而发放的补贴性收入，如企业针对大中专毕业生发放的学生补贴（见补贴案例一）、针对专业技术人员发放的专业技术职务（资格）聘用补贴（见补贴案例二）等。

【补贴案例一】　××建筑企业大中专毕业生学生补贴发放办法

为体现"尊重知识、尊重人才"原则，增强企业凝聚力，为公司的可持续发展增添后劲，经公司领导研究，现就大中专毕业生学生补贴发放办法通知如下。

一、发放范围和对象。

在集团公司工作，且第一学历为纳入国家统一招生计划的国家正规院校全日制专科以上非职业技术学院统分毕业生（不含公司中层副职及以上人员）。

二、发放标准。

根据本人第一学历和见习期满转正定级后工作年限确定：

(1)3 年以内（含 3 年），本科生 150 元/（人·月），专科生 100 元/（人·月）；

(2)第 4 年至第 6 年，本科生 200 元/（人·月），专科生 160 元/（人·月）；

(3)第 7 年起，本科生 180 元/（人·月），专科生 140 元/（人·月）。

三、发放办法。

(1)大中专毕业生首次发放学生补贴需填写《大中专毕业生生活补贴发放标准审批表》（一式两份），经公司人力资源管理部门批准后方可发放，各单位不得随意改变发放范围和变更发放标准。

(2)学生补贴采取按年度发放的形式进行，个人首次发放标准确定后，各单位每年年初可根据公司原审批的发放标准及个人见习期满后的工作年限，重新核定当年的对应补贴标准，不再另行报批。

(3)学生补贴发放根据本人实际出勤情况确定，当月未出满勤的，对应补贴标准应根据实际情况进行折算。

(4)各单位人力资源管理部门应于每年 1 月 15 日前统一填报《大中专毕业生生活补贴发放单》，报公司人力资源管理部门审核后，由所在单位一次性发放上年度生活补贴。

四、发放生活补贴时出现下列情况之一者，不予发放。

(1)因调离、辞职、解除合同等原因，已不在本公司工作的；

(2)不服从组织安排或中途离岗不履行岗位职责的；

(3)出现其他不适宜发放生活补贴情况的。

【补贴案例二】　××建筑企业专业技术人员职称及执业资格聘用补贴发放办法

为进一步调动专业技术人员积极性，不断提高企业整体技术水平和核心竞争力，公司研究决定，对取得中级及以上专业技术职称、一（二）级注册建造师和造价工程师等执业资格的在岗人员发放聘用补贴，现将有关问题通知如下。

一、聘用补贴标准。

（一）具备下列条件之一的，聘用补贴标准为500元/月：

(1)高级工程师及以上职称；

(2)担任与公司一级资质对应专业职务要求的高级会计师；

(3)在工程项目经理岗位上并取得一级注册建造师资格的人员；

(4)取得无损探伤射线（超声）三级证书的人员。

（二）具备下列条件之一的，聘用补贴标准为400元/月：

(1)在工程技术岗位，并具有工程师职称或者取得注册造价工程师资格的人员；

(2)在工程项目经理岗位并取得二级注册建造师资格的人员；

(3)高级会计师、高级经济师、高级统计师和副译审职称。

（三）不在项目经理岗位但取得一级注册建造师资格的人员及高级政工师、会计师、经济师、统计师和翻译，聘用补贴标准为300元/月。

（四）不在项目经理岗位但取得二级注册建造师资格的人员和政工师，聘用补贴标准为200元/月。

二、出现下列情况之一的人员，即行停止发放聘用补贴。

(1)工程技术职务聘期届满；

(2)丧失注册建造师、注册造价工程师注册资格；

(3)自行离职，与单位终止、解除劳动合同或辞职、调离公司；

(4)其他不宜发放的情况。

三、相关规定

(1)享受聘用补贴的人员为受聘或者在公司备案注册的在岗人员，不在岗人员或者没有在公司备案注册人员不享受聘用补贴。

(2)符合两项或多项聘用补贴发放条件的，按在最高标准基础上增加50元计发。

(3)公司职工取得注册建造师和注册造价工程师证书的，必须在公司备案注册，否则不享受职称等其他资格聘用补贴。

(4)聘用补贴每半年发放一次，每年7月和次年1月由所在单位根据持证和在岗情况填报《专业技术人员职称及执业资格聘用补贴审批表》，报公司人力资源管理部门审批后发放。

(5)享受聘用补贴人员的相应证书，由公司人力资源管理部门统一保管。在职职工不得把以上证书以任何理由借给外单位使用。

附：专业技术人员职称及执业资格聘用补贴审批表（略）

（三）薪酬结构

在不同的工资制度下，构成不同的企业薪酬结构。一般来讲，主要有三种结构。

1. 以基本工资为主的薪酬结构

这种结构中，基本工资比例相对较大，辅助工资比例较小，企业福利水平高。该种工资结构的优点是，职工之间的工资差异较小，收入相对稳定，可以保证职工的基本生活需求。缺点是缺乏激励，不利于发挥差别工资的作用。

2. 以辅助工资为主的薪酬制度

这种结构中，辅助工资主要是奖金的比重比较大，基本工资和补贴比重相对小。这种工资结构可以保证职工的基本收入，但彼此之间的差异大，收入稳定性差，容易使职工产生一种不安全感。

3. 以效益为主的工资制度

这种薪酬制度将基本工资和辅助工资都变成浮动工资，薪酬随职工的工作绩效而变动，对职工更具激励性，但收入差距更加扩大，职工的不安全感增大。

第二节　企业薪酬水平及其影响因素

薪酬水平是指某一领域范围劳动者的薪酬水平，其中企业职工的薪酬水平是基础和核心。影响企业薪酬水平及其变动的因素被称为薪酬要素，包括企业外部因素和内部因素。企业外部因素有劳动力市场的供求状况、政府的政策调节和物价变动等；企业内部因素有劳动差别、分配形式和企业效益等。

一、外部薪酬要素

在劳动力市场化的条件下，企业薪酬水平要受到外部多种因素的影响和制约，主要的外部影响因素有以下几种。

（一）经济发展水平和劳动生产率

经济发展水平和劳动生产率是企业薪酬水平的重要决定因素，整个社会劳动生产率低，劳动者的薪酬水平必然低，反之相反。

（二）劳动力市场的供求状况

劳动力市场供求关系的变化，决定企业对劳动力成本的投入，从而影响企业职工薪酬水平的变化。

（三）政府的政策调节

政府的政策调节主要包括直接调节和间接调节。

（四）物价变动

物价变动，尤其是生活消费品价格的变动，会直接影响职工的薪酬水平。在货币薪酬水平不变，或者变动幅度小于价格上涨的情况下，会导致职工实际薪酬水平的下降；反之，会引起职工薪酬水平的上升。在生活必需品价格普遍上涨的情况下，企业必须增加薪酬，以保证职工的基本生活需要和企业的生产经营不受影响。

（五）地区差别

地区间的经济发展水平、物价水平以及政府政策差异，也是影响企业间职工薪酬差别的外部因素。

从未来的发展看，随着企业职工薪酬水平的上升，地区间的薪酬差异还会存在，但各种外部因素不起决定性作用，企业自身经营状况之间的差异将成为主导因素。

二、内部影响因素

(一)经济效益

企业效益是市场经济条件下，决定企业职工薪酬水平及其变动的最重要因素，企业的经济效益决定着企业对职工劳动报酬的支付能力。企业经营效益的好坏，直接决定了企业职工的个人收入水平。薪酬是劳动力的价格和价值的表现形式。它和其他的劳动要素成本的价格一样，随着企业效益而变动。在其他因素不变的情况下，劳动生产率提高，表明企业职工在单位时间内创造的财富增加，职工的劳动报酬也会随之增加；反之，如果企业效益不好，企业职工的个人收入也就失去了增加的基础。

(二)职工配置

职工数量和质量配置与企业薪酬水平之间是一种相互影响的关系。薪酬是企业成本的一个组成部分，在产值一定的情况下，职工越多，表明企业支付的薪酬成本越高，劳动生产率越低；在薪酬成本一定的情况下，职工越多，平均薪酬越低。此外，职工的质量配置与企业薪酬水平也有直接的关系，高质量的职工要支付高薪酬，低质量的职工支付低薪酬，高薪低能和低薪高能都会影响薪酬效益。因此，企业在资本配置中，既要考虑薪酬成本与其他生产资本之间的转换和替代，比较各种资本及其配置效益，也要对不同质量的职工和职工薪酬进行选择与配置。

(三)薪酬分配形式

薪酬分配形式也影响职工的薪酬水平及其变动。此外，各种分配形式的配合，即薪酬结构也决定薪酬水平的高低。

总之，决定企业间和企业内部劳动者之间薪酬水平及其变动的因素很多，不同因素在各种条件下，单独或共同对企业职工的薪酬水平产生影响。

第三节　企业薪酬管理概述

所谓薪酬管理，是指一个组织针对所有职工所提供的服务来确定他们应当得到的报酬总额以及报酬结构和报酬形式的一个过程。在这个过程中，企业就薪酬水平、薪酬体系、薪酬结构、薪酬构成以及特殊职工群体的薪酬作出决策。同时，作为一种持续的组织过程，企业还要持续不断地制订薪酬计划，拟定薪酬预算，就薪酬管理问题与职工进行沟通，同时对薪酬系统的有效性作出评价，并不断予以完善。

一、企业薪酬管理的性质

(一)薪酬管理是企业人力资源管理的一项重要内容

企业管理的过程，也就是企业各类资源的开发和配置过程。任何企业的资源都可分成物质资源、财力资源和人力资源三类资源，其中，人力资源是企业生存发展的核心资源。在人力资源管理中，对职工的薪酬福利管理又是不可或缺的重要方面。许多成功的企业都与选择合理的薪酬制度和管理机制有直接的关系。虽然把企业的成功归结为薪酬制度的成功有一定的绝对性,但没有科学的薪酬管理的企业是绝对不可能获得成功的。

(二)薪酬管理是对人的管理

管理就是让别人去做管理者想做的事情,但是,只有被管理者也想做同样的事,管理才能成功,这就是内在激励的实质。传统工资管理,仅具有物质报酬分配的性质,很少考虑被管理者的行为特征。现代企业的薪酬管理应突破传统的局限,树立新的管理理念,将薪酬管理作为企业目标实现和职工内部激励的一个重要组成因素。企业目标的实现有赖于对职工的激励,激励可分为外部和内部两种,按照传统的类别划分,工资、奖金、福利等物质报酬是外部激励要素,而岗位的多样化、从事挑战性的工作、取得成就、得到认可、承担责任、获取新技能和事业发展的机会等是职工的内部激励因素。现代薪酬管理要把物质报酬的管理与职工激励过程紧密地结合起来,成为一个有机的激励系统。职工通过自己的努力,不仅能提高工资收入,而且能提高个人在企业中的地位、声誉和价值。

(三)薪酬管理是企业发展的动力

企业发展的动力在于选择适合本企业发展的机制,包括薪酬机制的选择。现代企业薪酬管理应建立好的动力机制,主要包括按劳分配、体现公平与效益的物质机制,奖励贡献、体现人本主义观念的精神机制和关于责任感及风险意识的团队机制。

二、企业薪酬管理的内容

企业薪酬管理的内容包括薪酬管理目标的确定、薪酬政策的选择、薪酬计划的确定和薪酬结构的调整等。

(一)薪酬管理目标的确定

薪酬管理目标必须与企业经营目标相一致。薪酬管理是企业管理的有机组成部分,因此现代企业薪酬管理的目标主要有三个:

(1)吸引和留住实现企业组织目标的人才;

(2)使职工安心本职工作,并保持较高的工作业绩和工作动力;

(3)协调组织目标与职工个人发展目标。

(二)薪酬政策的选择

所谓企业薪酬政策,就是企业管理者对企业薪酬管理运行的目标、任务、途径和手段的选择,是企业在职工薪酬上所采取的方针策略。企业的薪酬政策要受到多种宏观要素和微观要素的影响。

1.宏观要素和微观要素

宏观要素是指企业薪酬运行的外部环境因素,例如国家经济运行状况,经济增长率,通货膨胀率,劳动力市场的供求状况,企业所在地的劳动力收入水平,同行业职工的收入水平,以及国家税收、财政和产业政策的变化等。

微观要素是指企业经营发展和薪酬管理状况,例如当前的经营收益状况,企业未来的发展和经营政策,以及企业劳动力的成本收益,薪资管理运行状况等。

2.企业薪酬政策的内容

企业薪酬政策主要包括以下三方面的内容:

(1)企业薪酬成本投入政策,例如,是采取扩张劳动力成本,还是紧缩劳动力成本的政策。前者需要增加职工人数,提高工资水平;后者需要减少职工人数,降低工资水平。

(2)企业工资制度的选择,例如,是采取稳定职工收入的策略,还是激励职工绩效的政策。前者多与等级和岗位工资制度相结合,后者与绩效工资制度相结合。

(3)企业工资结构和工资水平的确定,例如,是采取向高额工资倾斜的工资结构,还是采取均等化,或者向低额结构倾斜的工资政策。前者要加大高级职工比例,提高其薪酬水平;后者要缩减高薪人员比例,降低其薪酬水平。

因此,薪酬政策是企业管理者审时度势的结果。决策正确,企业薪酬机制就会充分发挥作用,薪酬运行就会畅通、高效。决策失误,薪酬管理就会受到影响,导致企业效益的损失。

(三)薪酬计划的制订

一个好的薪酬计划是企业薪酬政策落实的根本。所谓薪酬计划,就是企业预计要实施的职工薪酬支付水平、支付结构及薪酬管理重点等。企业在制订薪酬计划时,要掌握以下原则:

(1)与企业目标相结合的原则。企业薪酬计划应该与企业的经营计划相结合。

(2)以有利于企业竞争为原则。工资是企业的成本支出,压低工资有利于提高企业的竞争能力,但是,太低的工资又会降低对职工的激励。企业管理者既要根据企业外部环境的变化,也要从内部管理的角度,选择和调整适合企业经营发展的工资计划。薪酬计划要根据企业经营的需要和职工情况的变化及时调整。

(四)薪酬结构的调整

薪酬结构是指企业职工间的各种薪酬比例及其构成,主要包括:企业工资成本在不同职工之间的配置,职务和岗位工资率的确定,职工基本工资、辅助工资和浮动工资的比例以及基本工资与奖励工资的调整等。

对薪酬结构的确定和调整主要掌握一个基本原则,即给予职工最大激励的原则。留住人才、公平付薪是企业薪酬管理的宗旨。要避免对职工的报酬不是给得过多就是给得过少的现象。给多了会造成不称职的职工不努力工作;给少了会造成工作积极的职工不愿意留在企业工作,流向报酬高的企业。

第四节 企业薪酬制度

企业薪酬制度即工资制度,是指根据国家法律和政策制定的,与薪酬决定和薪酬分配有关的一系列准则、标准、规定和方法的总和。其主要包括工资等级标准、工资水平、工资形式、工资调整以及工资发放和工资基金管理等项内容。

工资制度有广义与狭义之分。从广义上讲是指为了贯彻按劳分配原则,计算劳动者的劳动量和相应的劳动报酬量,并进行实际工资支付而建立的一整套收入与分配的规章制度、措施和所采用的各种具体分配形式的总和。它包括:基本工资制度、工资调整制度、升级制度、定级制度、工资基金管理制度,各种工资形式以及工资支付办法等。狭义的工资制度,仅指基本工资制度。它包括:职工基本工资标准的确定,企业基本工资制度模式的选择,基本工资制度在宏观和微观环境中的运行,以及基本工资制度的自我完善和发展机制的形成等。

企业工资制度分为基本、辅助和综合三种类别,基本工资制度是核心部分,是关于基本工资决定与支付的原则、形式和方法的总和,主要包括等级工资制度、岗位技能工资制度以及年功序列工资制度等。

一、企业薪酬计量形式

工资的计量形式是指计量劳动贡献并由此确定劳动报酬的形式。在工资分配过程中，各种工资制度规定了相应的劳动标准和报酬标准，由于企业员工在生产过程中，所付出的实际有效劳动量不同，因此需要根据不同的方法和计酬标准，对员工的实际劳动量进行考核，根据考核量发放相应的工资。计时工资和计件工资是工资的基本计量形式，其他一些工资形式都是它们的转化和组合形式。

(一)计时工资制

1.计时工资的构成要素

计时工资是一种按照单位时间工资标准及劳动时间计算和支付工资的方式，其主要构成要素为：

(1)劳动计量与报酬支付的技术标准。劳动之间存在着复杂程度、负责程度和繁重程度的差别。因此，对不同质劳动的测量，除以时间为测量单位外，还需要制定各种等级测量标准，例如，技术等级标准、岗位等级标准、职务等级标准以及劳动强度标准等。

(2)劳动计量与报酬支付的时间单位。任何工资标准都是各种技术评定标准与时间单位的综合，也称单位时间的工资标准。在特定的劳动数量和劳动质量方式下，劳动报酬的时间计量单位，可以是小时、日、月，也可以是周和年。

(3)实际有效劳动时间。以计时工资为计量形式的工资收入，不是由劳动者从事劳动的自然时间决定，而是指包含一定劳动成果(数量和质量)的有效劳动时间。有效劳动时间越长，计时工资收入越高。

以上几个因素的结合即构成计时工资的内涵及其计算公式：

$$计时工资=特定岗位单位时间工资标准\times实际有效劳动时间$$

2.计时工资的分类和适用范围

根据时间单位的不同，计时工资又分为小时工资、日工资、周工资和月工资等具体形式。月工资是目前使用范围最广的工资计量形式，即劳动者以日历月为单位的工资标准计算工资。月工资标准是确定日(小时)工资标准的基础，即日工资标准为月工资标准除以月均法定工作日天数所得。在支付工资时，全勤者按月工资标准发放工资；缺勤或加班者，按日工资标准，或小时工资标准扣发、加发工资。

小时、日、月工资都是以时间作为计酬单位，三者之间可以相互转换。

计时工资的适用范围很广，凡是对员工及所在工种、职务和岗位规定等级并制定相应工资标准的工作，都可采用计时工资，但该形式对劳动成果无法计量的工作、劳动成果难以直接反映员工的技术水平和业务能力的工作、以集体形式进行的工作更适合。

3.计时工资的主要特点

与其他工资形式相比，计时工资有两个主要特点：

(1)计时工资的测量要素稳定，标准固定统一，易于管理，也有利于员工收入的相对稳定。

(2)计时工资量的主要决定因素是劳动者的技能水平或岗位的工资标准，基本不受劳动对象和劳动条件差异的影响。因此，在技术标准、岗位技能和工资标准一定的条件下，劳动者按计时工资获得的收入主要取决于个人的实际有效劳动时间。这一特点使得计时工资对保证员工的出勤率有很强的制约作用。

(二)计件工资制

1. 计件工资的构成要素

计件工资是根据员工完成的工作量或合格产品的数量和计件单价计发的劳动报酬,它的构成要素包括:

(1)特定单位时间的工资标准。即按月、日或小时等计时的工资标准。单位时间工资标准视工作性质有所不同,因此要经过工作评价,对工作物划分等级以后确定。

(2)单位时间的劳动定额或工作量标准。劳动定额一般采用产量和工时两种指标。

(3)计件形式。计件形式根据具体的生产性质和特点进行选择,一般分为个人计件和集体计件两种形式。

(4)计件单价。计件单价是指生产某一单位产品或完成某一单位工作所得的工资额,可分为个人计件单价和集体计件单价。在计件单价一定的情况下,完成的产品数量越多,劳动报酬越高;在完成的产品数量相同的情况下,计件单价越高,收入也越高。

2. 计件工资的计量形式

计件工资有多种计量形式,比较常见的计量形式有:

(1)个人计件和集体计件:个人计件是依据员工个人的劳动成果和计件单价计发工资;集体计件是按照员工集体劳动成果和计件单价计算工资总额,再在个人之间进行分配。

(2)无限计件和有限计件:无限计件是不考虑完成产量多少,均按照同一计件单价计发工资,产量越高,工资越多;有限计件是对超额工资的数额加以限制,主要是规定个人和集体超额收入的最高限。限制方法有实行累进计件单价或者浮动计件单价等。

(3)直接计件和间接计件:直接计件是直接按照员工个人的工作量发放计件工资;间接计件是一些辅助工人的计件工作量不能直接反映,要通过被辅助对象的工作量间接反映,辅助工人的计件工资通过下列公式转化:

$$间接计件工资额 = 间接计件单价 \times 所辅助员工的实际产量$$

(4)超额计件工资。超额计件工资为计时计件混合工资。即将工人完成的工作量分为定额内和定额外两部分。定额以内的工作量按计时工资标准发放,超过定额部分的工作量按计件工资标准发放。

(5)累计计件工资,又称差额单价计件工资。即按照工人生产合格产品数量的不同阶段,以一定的差额比例规定不同的计件单价,分别计算计件工资额,然后以月工资的形式一并计发工资。这种工资标准又有不同的计算方式:一种是两段单价计件,即定额内产品按标准单价计算,超额部分按一个较高的、统一的单价计算;另一种是累进计件,定额内产品按标准单价计算,超额部分按直接累进(退)或分段累进(退)单价计算。

(6)包工计件和提成计件工资。包工计件是一种集体计件工资方式,即用工单位将成批量的,或成系统的生产任务,发包给员工集体,事先协定好工作量、完成期限、包工工资数额等双方的义务与权限,待承包方如期完工之后,获得合同规定的工资总额,然后在包工集体中再分配。也可在包工前预付部分包工收入,或分阶段支付工资。这种方式比较适用于劳动量大,难以精确分解和必须集体进行的工作。

提成计件是指员工个人或集体按照一定的比例,从营业收入或纯利润中提取报酬的一种工资支付方式,被称为酬金。酬金比较适用一些劳动成果难以事先定量化和不易确定计件单价的工作，适合于服务性、辅助性及与市场营销有关的工作。

计件工资适用于劳动工序相对独立、产品量或工作量可以精确计算、产品质量有明确标准，并能对生产过程进行科学测定，管理制度比较正规的生产单位。

3. 计件工资的特点

与计时工资及其他工资形式相比，计件工资具有下列特点：

(1)将劳动报酬和劳动成果直接联系在一起，能够直接和准确地反映劳动者实际付出的劳动量，以及不同劳动者之间的劳动差别。

(2)对劳动成果的计算和分配程序简化、透明度高，易于管理。

(3)刺激员工从物质利益上关心自己的劳动成果，提高工作效率和工作质量。

二、等级工资制

等级工资制，是根据工作的复杂程度、繁重程度、精确程度、风险程度和环境状况等因素将各类工作(工种、岗位、职务)进行等级划分，并规定相应工资标准的一种工资制度。其主要特点是从劳动的质量方面，而不是从员工的劳动消耗方面反映劳动差别和工资差别。等级工资制有两种形式：技术等级工资制和岗位等级工资制。

(一)技术等级工资制

技术等级工资制是一种主要根据技术复杂程度以及劳动熟练程度划分等级和规定相应的工资标准，然后根据员工所达到的技术水平评定技术(工资)等级和标准工资的一种工资等级制度。技术等级工资制度由工资等级、工资标准表和技术等级标准等要素组成，适用于技术复杂程度高、工人劳动熟练程度差别大、分工粗及工作物不固定的工种和岗位。

技术等级标准包括三项内容：专业知识、工作技能和工作实例，简称应知、应会和操作实例。

(1)专业知识是指员工为了完成某一等级的工作所应具备的专业理论知识，如工艺过程、材料性能、机器结构与性能等；

(2)工作技能是指员工为胜任某一等级工作所应具备的技术能力与工作经验，如设备操作、维修、识图、估工算料等；

(3)工作实例是根据应知和应会的要求，开列出不同技术等级应掌握的典型工作项目或操作实例，对员工进行培训和考核。

技术等级标准有国家标准，部门、行业标准和企业标准等几个级别。国家标准着重通用技术工种标准的制定，是指导性的；部门、行业标准主要是为了在本行业和部门中统一标准；企业标准是根据本企业内部的需要制定的。

技术等级工资标准的确定需要四个步骤：

(1)根据劳动的复杂程度、繁重程度、精确程度等因素确定和划分等级；

(2)对工作物进行分析比较，纳入相应的等级；

(3)规定技术等级标准，即确定最高等级和最低等级工资的倍数以及各工资等级之间的工资级差；

(4)确定各等级的工资标准和制定技能工资等级表。某一等级工资标准的计算公式为：

$$某一等级工资标准 = 最低等级标准 \times 等级系数$$

执行技术等级工资制的员工，按照技术等级标准进行考核和评定技术工资等级，依据级别领取相应的标准工资，也可以定期根据其技术水平，进行考核和晋升工资等级。

技术等级工资是一种能力工资制度，它的优点是能够引导企业员工钻研技术，提高个人的技术水平，缺陷是不能把劳动者的工资与其劳动绩效直接联系在一起。

（二）岗位等级工资制

岗位等级工资制与职务等级工资制的性质基本相同，前者针对的是企业工人，后者针对的是行政管理和专业技术人员。岗位等级工资制是等级工资制度的一种形式，它根据工作职务或岗位对任职人员在知识、技能和体力等方面的要求，以及劳动环境因素确定员工的工作报酬。员工工资与岗位和职务要求挂钩，不考虑超出岗位要求之外的个人能力。岗位等级工资制比较适用于专业化程度高、分工细、工作技术单一和工作物比较固定的行业及工种。

岗位等级工资制的确定原则与技术等级工资制大体相同，区别是对各种工作进行评价和划分等级时，遵循"只对工作，不对人"的原则。首先，根据工作的劳动复杂程度、繁重程度、责任大小、精确程度以及劳动条件等客观因素确定各岗位与职务之间的相对顺序和岗位等级；其次，根据岗位等级确定相应的工资级别和级别差；最后，员工上什么岗，或担任什么职务就获得相应的工资收入。

岗位等级工资制在实施中有不同的类别，主要有一岗一薪制、一岗数薪制和复合岗薪制等。

（1）一岗一薪制。一个岗位只有一个工资标准，其特点是一岗一薪，同岗同薪，标准互不交叉。劳动者只要达到岗位和职务要求，就可以取得标准工资，岗位变动，则工资随之变动。

一岗一薪制强调在同一岗位上的人员执行同一工资标准。优点是简便易行，缺点是同样职务、岗位或工种内部缺乏激励，难以体现差别。

（2）一岗数薪制。一岗数薪制也称为岗位等级工资制，即在一个岗位或职务内设置几个工资标准，其特点是一职数薪，不升职亦可增薪。与一岗一薪制相比，可以反映岗位内部不同员工之间的劳动差别，使劳动报酬更为合理。

（3）复合岗薪制。复合岗薪制即每一个职务内设置若干个工资标准，但不同职务的工资标准有部分等级交叉。其特点是一职数薪，同职可不同薪，标准适当交叉，不同职亦可同薪，不升职亦可增薪。

【岗位工资制案例一】 ××建筑公司岗位等级工资办法

第一条 为了适应公司快速发展的需要，逐步建立科学化、规范化、现代化的薪酬管理体系，有效地吸引人才、留住人才、激励人才，根据有关法律、法规规定及公司承受能力，特制定本办法。

第二条 本办法制定的基本原则：

（一）责任与利益、贡献与报酬相统一。

（二）按岗定责、以岗定酬、岗变薪变。

（三）薪酬分配向责任重、技术高的岗位倾斜。

（四）薪酬水平与差别随所在单位经济效益变化上下浮动，同岗、同级可以不同酬。

第三条 本办法适用于公司所有在册员工。

第四条 公司所有岗位分为管理岗位(各单位机关管理员工)、生产岗位(项目管理人员与生产工人)、服务岗位(门卫、勤杂等岗位)。

第五条 管理岗位分为十六个岗位等级(见表9-1)。

表9-1 公司机关管理员工岗位等级对应表

岗位等级	岗位名称	对应岗位
一	董事长	公司董事长
二	总裁	公司总裁、党委书记
三	总裁级	公司常务副总裁、副董事长、监事会主席
四	副总裁	公司副总裁、三总师、党委副书记、纪委书记、工会主席、质安总监、董事会秘书
五	副总裁级	公司总裁助理、副三总师、监事会副主席、纪委副书记、工会副主席;控股子公司董事长
六	部长	公司机关部室部长(主任);直属工程局局长;分公司经理、党委书记;直属单位经理、党支部书记;驻外地办事处主任;控股子公司总经理、党委书记、副董事长
七	部长级	正部级
八	副部长	公司机关部室副部长(副主任);直属工程局副局长、三总师、分公司党委副书记、工会主席、副经理、总工程师、质安总监;直属单位副经理、党支部副书记、工会主席;驻外地办事处副主任;控股子公司监事会主席、党委副书记、纪委书记、工会主席、副经理、三总师
九	处长	公司机关部室处长、团委书记、女职工委员会主任、计生办主任、离退办主任;分公司经理助理;控股子公司总经理助理;培训中心主任;已聘高级专业技术职务人员
十	正处级	博士研究生转正定级者
十一	副处长	公司机关部室副处长、档案室副主任、团委副书记;培训中心副主任
十二	副处级	公司机关部室副处级办事员;硕士研究生转正定级者;博士见习生
十三	科长	分公司、直属单位、控股子公司各科室科长(主任、部长);委派质安员;分公司、直属单位、控股子公司团委书记;已聘中级专业技术职务人员;双学位本科生转正定级者
十四	副科长	分公司、直属单位、控股子公司各科室副科长(副主任、副部长、财务主管);分公司、直属单位、控股子公司团委副书记;分公司、直属单位、控股子公司女职工委员会主任(计生办主任);已聘助理级专业技术职务人员;本科生转正定级者;硕士见习生
十五	科员	部(科)室科员;已聘员级专业技术职务人员;中专生、大专生转正定级者
十六	其他管理员工	试用期管理人员

第六条 管理岗位员工实行以岗位工资为主的工资制度,即以岗位工资为基础,奖金、年功工资、津贴、福利为补充的工资体系。

第七条 机关管理员工薪酬由岗位工资、年功工资、职称工资、奖金、误餐补贴、出差补助组成。

岗位工资是由员工所在岗位责任、技能、劳动强度和劳动条件等各项因素综合确定的工资，由基本工资、责任工资组成。基本工资按员工岗位工资标准分别以部级以上管理者（包括部长）0.5、副部长至副处级（包括副处级）管理者0.55、科长以下（包括科长）管理者0.6的系数确定，岗位工资减去基本工资即为责任工资（见表9-2）。责任工资是指从事岗位工作时依据责任轻重获得的酬劳，不从事岗位工作不计发责任工资。岗位工资包括施工津贴、加班加点工资，不包括福利费开支的补贴（特区津贴、出国人员津贴、女职工卫生补贴、出差补贴、防暑防寒费用等）。

年功工资是根据员工积累劳动因素（即在本企业服务年限）进行工资分配的一种工资形式，标准工龄每满一年按5元发放，每年一月调整计发金额。

误餐补贴、出差补助标准（略），机关管理员工出差不再报销出差补助。

第八条 项目管理员工的薪酬由岗位工资和项目盈利分红组成，岗位工资标准由《工程项目施工管理办法》按本办法的原则另行确定。

项目生产员工薪酬实行计件工资制，多劳多得。

项目辅助岗位员工薪酬实行计时工资制，标准由各单位（项目）自行制定，最低不低于单位所在地最低工资标准，最高不高于2 000元/月标准。

第九条 服务岗位员工薪酬以计时工资制为主，标准由各单位自行制定，不低于单位所在地最低工资标准，不高于1 600元/月标准（小车司机除外），报公司批准后执行。

门卫、保安、勤杂员工实行月工资包干制度，月标准不低于单位所在地最低工资标准，不高于1 400元/月标准，不再发放加班加点工资和奖金。

第十条 外借员工仍由原单位发放工资的，其工资标准参照服务岗位员工薪酬标准执行。

第十一条 大中专毕业生见习期工资待遇每月分别为：中专毕业生800元，大学专科毕业生1 000元，大学本科毕业生1 300元，大学本科双学位毕业生1 600元，硕士毕业生按副科长岗位工资标准执行，博士毕业生按副处级岗位工资标准执行，并按月发放误餐补贴、出差补助、奖金，奖金标准由所在单位自行确定。

学徒工工资按单位所在地最低工资标准发放。

第十二条 待岗员工生活费由所在单位自行制定，不低于单位所在地最低生活保障费标准，不高于单位所在地最低工资标准。

第十三条 内退员工（距国家法定退休年龄5年以内（含5年），或工作年限满三十年以上）生活费标准按本人档案工资（其中年功工资标准由原来每满工龄一年1元调至5元）的80%计发。

第十四条 自谋职业、两不找员工停发生活费，并由本人缴纳其社会保险费中单位和个人全部费用。

第十五条 事假、旷工每天按以下标准扣发工资：月岗位工资（计时工资）标准/21.75天。旷工超过三天以上且执行岗位工资标准的，停发其全月岗位工资。

产假、探亲假、婚丧假、公休假，根据国家有关规定发放。

第十六条 管理员工岗位变动后，报人力资源部批准后，从次月起执行新岗位的工资标准。

第十七条 岗位工资标准根据单位效益情况上下浮动。

表 9-2　公司机关管理员工岗位工资标准

岗位等级	岗位名称	岗位工资(元/月)				岗位责任系数	岗位工资(元/月)								
		一档	二档				三档			四档			五档		
		原岗位技能工资标准	标准	其中			标准	其中		标准	其中		标准	其中	
				基本工资	责任工资			基本工资	责任工资		基本工资	责任工资		基本工资	责任工资
一	董事长	本人档案工资	2 800	1 400	1 400	1.00	4 000	2 000	2 000	5 000	2 500	2 500	6 000	3 000	3 000
二	总 裁	本人档案工资	2 600	1 300	1 300	0.90	3 600	1 800	1 800	4 500	2 250	2 250	5 400	2 700	2 700
三	总裁级	本人档案工资	2 500	1 250	1 250	0.85	3 400	1 700	1 700	4 250	2 125	2 125	5 100	2 550	2 550
四	副总裁	本人档案工资	2 400	1 200	1 200	0.80	3 200	1 600	1 600	4 000	2 000	2 000	4 800	2 400	2 400
五	副总裁级	本人档案工资	2 200	1 100	1 100	0.70	2 800	1 400	1 400	3 500	1 750	1 750	4 200	2 100	2 100
六	部 长	本人档案工资	2 000	1 000	1 000	0.65	2 600	1 300	1 300	3 250	1 625	1 625	3 900	1 950	1 950
七	部长级	本人档案工资	2 000	1 000	1 000	0.60	2 400	1 200	1 200	3 000	1 500	1 500	3 600	1 800	1 800
八	副部长	本人档案工资	1 800	990	810	0.55	2 200	1 210	990	2 750	1 513	1 237	3 300	1 815	1 485
九	处 长	本人档案工资	1 700	935	765	0.48	1 920	1 056	864	2 400	1 320	1 080	2 900	1 595	1 305
十	正处级	本人档案工资	1 600	880	720	0.46	1 840	1 012	828	2 300	1 265	1 035	2 800	1 540	1 260
十一	副处长	本人档案工资	1 500	825	675	0.44	1 760	968	792	2 200	1 210	990	2 650	1 458	1 192
十二	副处级	本人档案工资	1 400	770	630	0.42	1 680	924	756	2 100	1 155	945	2 550	1 403	1 147
十三	科 长	本人档案工资	1 300	750	550	0.40	1 600	960	640	2 000	1 200	800	2 400	1 440	960
十四	副科长	本人档案工资	1 200	720	480	0.35	1 400	840	560	1 750	1 050	700	2 100	1 260	840
十五	科员	本人档案工资	1 000	600	400	0.30	1 200	720	480	1 500	900	600	1 800	1 080	720
十六	其他管理员工	本人档案工资	800	480	320	0.24	960	576	384	1 200	720	480	1 450	870	580

注:1. 大中专毕业生见习期待遇:中专毕业生 800 元/月,大学专科毕业生 1 000 元/月,大学本科毕业生 1 300 元/月;

2. 公司采用综合计算工时制,执行新的岗位工资制后,员工加班一律不另发加班费。

【岗位等级工资制案例二】 ××建筑公司工程项目部岗位等级工资办法

项目的建筑规模划分项目等级、定员标准、项目班子工资标准、项目一般管理人员和其他人员工资标准、项目聘用人员全部酬金如表9-3～表9-7所示。

表9-3 项目的建筑规模划分项目等级

项目等级	一级	二级	三级	四级	五级	六级
建筑面积	10万 m^2 以上	8万～10万 m^2	5万～8万 m^2	3万～5万 m^2	1万～3万 m^2	1万 m^2 以下
合同价	20 000万元以上	20 000万元以下	15 000万元以下	8 000万元以下	6 000万元以下	2 000万元以下

表9-4 定员标准

项目等级	人员编制标准	增加人数		
		群体工程	清包工程	总承包工程
一级	25人	2人	4人	增加人数根据实际情况，由公司确定
二级	19人	2人	3人	
三级	17人	1人	2人	
四级	14人	1人	2人	
五级	11人		1人	
六级	9人			

表9-5 项目班子工资标准

项目等级	工资标准（元/月）		
	项目经理	项目副经理	项目总工
一级	5 000	4 000	4 000
二级	4 800	3 840	3 840
三级	4 600	3 680	3 680
四级	4 400	不设	3 520
五级	4 200		3 360
六级	4 000		3 200

表9-6 项目一般管理人员和其他人员工资标准

一般管理岗位	工资标准（元/月）	其他人员	工资标准（元/月）
主管工长	3 500	试验工	2 000
工长	3 000	测量兼计量员	2 000
安全员	2 800	现场料工	2 000
质检员	2 800	现场保卫	1 700
成本兼劳资员	2 800	资料员	1 700
预算兼统计员	2 800	汽车司机	1 700
主管材料员	2 600		

表 9-7　项目聘用人员酬金标准

岗位	酬金标准（元/月）	岗位	酬金标准（元/月）	岗位	酬金标准（元/月）
主管工长	1 700	预算员	1 300	项目总工	2 000
工长	1 500	现场保卫	700	项目副经理	2 000
安全员	1 400	汽车司机	1 000	试验员	900
质检员	1 400			测量员	900
资料员	800				

三、岗位技能工资制

岗位技能工资制是一种以劳动技能、劳动责任、劳动强度、劳动条件等基本劳动要素评价为依据，以岗位或职务工资和技能工资为主要内容，根据劳动者实际劳动质量和数量确定报酬的多元组合的工资类型。

（一）性质与特点

从性质上讲，岗位技能工资制是一种把劳动者的收入与企业经济效益挂钩的企业内部分配制度，是我国在国有企业工资制度改革中推行的一种工资形式，主要是为了改变原有的、以行政机制决定企业员工收入的计划经济模式，建立一种与市场经济接轨的、与现代企业制度配套的企业员工劳动报酬分配制度。因此，其目的是双重的：其一，建立国有企业与国家之间合理的收入分配关系；其二，合理调整企业员工之间的工资关系，培育有效的内部竞争与劳动激励机制，从收入分配的角度促进企业经济效益的不断增长。岗位技能工资制的特点主要有：

（1）体现了按劳取酬的原则，使劳酬挂钩。岗位技能工资制实质上是为了体现通过工资收入反映劳动客体对劳动主体的客观要求，以及劳动主体在劳动过程中的数量和质量贡献。

（2）是对传统等级工资制的一项制度性改革。传统的等级工资制过分偏重评价劳动者的劳动技能，而不是“劳动”本身，不能综合反映劳动要素的差别，使劳酬脱节，工资等级与实际技能脱节。岗位技能工资制是一种以“劳动量”，并以“报酬量”反映“劳动量”的分配模式，它综合了岗位工资和技能工资的优点，注重对劳动本身的评价。

（3）把企业的工资水平与企业效益挂钩，有利于发挥工资的效益职能。传统的工资制度主要是起到了基本保障的职能，没有发挥激励的职能。岗位技能工资制在很大程度上消除了平均主义的色彩，有利于刺激劳动者提高技能，鼓励劳动者为企业创造更多的价值。

（4）岗位技能工资制从结构上把岗位劳动评价与员工个人的劳动绩效评价区分开，即分为基本工资和辅助工资。基本工资是在制度工作时间内，按照岗位劳动规范的要求进行有效劳动所获得的基本劳动报酬。员工超过劳动规范要求所作出的劳动贡献，通过绩效工资支付，不列入基本工资单元之中。这种结构设置，有利于激励员工为企业多作贡献，也可以起到工资保障和激励两项基本职能。因此，岗位技能工资与绩效工资有一定的区别，它是一种融多种工资制度和工资形式为一体的综合性工资制度。

(二)基本内容

1. 岗位劳动评价体系

岗位劳动评价是将各类岗位、职务对职工的要求和影响归纳为劳动技能、劳动责任、劳动强度、劳动条件四个基本要素,通过测试和评定不同岗位的基本劳动要素,科学评价不同岗位的规范劳动差别,并以此作为确定工资标准的主要依据。四大要素进行分解、细化以后就成为便于具体测评的若干子要素,即岗位劳动评价指标。

1)劳动技能要素评价

劳动技能要素评价主要反映不同岗位、职务对职工素质的要求,评价指标包括受教育程度、实践经验和实际工作能力等。根据不同岗位的需要,还可以再将指标细分,例如,受教育程度分解为高等、中等、初等和文盲等不同层次;实践经验也可按照工作年限划分为不同档次。

2)劳动责任要素评价

劳动责任要素评价主要反映不同岗位、职务对员工劳动责任的要求,评价指标包括在产品(服务)的质量、数量、成本和消耗,以及设备、财产、安全卫生、经营管理等方面的劳动责任程度。

3)劳动强度要素评价

劳动强度要素评价主要反映不同岗位、职务的负荷强度,主要通过劳动紧张程度、劳动疲劳程度、劳动姿势和工时利用率等指标衡量。

4)劳动条件要素评价

劳动条件要素评价主要反映不同岗位职务的危险程度、危害程度以及自然地理环境和不同工作班次对劳动者生理、心理的损害程度。

岗位劳动评价是一个系统,它是由评价指标、评价标准、评价技术与评价方法等子系统组成的。

2. 工资单元的设置

岗位技能工资属于基本工资制度,由技能工资和岗位工资两个单元构成。

1)技能工资

技能工资主要与劳动技能要素相对应,确定依据是岗位、职务对劳动技能的要求和员工个人所具备的劳动技能水平。技术工人、管理人员和专业技术人员的技能工资都可分为初、中、高三大工资类别,每类又可分为不同的档次和等级。

2)岗位工资

岗位工资与劳动责任、劳动强度、劳动条件三要素相对应,它的确定是依据三项劳动要素评价的总分数,划分几类岗位工资标准,并设置相应档次,采取一岗多薪方式,视劳动要素的不同,同一岗位的工资有所差别。

3)辅助工资

岗位技能工资是一种基本工资制度,在实行过程中,还要以辅助工资制度作为补充。辅助工资主要包括三个工资单元:

(1)年功工资单元。随员工工龄增长而变动的工资部分。年功工资是对长期从事本职工作的员工的一种报酬奖励形式,目的是承认员工以往劳动的积累,激励员工安心本职工作。年功工资单元以员工的连续工龄作为工资上升的依据,定期提高工资档次。

(2)效益工资单元。随企业经济效益而变动的工资部分。为了体现员工报酬与企业效益挂钩,设定效益工资单元,随企业效益的波动而增加或减少。在企业具备了长期支付能力的前提下,效益工资有可能转为基本工资。

(3)津贴工资单元。它是对在特殊作业环境、劳动条件、劳动强度下职工的生活、生理和心理损害的工资性补偿。津贴一般分为特殊工种的岗位津贴、流动人员的野外作业津贴、从事有毒或有害作业的保健津贴和边远艰苦地区作业的补偿津贴。

3. 岗位技能工资标准

企业应在实行总量控制的前提下,制定和选择本企业的工资制度与工资形式,以平衡企业各类员工,特别是工人与管理人员、专业技术人员之间的工资关系。

(1)制定最低、最高工资标准时考虑的基本要素为:企业和其他用人单位的员工现行工资水平,最高、最低工资标准的比例关系及其近期预测变化趋势;企业现行工资结构情况及其调整趋势;城镇居民平均生活水平及近期预测;企业经营者收入、个人所得税起征点等的规定。

(2)确定各岗位和职务工资单元比重的原则是:技术要求高、以劳动技能为主要劳动因素的,技能工资的比重适当大些,反之则小些,目的是鼓励员工流向技术要求高、责任重、条件艰苦的工作岗位。

(3)合理确定各类人员基本工资区间,应符合对基本劳动要素的测评结果,处理好与不同类型、规模企业同类人员的工资比例关系,处理好相关人员工资标准的衔接和交叉等。

4. 岗位技能工资制度的管理

岗位技能工资制度的正常运行,需要一系列企业外部和内部环境的支持,一个良好的运行机制是基础,包括:

(1)工资标准调整机制。根据经济发展、劳动生产率提高、物价变动和劳动就业变化等适时进行工资标准的调整。

(2)正常增资机制。工资增量和工资水平变动取决于两个因素:其一,企业资金利税率、工资利税率和劳动生产率等经济效益指标的变动;其二,对员工进行科学的考核。

(3)岗位工资动态管理机制。建立岗位工资试岗、上岗和下岗的动态管理制度,坚持员工工资随岗位变动而变动的原则,即有岗有薪,易岗易薪。

(4)工资结构调整机制。适时调整岗位工资和技能工资的比重,以及基本工资和辅助工资的比重,将工资制度与具体的工资分配形式,如计时工资、计件工资、定额工资、浮动工资、提成工资、奖金、津贴等有机地结合起来,使条例化的工资制度变成可以最终发挥各种职能的、灵活运用的企业工资机制。

【岗位技能工资制案例】 ××建筑安装公司岗位技能工资制实施方案

为实行以岗位技能工资为主要形式的内部分配制度,发挥工资分配的多功能作用,结合公司实际情况制定岗位工资制实施方案如下。

一、指导思想和原则

(1)实施岗位技能工资制的目的是转变企业发展方式,增强企业活力,调动职工积极性,充分发挥工资的经济杠杆作用,促进生产和发展,提高经济效益。

(2)贯彻按劳分配的原则。工资分配要坚持以岗位劳动评价为基础,以岗位的劳动差别、实际操作技能水平和劳动成果为依据，向生产一线苦、脏、累、险岗位倾斜，向技术要求高、管理责任重的岗位倾斜，与职工个人的劳动成果紧密联系，以充分发挥工资的保障、激励和调节作用。

(3)坚持积极、稳妥、求实、逐步到位的原则。工资总额的增长幅度，应低于企业经济效益的增长幅度，要继续完善各项承包经营，理顺工资标准和各专业工种计件单价的关系，继续搞好定额计件工资制，搞活企业内部分配。

(4)坚持动态管理的原则。在企业机构变动，职工劳动岗位或职务变动，生产设备工艺状况、劳动条件发生变化时，岗位档次和岗位技能工资也要相应调整、变动，实行岗变薪变，易岗易薪。

(5)坚持综合配套改革的原则。实行岗位技能工资制，要与劳动制度、培训考核制度、保险制度的改革相配套，加强基础管理工作，加强定员、定岗、定额管理，进一步提高企业的管理水平。

二、岗位技能工资制的工资单元设置及标准

岗位技能工资制由基本工资和辅助工资两个部分组成。

(一)基本工资部分

基本工资由岗位工资、技能工资两个工资单元组成。

(1)岗位工资：岗位工资是按职工所在岗位的劳动责任、劳动强度、劳动条件的差别，并兼顾岗位对劳动技能的要求，经严格的科学劳动评价后确定的工资，采取一岗一薪、一岗二薪、易岗易薪制。工人岗位设九岗(含待岗)二套工资标准，管理人员岗位设十一岗(含待岗)二套工资标准(见表9-8)。

表9-8　岗位工资标准

岗位等级		待岗	一	二	三	四	五	六	七	八	九	十
系数			1	1.5	2.0	2.5	3.0	3.8	4.6	5.4	6.2	7.0
岗差(元/月)			50	50	50	50	50	80	80	80	80	80
工人岗位(元/月)	正岗	50	100	150	200	250	300	380	460	540		
	副岗			100	150	200	250	300	380	460		
管理岗位(元/月)	正岗	50	100	150	200	250	300	380	460	540	620	700
	副岗			100	150	200	250	300	380	460	540	620

(2)技能工资：技能工资是根据劳动者的专业水平、技术水平、业务能力，并兼顾政治思想表现、工作业绩，经考试考核后确定的工资等级。分技术人员、管理人员、专业技术人员三大系统。为了便于管理和操作，采取一条龙的方式，统一设置一个技能工资标准(见表9-9)。各类人员的工资都在同一序列中，只是等级线不同。

表 9-9　技能工资标准　（单位：(元/月)）

级别	工资标准	级差	级别	工资标准	级差
一	500	50	十六	1 250	50
二	550	50	十七	1 300	50
三	600	50	十八	1 350	50
四	650	50	十九	1 400	50
五	700	50	二十	1 450	50
六	750	50	二十一	1 500	50
七	800	50	二十二	1 550	50
八	850	50	二十三	1 600	50
九	900	50	二十四	1 650	50
十	950	50	二十五	1 700	50
十一	1 000	50	二十六	1 750	50
十二	1 050	50	二十七	1 800	50
十三	1 100	50	二十八	1 850	50
十四	1 150	50	二十九	1 900	50
十五	1 200	50	三十	1 950	50

（二）辅助工资部分

辅助工资是在基本工资以外，企业根据实际能力和需要自主确定的工资，由企业特殊性津贴（施工流动津贴）、效益工资（奖金）、各种津贴三个工资单元组成。

（1）施工流动津贴是根据企业流动性大、劳动繁重、野外露天作业、职工生活条件艰苦的特点设置的，其标准为：

在本省施工的每人每天 5 元，在省外施工的每人每天 8 元，在广东省及经济特区施工的每人每天 10 元，以上标准均按职工在外施工的实际出勤天数计发，返回基地、调离企业时停止执行。

（2）效益工资（奖金）是按当月生产计划指标完成情况设置的。施工班组采取劳动定额、计件包干，管理人员、勤杂人员实行月度综合效益奖。

（3）各种津贴。实行岗位技能工资后，公司现行的各种津贴一律停止执行。因需要特殊发放的津贴，公司将另外行文执行。

三、岗位技能工资制的实施

（一）岗位工资的确定

（1）根据每一职工现从事的工作岗位，对照公司下发的工人、管理人员岗位排序表分别套岗次。在套岗中，职务与职称相比较时采取就高不就低的办法套岗。按专业技术职称套岗时，原则上要求专业对口，并在岗受聘，否则不能按专业技术职称套岗。主要岗位工作与兼职岗位相比较时，按主要岗位工作套岗。

（2）为解决技术工作岗位上同岗不同工作资历、工作能力、工作效率的矛盾，在岗位工资的每一岗位标准中设立了正岗、副岗，实行“一岗二薪”制。

(3)学徒工定级后套本岗位副岗，从事本岗位专业工种满三年，能胜任本岗工作的套正岗。

(4)科室正、副以上行政职务套岗时，按任职时间，不满一年的套本岗位副岗，满一年以上的套正岗。

(5)专业技术工种改变岗位的执行副岗，转岗满三年后套正岗。

(二)技能工资的确定

按评定的技能工资等级套入企业制定的技能工资标准(见表9-9)。

四、岗位技能工资运行中的业务处理

(1)岗位技能工资总额=基本工资+辅助工资；

月标准工资=岗位工资+技能工资；

日标准工资=月标准工资÷21.75天。

(2)凡延长工时、在公休假日和法定节假日加班加点的，分别按日标准工资的150%、200%和300%计发。

施工生产班组一律执行计件包干工资任务单，故不得发放加班加点工资，执行月度综合奖的管理人员一律不得计发加班加点工资，需加班的，事后应及时给予调休。服务性岗位确因工作紧迫需加班加点又无法调休的，应逐级审批，发放加班工资。

(3)职工探亲假、婚丧假、产假、病假、工伤假分别按国家有关规定执行，假期工资按岗位技能工资标准的月标准和日标准工资为计发依据。

(4)学徒期、熟练期、见习期的生活费和临时工资待遇(略)。

(5)施工班组的计件包干工资中的实耗工资单价，以岗位技能工资日标准工资为准。

(6)由外单位调入的职工，专业对口，与本企业职工同等对待重新评定工资，岗位工资从调入之日起按本岗位副岗执行。三个月后经考核合格可进入本岗位的正岗。

(7)由于工作需要，临时借出的人员，标准工资不变。

(8)各专业技术职务系列的高级师、中级师、助理师和员级，在本企业专业对口现岗位受聘技术职务十年以上的，可高套一岗岗位工资。

(9)脱产学习三个月以上，按原岗位工资不变，四到六个月执行一岗工资，超过六个月执行待岗工资。

(10)长期抽调(三个月以上)做社会义务工作的，按一岗执行。

五、岗位技能工资的动态管理

(1)公司人力资源部门是批准岗位技能工资标准变动的唯一部门，任何单位和个人不得私自变动公司核定给个人的工资待遇，否则，追究单位领导和具体办事人员的责任。

(2)公司职工改变工种或变动岗位时，要及时变更岗位工资和技能工资。变更时由基层单位填表，送人力资源管理部门办理审批手续，然后存入职工档案。

(3)公司中层副职以上管理人员的职务变动时，由公司人力资源管理部门根据其职务任、免通知及公司相应政策规定，办理岗位工资调整手续。

(4)随着技术装备的提高，新技术、新工艺的推广和新材料的应用，应不断评价和改进岗位排序，使之逐步完善、合理、先进。要求各基层单位注意收集、整理资料数据并及时上报公司，由公司人力资源部门提出意见，经公司经理同意后下文执行，除此之外，任何单位或个人均无权自行变动。

(5)加强组织纪律性,严格执行工资制度,维护岗位技能工资的严肃性,保护职工的切身利益,是每一个劳资人员必须具备的素质之一,对不按政策私自变动岗位技能工资标准或弄虚作假、隐瞒不报者,一经发现给予纪律处分。

(6)建立正常的技能工资考核晋升制度,职工升级严格按照工人技术等级标准管理,专业技术人员工作标准的考核,切实把培训、考核、使用、待遇结合起来。

四、结构工资制

结构工资制又称分解工资制或组合工资制,依据工资的各种职能,将工资分解为若干组成部分,分别确定工资额。它的各个组成部分,均有其质的规定性和量的规定性,各有其职能特点和作用。同时,各个组成部分又具有内在的联系,互相依存,互相制约,形成一个有机的统一体。

(一)结构工资制的特点

结构工资制是基于企业职工的劳动差别,主要是由劳动条件的差别、劳动者素质(能力、经验、业务技术水平)的差别、实际劳动消耗量的差别和劳动成果的差别诸要素构成的思路建立的。这几个要素可以单独或是一起变动。为此,工资也应与上述劳动差别的诸要素相配套,随其变动而变动。只有这样,才能有效地将工资分配与职工的劳动紧密联系起来,更好地贯彻按劳分配原则。结构工资制具有如下特点:

(1)工资结构应反映劳动差别的诸要素,即与劳动结构相对应,并紧密联系在一起。劳动结构分为几个部分,工资结构就应有相对应的几个部分,并随前者变动而变动。

(2)结构工资制的各个组成部分各有各的职能,分别计酬,从劳动的不同侧面和角度反映劳动者的贡献大小,发挥工资的各种职能作用,因此它具有比较灵活的调节功能。一方面,职工个人可以发挥自己的长处,通过某一方面的努力而灵活地增加工资;另一方面,企业在安排职工增加工资时可以避免一刀切的做法,对不同的职工分别安排不同的增资项目和增资水平。

(3)结构工资制主要适用于技术密集型企业,其他类型的企业也可以根据实际需要和可能采用结构工资制。

(二)结构工资制的构成

企业结构工资制的内容和构成,可以根据不同情况作出不同的具体规定。其组成部分可以按劳动结构的划分或多或少,各个组成部分的比例,可以依据生产和分配的需要或大或小,没有固定的格式。但是,一般应包含以下基本内容。

1.基础工资

基础工资即保障职工基本生活需要的工资。设置这一工资单元的目的是保证维持劳动力的简单再生产。基础工资主要采取按绝对额或系数两种办法确定和发放。绝对额办法,主要是考虑职工基本生活费用高低,统一规定同一数额的基础工资;系数办法,主要是考虑职工现行工资关系和占总工资水平中的比重,按大体统一的参考标准规定的职工本人标准工资的一定百分比确定基础工资。

2.岗位工资或技能工资

岗位工资或技能工资是根据岗位的技术业务要求、劳动繁重程度、劳动条件好差和所负责任大小等因素来确定的。它是结构工资制的主要组成部分,发挥着激励职工努力提高技术、业务水平，尽力尽责完成本人所在岗位工作的作用。岗位工资有两种具体形式，一种是采取岗位等级工资的形式，岗内分级，一岗几薪，各岗位工资上下交叉；另一种是采取一岗一薪的形式。岗位工资标准一般按行政管理人员、专业技术人员、技术工人、非技术工人分别列表。

3. 效益工资

效益工资是根据企业的经济效益和职工实际完成的劳动的数量和质量支付给职工的工资。效益工资发挥着激励职工努力实干，多作贡献的作用。效益工资没有固定的工资标准，它一般采取奖金或计件工资的形式，全额浮动，对职工个人上不封顶、下不保底。

4. 年功工资

年功工资是根据职工参加工作的年限，按照一定标准支付给职工的工资。它是用来体现企业职工逐年积累的劳动贡献的一种工资形式。它有助于鼓励职工长期在本企业工作，并多作贡献，同时，又可以适当调节新老职工的工资关系。年功工资采取绝对额或按系数两类形式发放的办法。绝对额又可分为按同一绝对额或分年限按不同绝对额的办法发放。按系数又可分为按同一系数或不同系数增长的办法发放。一般来说，增加年功工资，主要决定于职工工龄的增长，同时还决定于职工的实际劳动贡献大小和企业经济效益好差。只有这样，才能更好地发挥这一工资单元的作用。

（三）结构工资制的制定

企业在制定实行结构工资制时，要做好以下六方面工作。

1. 做好制定结构工资制的基础工作

（1）将全体职工人数、工资、工作年限、学历职称、技术等级、生产（工作）岗位、职务等登记造表，进行综合分析，剔除不合理因素，找出工资关系上的突出问题。

（2）根据本单位生产、工作和人员结构的特点，对职工劳动进行分析归类，确定有代表性的劳动结构，如劳动岗位、劳动能力等部分。

（3）根据计量劳动量的客观需要，补充必要的工资形式，确定各工资形式的相互关系。

2. 设计结构工资制的基本模式

设计结构工资制的基本模式就是根据上述基础工作提供的资料和情况，确定工资结构，如设置基础工资、岗位工资、年功工资、效益工资等四个单元。再确定结构工资中各单元的比例，即将结构工资总额视为100%，分别确定各工资单元所占百分比。一般来说，生产、工作的重点环节，其相对应的工资单元比例应当安排高一些。

3. 确定各工资单元的内部结构

按照岗位功能测评办法，确定岗位工资单元中各类岗位的岗位顺序，如实行一岗一薪的，需确定各岗位之间的岗差系数，如实行岗位等级工资的，还需确定每类岗位内部各等级的工资系数，并测算平均工龄，确定效益工资的具体工资形式和发放办法，等等。与此同时，根据各工资单元内部结构的安排，规定相应的技术、业务标准、职责条例、劳动定额等项要求，并拟定具体考核办法。

4. 确定各工资单元的工资标准

初步确定结构工资制各单元工资标准。

5. 测算、检验并调整结构工资制方案

根据初步确定的结构工资制各单元工资标准，将职工（抽样）纳入方案测算，一是看全部职工个人的结构工资相加后是否基本符合安排的结构工资总额；二是看职工个人结构工资水平与其本人以前的工资水平是否基本相当，多数人略有增加，其中原拟安排增加工资的生产、业务骨干是否较多增加了工资；三是根据职工各方面情况的变化（如工龄增长、技术业务水平提高、岗位职务变动等）预测各类职工个人工资增长以及结构工资总额增长的趋势。如果存在工资总额超过或剩余过多，或是多数人工资水平下降，以及今后结构工资增长速度过快或过慢等问题，都需要适当调整结构工资制方案。

6. 拟定职工纳入结构工资制的具体办法

一般是按照职工原标准工资的一定百分比就近靠入岗位工资，如工资结构中设置了基础工资单元的，则先确定基础工资，再按上述办法靠入岗位工资，提升岗位、职务者按新岗位、职务计发工资，然后分别确定职工的年功工资等。

（四）结构工资制的实施和应注意的问题

企业实行结构工资制，较之于实行其他工资制度工作量更大，各方面要求也更高，需要认真细致地做好工作。在方案经过分析、论证、测算基本可行后，企业领导和工资主管科室应通过深入细致的宣传解释工作，使企业职工了解并接受结构工资制方案。方案经职工代表大会讨论通过以后，企业工资主管科室要制定结构工资制的管理制度和实施细则，包括：基础工资管理，技术、业务、职责等方面考核办法，各工资单元的计发工资办法，升级降级制度，职工调动和岗位、职务变动工资处理，关于减发工资的特殊规定等。在此基础上，还应按结构工资的要求设计工资单元，注明各工资单元的数额，并据此对职工计发工资。

企业试行结构工资制是内部工资制度改革的新探索，需要注意处理好以下几个问题：

（1）要端正试行结构工资制的目的，明确试行结构工资制是为了更好地贯彻按劳分配原则，调动职工积极性。关键要看是不是具备了实行结构工资制的条件。

（2）企业试行的结构工资制，应尽可能充分适应企业生产经营的特点。

（3）由于企业职工是物质生产者，因此企业试行的结构工资制，其工资结构中活的部分应保证占有较大比例，以利于将职工的工资同其本人的实际劳动成果紧密联系起来，及时、有效地激励职工为企业创造更多的物质财富。

（4）由于结构工资制要对劳动诸要素进行比较细致的划分和归类，并要求工资各单元与之相对应及随其浮动，因此实行这种工资制度，要求企业有较高的管理水平、较健全的规章制度，同时要求企业经济效益能持续稳定增长，有较强的资金负担能力。

【结构工资制案例】 ××建筑公司岗位结构工资制实施办法

一、目的与原则

（1）制定该办法的目的是更好地利用公司劳动力资源、优化项目管理结构，充分体现按劳分配、多劳多得、效率优先的原则。

（2）该办法的分配原则是通过设置岗位基准浮动工资的变动达到月工资调整的目的。而岗位基准浮动工资是以各工程项目当月完成的人均产值为基础，以充分体现一线工作人员“多劳多得、优劳优酬”的原则，通过分配机制的调节，达到优化项目结构、发挥项目管理的优势，最大限度地调动职工的生产积极性和创造性。

二、岗位结构工资的组成

岗位结构工资由六部分组成：

①岗位工资 A(固定部分);

②年功津贴 G(固定部分);

③技术职务补贴 H(固定部分);

④加班补贴 J(固定部分);

⑤出差补贴 T;

⑥岗位基准浮动工资 F(浮动部分)。

即

$$月工资 S = A + G + H + J + T + F$$

(一)岗位工资 A

岗位工资为固定值,人员定岗后按所在岗位套用,见表 9-10。

表 9-10 岗位工资

序号	职位	正常工资时间工资(元/月)
1	公司经理	3 000
2	公司副经理	
3	部室主任	1 800
4	部室副主任	1 700
5	部室主管 A	1 600
6	部室主管 B	1 500
7	部室主办 A	1 400
8	部室主办 B	1 300
9	部室协办 A	1 200
10	部室协办 B	1 100
11	项目经理	1 800
12	项目副经理、项目技术负责人	1 700
13	项目部专业组长 A	1 600
14	项目部专业组长 B	1 500
15	施工员 A、质安员 A、材料员 A	1 400
16	施工员 B	1 300
17	见习期本科	1 800
18	见习期大专	1 400
19	施工员 C、工人班组长、技师、资料员 A、质安员 B、材料员 B	1 200
20	生产技术工人、司机、资料员 B	1 000
21	材料工、资料员 C	900
22	后勤服务人员	860

(二)年功津贴 G

年功津贴是体现员工对本公司贡献积累的工资单元。年功津贴按国家正式分配、招工或调入本公司后从事工作年限计算。根据从事本公司工作年限,该津贴按五个档次计发,见表 9-11。

表 9-11　年功津贴

工作年限(年)	1~5	6~10	11~15	16~20	20 年以上
津贴标准(元/月)	50	100	150	200	250

(三)技术职务补贴 H

技术职务补贴是对取得高级工程师资格及与公司业务相关的注册执业资格人员的补贴。

技师从事管理岗位的按其岗位结构工资不再计发补贴,在生产班组(在岗)的实行补贴。技师月补贴固定值为 200 元/(月·人)。

高级工程师月补贴固定值为 400 元/(月·人)。

注册执业资格月补贴固定值为 200 元/(月·人)。

按政策规定,当需要给职工支付有薪假期工资时,岗位工资 A 作为职工依法享受的年休假、探亲假、产假、看护假、计划生育假、婚假、丧假等各类有薪假期工资计发的依据,以及法定节日、休假日加班工资计发的依据。

(1)事假按本人月岗位工资 $A \div 21.75$ 天为计算依据,按当月实际出勤天数(不包括法定节日休假日及周六、周日)计发。

(2)职工患病在 1~6 个月内,经区级以上或居住地就近的医保定点医院医生诊断取得病假建议书后,并经所在单位指定的管理部门和人员认可批准。病假期间,按(当地最低工资标准+本人年功工资)$\div 21.75$ 天计算,作为病假日工资的计发标准。

(3)病假连续超过 6 个月以上的病休人员,在医疗期内其疾病救济费按(最低工资标准+本人年功工资)$\times 60\%$ 计发。

(4)职工年休假、探亲假、婚假、丧假、产假和计划生育假等休假期间,按本人月岗位工资 $A \div 21.75$ 天的日工资标准计发。原则上应实行一次性休假,职工年休假应扣减当年公司或分公司已组织的外出旅游假期及各大节日公司或分公司增加放假的天数。

(5)个人原因造成待岗的人员,待岗期间,前两个月按最低工资标准的 80% 计发,第三个月开始按职工最低生活保障线发放。

(6)因工程进退场原因的间歇性窝工人员窝工期间的工资,若没有实行正常上下班时间的按岗位工资 $A \div 21.75$ 天 $\times 70\%$ 的日工资标准计发。

(四)加班补贴 J

(1)管理人员岗位结构工资方案组成中的岗位工资 A、年功津贴 G、技术职务补贴 H 三项已包含了周一至周五正常延长工作时间的工资,即周一至周五 20:00 前不再另外计发加班补贴,加班至 20:00 以后按实际加班工时计,第二天休息的,加班工时应扣减相应的休息时间。

公司每月将对各部室、各项目部实行加班补贴总金额包干制。各部室、各项目部必须确保加班工时真实,严禁虚报、假报。

各部室、各项目部的加班补贴标准参照各岗位管理人员岗位正常上班工资和岗位基准浮动工资的标准计发。各岗位管理人员每月的加班补贴总额不超过其当月工资额的30%。

(2)非承包一线生产工人的加班补贴标准。

各部室、各项目部对非承包班组每月的出勤、加班情况等设专人监督,如实填报。严禁虚报、假报,一经发现,取消其当月加班补贴。

非承包一线生产工人班组长: 9元/小时

非承包一线生产工人: 8元/小时

非生产工人、勤杂人员: 7元/小时

(3)法定节假日(即春节、十一为三天,五一、清明、端午、中秋、元旦为一天)加班,管理人员统一为200元/天,工人统一为150元/天。

(4)凡从项目部短期借用人员开展公司、分公司其他业务,正常上班工作时间内的工资由所在项目部计发,扣除正常上班工作时间后的加班补贴由借用部门考勤,工程部按以下标准计发:

借用项目部人员从事经营(含预结算、经济/技术标)工作: 12元/小时

借用项目部人员从事其他工作: 10元/小时

(5)为保证管理人员的正常休息时间,公司鼓励部室、项目部负责人妥善安排工作,对占用的节假日进行补休,对已安排补休的节假日不能计算加班补贴。

(五)出差及远征工地补贴 T

出差及远征工地补贴不分岗位、职务,全体职工统一标准。出差及远征工地补贴见表9-12。

表9-12 出差及远征工地补贴

序号	工程距离	T 取值	备注
1	距市区(外部)30~200 km	3元/(km·月)	
2	200 km以外,省内范围	800元/月	
3	省外	1 000~1 500元/月	视距离远近而定

(六)项目部浮动工资 F(见习大学生及试用人员无此部分工资)

项目部浮动工资 F 是指确定了项目部岗位基准浮动工资 Q 后,各级岗位人员按其级别,分取不同的级别系数相乘,确定各级岗位人员的浮动工资。

1. 项目部岗位基准浮动工资 Q

项目部岗位基准浮动工资计算公式如下:

$$Q = B \times p \times k$$

式中:B 为项目基准浮动基数;p 为项目部浮动系数;k 为项目质量、安全系数。

1)项目基准浮动基数 B

项目部工资实行动态岗位工资制,按工程规模大小不同,制定基准浮动基数 B。

B 的取值,根据工程规模套用表9-13。

表 9-13　项目基准浮动基数

序号	工程规模	B(元/月)
1	1 000 万元以下	1 000
2	1 000 万～3 000 万元	1 100
3	3 000 万～6 000 万元	1 200
4	6 000 万～8 000 万元	1 300
5	8 000 万元以上	1 400

注:1. 纯人工费的项目,工程规模按人工费造价除以 0.3,换算后套用本表取 B 值;

2. 工业项目套用本表后,B 值再乘以系数 1.2。

2)项目部浮动系数

项目部浮动系数计算公式如下:

$$p = X/Z$$

式中:X 为本项目部当月人均产值,$X = N/S$,N 为本项目部当月完成产值,S 为本项目部管理人员总人数;Z 为公司平均产值,$Z = M/L$,M 为公司当月有产值的项目部的总产值,L 为有产值的项目部管理人员总人数;p 取值范围为 0.8～1.5。

若该项目处在项目前期准备或后期收尾阶段,即当项目产值 M 为零时,$p \leqslant 0.8$,此时该项目不参与分公司一线人员人均月产值的计算,该项目 p 取值为 0.8。

$p \geqslant 1.5$,即当 $X/Z \geqslant 1.5$ 时,p 值取 1.5。

当项目部当月产值无法确定,即甲方未及时进行月度批量审批时,该项目本月产值按本月上报的甲方进度工程量计取,并在下月计算产值时扣除上月上报进度量被甲方减掉的部分。

注:

(1)当某一项目连续三个月产值为 0 时(即 $p < 0.8$),公司根据实际情况,调整该项目的人员和岗位工资;

(2)当某一项目连续三个月 $p > 1.5$ 时,公司将根据该项目的实际情况,调整项目部人员的季度奖。

3)项目质量、安全系数 k(正常取值为 1.0)

k 的取值见表 9-14。

表 9-14　k 的取值

项目质量、安全事故等级或情况	k 值	备注
当项目发生损失 1 万～5 万元的质量、安全事故时	0.9	发生事故当月计算
当项目发生损失 5 万～10 万元的质量、安全事故时	0.85	发生事故当月计算
当项目发生损失 10 万～30 万元的质量、安全事故时	0.8	发生事故当月计算
当项目发生损失 30 万元以上的质量、安全事故时	0.75	发生事故当月计算

2. 项目部各级管理人员具体浮动工资 F

1) 项目经理具体浮动工资

项目经理具体浮动工资按下式计算:

$$F = Q \times v$$

式中:v 为追收款系数,反映按合同收取工程进度款的情况。

2) 项目部各级岗位浮动工资

项目部各级岗位浮动工资计算公式为:

$$F' = F \times K_n \times u$$

式中:K_n 为项目部各级岗位人员系数;u 为个人表现调整系数。

项目部各级岗位人员参照表 9-15 取 K_n 值。

表 9-15 项目部各级岗位人员的 K_n 取值

岗位	K_n 取值
项目部副经理、项目技术负责人	0.85
专业组长	0.75
施工员 A	0.65
施工员 B	0.5
材料员 A、质安员 A	0.4
施工员 C、质安员 B、材料员 B、资料员 A、技师、班组长	0.3
资料员 B、生产技术工人、司机	0.25
材料工、资料员 C、后勤服务人员	0.2

项目部起重工参照表 9-16 取 K_n 值。

表 9-16 项目部起重工的 K_n 取值

岗位	K_n 取值
班长	0.45
副班长、组员 A	0.3
组员 B	0.2
组员 C	0.1

项目部临电工参照表 9-17 取 K_n 值。

表 9-17 项目部临电工的 K_n 取值

岗位	K_n 取值
临电	0.4

个人表现调整系数 u:由项目经理根据各管理人员当月的工作实绩给予综合评估,目的是为项目经理更好地对项目部人员进行管理。u 取值范围0.8~1.1。

3. 实际兼项目管理人员月工资

公司鼓励项目部兼项目施工,以大兼小为原则,当某项目部兼其他工程项目的施工时,根据所兼项目的规模,实际兼项目的管理人员岗位正常上班工资 A 加岗位基准浮动工资 F

之和乘以兼项目系数 w,即实际兼项目的管理人员的月工资,计算公式如下:

$$S = G + H + J + T + (A + F) \times w$$

w 为兼项目系数,取值见表 9-18。

表 9-18　w 取值

序号	工程规模	w 取值
1	1 000 万元以下	1.05
2	1 000 万~2 000 万元	1.1
3	2 000 万元以上	1.2

(七)司部岗位基准浮动工资 F

司部管理人员岗位基准浮动工资 F,等于岗位基准浮动基数 B 与公司季度月产值调整系数 r、各级管理岗位人员系数 K_n 的乘积。

司部岗位基准浮动工资 F 计算公式如下:

$$F = B \times r \times K_n$$

式中:B 为岗位基准浮动基数,B 取 2 000;r 为公司季度月产值调整系数,每季度调整一次;K_n 为各级管理岗位人员系数。

r 取值如表 9-19 所示。

表 9-19　r 取值

序号	季度月均产值	r 取值
1	当公司本季度月均产值小于 2 000 万元时	0.95
2	当公司本季度月均产值大于 2 000 万元且小于 2 500 万元时	1.00
3	当公司本季度月均产值大于 2 500 万元时	1.05

K_n 取值如表 9-20 所示。

表 9-20　K_n 取值

岗位	K_n 取值
公司经理	1.0
公司副经理	0.7
部室主任	0.5
部室副主任	0.4
部室主管 A	0.35
部室主管 B/主办 A	0.3
部室主办 B/协办 A	0.2
部室协办 B	0.18
司机	0.12
后勤服务人员	0.1

季度奖、年终奖是公司、分公司经济效益的体现，公司将根据经济效益、经济状况、工资含量，以及员工的出勤、实绩考核的情况，实行季度奖、年终奖等特殊奖励措施。

第五节　企业薪酬激励制度

为充分发挥企业薪酬的激励功能，需要建立相关的薪酬激励制度。企业薪酬激励制度主要有奖金制度、津贴制度、绩效工资制度、经营者年薪制和风险抵押金制度等。

一、奖金制度

（一）奖金的特点

奖金是一种补充性薪酬形式，它是对员工超额劳动的一种报酬形式，劳动者在创造了超过正常劳动定额以外的劳动成果之后，企业以货币形式给予的补偿就是奖金。与基本工资相比，奖金具有以下主要特点。

1. 较强的针对性和灵活性

奖励工资有较大的弹性，它可以根据工作需要，灵活决定其标准、范围和奖励周期等，有针对性地激励某项工作的进行。

2. 弥补基本工资制度的不足

任何工资形式和工资制度都具有功能特点，也都存在功能缺陷。例如，计时工资主要是从个人技术能力和实际劳动时间上确定劳动报酬，难以准确反映经常变化的超额劳动；计件工资主要是从产品数量上反映劳动成果，难以反映产品质量、材料节余和安全生产等方面的情况。这些都可以通过奖金形式进行弥补。

3. 较强的激励功能

在各种工资制度和工资形式中，奖金的激励功能是最强的，这种激励功能来自依据个人劳动贡献所形成的收入差别。利用这种差别，使员工的收入与劳动贡献联系在一起，起到奖励先进、鞭策后进的作用。

4. 将员工贡献、收入及企业效益三者有机结合

奖金不具有保证企业员工基本生活需要的职能，它既随着企业的经济效益而波动，又能体现个人对企业效益的贡献。例如，当企业经营效益好的时候，企业和员工的总体奖金水平都提高，但个人奖金不一定与总水平同步提高，因为每个人的贡献是有差异的；反之，企业经营效益不变，总体收入水平下降，但贡献大的员工的奖金收入不一定会下降，甚至会脱离总体奖金水平而提高。

（二）奖金的内容

奖金制度是指比较固定的、规范的奖金分配和运作方式，它由奖励类别、奖励条件、奖励范围、奖励周期及计奖单位、奖励基金提取与分配等多项内容构成。

1. 奖励类别

奖励类别的选择是指在特定的奖金制度下，根据奖励目标确定奖励对象。例如，为了刺激员工全面或超额完成生产计划就要设立超额奖；为了刺激员工技术革新，提高企业的技术水平，就要设立革新发明奖等。奖励一般分为单项奖和综合奖两大类别。

1)单项奖

单项奖是企业常用的奖励方式,它的设置是为了奖励员工在某一方面对企业的贡献,具有灵活、易于管理、针对性强等优点。缺点是容易引导员工片面追求单项目标,影响企业生产和工作的全面发展。

2)综合奖

综合奖是为了促进生产和工作的全面发展,将反映各种超额劳动贡献的具体奖励指标有机地结合在一起,成为一个综合性的奖励指标体系,对员工全面考核计奖。质量、产量、劳动生产率、人工及物料消耗等指标在综合奖励体系中均作为分指标,按相应的考核条件进行考核之后,衡量出一个综合的奖励水平。综合奖的优点是评价全面、统一支付奖酬;缺点是计奖指标过多,容易导致重点不突出,降低激励作用等。

2. 奖励条件

奖励条件是指特定奖项所要求的超额劳动的数量和质量标准,在确定时要注意以下原则:

(1)要与劳动者的超额劳动紧密结合,实行多超多奖、少超少奖、不超不奖的奖励原则。

(2)对不同性质的超额劳动,采用不同的评价指标和奖励方式,准确反映各类员工所创造的超额劳动的价值。

(3)将奖励的重点放在与企业效益有关的生产环节和工作岗位上,以实现提高企业生产经营效益、降低生产成本的最终目的。

(4)奖励条件做到公平合理、明确具体、便于计量。科学化、数量化和规范化的工作评估体系是奖励工作的基础。

根据以上奖励条件可以分为这样几类:

(1)激励员工超额劳动的奖励项目,这些项目体现多超多获奖的原则,例如:产品数量、产品质量、销售、利润等指标。

(2)约束员工节约成本,减少消耗的奖励项目,这些项目体现在为企业增收节支就可获奖,例如:原材料消耗、劳动纪律、操作规程、客户投诉等。

(3)体现部门性质的奖励条件和奖励指标,例如生产部门主要以产量和质量以及原材料消耗等作为奖励条件;销售部门主要以销售量和销售收入作为奖励重点;服务部门主要以上岗情况和服务质量作为奖励依据。

对这些项目独立评价,可以作为单项奖参考指标;全面考察,就是综合奖的评价指标,企业可以根据需要进行选择。

3. 奖励范围、周期及计奖单位

1)奖励范围

奖励范围是指在既定的奖励条件下,参加奖金分配的人员范围和奖励幅度。具体而言就是,什么人可以获得奖金,获得多少奖金。只有奖励目标明确、幅度适当,才能真正达到激励先进、鞭策落后的目的,否则,会流于形式。无论采取何种形式,都要以明确的劳动分工和科学的工作评价为基础,从而对超额劳动的质和量作出准确判断,付给劳动者公平的报酬。

2)奖励周期

奖励周期的确定应视奖励指标的性质和工作需要选择。持续的、有规律的生产和工作设置的产量奖、质量奖等,可以取以月、季等时间单位;与经济效益和社会效益有关的奖励,可以采取年终奖的形式;对紧急的、临时性的贡献,则采取一次奖励的方式。

3)计奖单位

计奖单位是指按不同劳动特点划分的独立核算计发奖金的部门和组织,有三种主要类型:

(1)独立计奖单位。指计奖指标与计奖条件明确,可以进行独立工作评价的单位,例如生产车间、班组、营销单位等。

(2)参照计奖单位。指企业中服务性、辅助性的工作,如企业的后勤和维修部门等。这些单位的超额劳动难以独立计量,需要以被服务对象的业绩为基础,一般用被服务部门的加权平均奖水平作为计奖依据。

(3)平均计奖单位。指劳动成果不能准确计量的部门,例如办公室、行政管理部门等,一般取企业的平均奖。

4. 奖励总额

奖励总额是指将多少工资收入作为企业全体员工奖励基金,常见的有以下几种。

1)按照企业利润的一定百分比提取奖金

按照企业利润的一定百分比提取奖金的计算公式为:

奖金总额 = 报告期利润额 × 计奖比例

奖金总额应随企业利润水平和企业计奖比例而波动。

2)按照产量、销售量计算和发放奖金总额

按照产量、销售量计算和发放奖金总额常见的方式有:

(1)按企业实际经营效果和实际支付的人工成本两因素决定奖金的支付。在这种方式中,将节约的人工成本以奖金的方式支付给员工。具体为:

奖金总额 = 生产(或销售)总量 × 标准人工成本费用 - 实际支付工资总额

(2)按企业年度产量(销售量)的超额程度计提奖金。在这种方式中,奖金随对目标产量(销售量)的超额程度等比例提取,或按累计比例提取。计算公式为:

年度奖金总额 = (年度实现销售额 - 年度目标销售额) × 计奖比例

(3)按照成本节约量的一定比例提取奖金总额,主要目的是奖励员工在企业生产和经营成本节约中作出的贡献。计算公式为:

奖金总额 = 成本节约额 × 计奖比例

5. 奖金标准

奖金标准的作用有两个:一是规定奖金提取的额度;二是规定奖金分配的各种比例关系。在奖金标准的确定中,有几个比例关系需要注意。

1)奖金与标准工资的比例

基本工资和奖励工资是员工工资的两大组成部分,二者的比例一定要适当。按照一般的工资结构和工资职能原理,基本工资的比重应超过奖励工资,这种比例关系是由两者的不同性质和作用决定的。

2)奖金占超额劳动的比重

奖金是员工部分超额劳动的报酬,但不是全部超额劳动的报酬。一般而言,奖金在超额劳动报酬中所占的比重,应高于基本工资在其定额劳动中所占的比重。

3)各类人员奖金标准比例

主要是一些共同创造的超额劳动成果，在集体成员之间的报酬分割。在某种意义上讲，奖金相对比例比绝对额分配更影响员工的劳动情绪，而现实中，又很难制定一个准确的差额比例。在一般情况下，根据指标完成情况和工作责任两个因素确定内部奖金分配比例，即主要职务（工种）高于辅助职务（工种），繁重劳动高于轻便劳动，复杂劳动高于简单劳动。

6. 奖金分配方法

企业奖金总额和分配原则确定之后，要选择一定的方式分配到每个企业员工。对较为固定的生产奖，一般采取计分法和系数法进行分配，不固定的临时性奖项，则根据情况采取不同的方法。

【资金制度案例】 ××建筑公司季度效益奖发放办法

根据公司近年来生产经营形势，为进一步理顺分配关系，加强企业管理，建立有效的激励约束机制，制定本办法。

一、公司两级机关在原岗薪工资制的基础上设立季度效益奖，每季度考核发放一次。

二、基本原则。

(1)季度效益奖水平与公司生产经营发展水平相适应。

(2)效率优先、兼顾公平。

(3)与单位效益和部门、个人工作业绩挂钩。

三、适用范围。

公司机关、司属生产单位机关的工作人员。

四、发放办法。

(1)分公司等生产单位机关人员季度效益奖由公司季度效益奖考核小组根据每个分公司（生产单位）季度产值、利润、上交资金、工程质量、安全生产等指标完成情况下达季度效益奖额度标准，分公司在下达的额度内提出分配方案，报公司备案。

(2)公司机关部门人员季度效益奖发放由公司季度效益奖考核小组根据公司整体经济效益及部门工作完成情况提出各部门季度效益奖额度标准，由各部门及主管领导根据个人季度出勤、个人工作业绩在下达的额度内提出本部门季度效益奖分配方案，经总经理批准后发放。

(3)公司机关高管人员季度效益奖，根据公司当期的效益情况，结合两级机关的发放标准进行确定。

五、效益奖标准的核定。

(1)部门工作情况完成统计及民主评议考核。机关各部门应按月填报《公司机关部门工作完成情况统计表（　月度）》（见表9-21），每月末报送机关季度效益奖考核小组。公司效益奖考核小组组织各部门负责人、基层单位代表参加进行民主评议考核。各部门应向参评人员介绍季度工作完成情况，由参评人员根据部门工作填写《____年____季度公司各生产单位主要经济指标完成情况统计及季度效益奖核定表》（见表9-22）。

(2)各分公司每季末最后一个工作周，应将本季产值计划完成情况、利润、上交资金、工程质量、安全生产等指标上报公司季度效益奖考核小组。季后第一个工作周，公司季度效益奖考核小组研究核定各单位季度效益奖标准。

表 9-21　公司机关部门工作完成情况统计表（　　月度）

主管领导：　　　　　　　　　　　　　　　　　　　　　　　　　　　　填报人：

部门		人数		部门 工作人员	
日常主要工作完成情况					
上级领导安排工作完成情况					
配合其他部门工作完成情况					
创新性工作完成情况					
公司年度工作计划目标完成情况					
部门人员出勤情况					
备注	1. 本表由部门按月填报，月末报送公司季度效益奖考核小组； 2. 出勤情况应填写本月部门制度工作天数和实际出勤天数及违纪情况				

表 9-22 ____年____季度公司各生产单位主要经济指标完成情况统计及季度效益奖核定表

指标	单位							合计
	第一分公司	第二分公司	第三分公司	第四分公司	第五分公司	第六分公司	…	
一、计划产值								
实际产值								
二、收取工程款								
其中:上缴资金								
三、质量安全及综合治理								
四、其他								
1. 上季末贷款余额								
2. 本季末贷款余额								
3. 贷款增减额								
4. 拖欠人工工资								
5. 拖欠职工工资占当期产值比重								
季度效益奖核定								
1. 基本效益奖系数								
2. 基本效益奖								
3. 扣减系数								
4. 核定效益奖金额								
注:上季度								

注:1. 基本季度效益奖 = [(收取工程款 - 贷款余额增加额)/(收取工程款总额 - 贷款余额增加总额)×0.3 + 上缴资金/上缴资金总额×0.7]×公司季度效益奖总额;

2. 产值完成情况:完成率90%以上不扣减,完成率低于90%扣减3%,低于80%扣减5%;

3. 安全:重伤一起扣减2%,发生两起以上重伤事故扣减5%,发生死亡事故取消季度效益奖;

4. 拖欠职工工资占当期产值比重大于5%扣减3%,大于10%扣减5%,大于15%扣减10%。

二、津贴制度

津贴分为工资性津贴和非工资性津贴两种,工资性津贴是指对特殊劳动条件下,企业员工付出的额外劳动消耗、生活费支付及对身体健康的损害所给予的物质补偿。津贴制度由津贴项目、津贴实施的条件、范围和津贴标准等组成。

(一)津贴项目

津贴项目按津贴发放的对象分类。

1. 劳动津贴

劳动津贴是对特殊劳动条件下工作员工的额外劳动消耗的补偿,与劳动岗位、职务和工种等劳动条件直接关联。特殊劳动条件包括时间、空间和环境三个方面:非正常工作时间(如夜间加班)、超常工作空间(如高空、地下、水下作业等)和恶劣的工作环境(如高温、潮湿和接触有害物质等)。津贴项目为:补偿员工额外劳动消耗的津贴,如高空、高温、夜班津贴等;补偿身体健康伤害的津贴,如有毒有害岗位津贴,高原、水下和井下作业津贴等。

2. 生活津贴

生活津贴是为了保障员工实际工资收入的稳定,补偿员工由于特殊工作需要而造成的额外生活支出。它包括补偿员工在生产过程中的额外生活费支出,例如外勤工作津贴、铁路乘务津贴等;补偿员工在边疆、高海拔作业而付出的超额生活开支,例如林区津贴、地区生活费津贴、高寒山区津贴、海岛津贴,以及出国公务、劳务人员的国外津贴等。

(二)实施条件与发放原则

津贴实施的条件是指某一生产岗位和工作单位是否具备发放津贴的条件,何种岗位、职务、工种的员工符合津贴领取条件。首先,要规定明确、具体的发放津贴的资格条件;其次,对申请岗位、工种进行测试,符合规定者方可发放津贴。

津贴与劳动者的实际劳动贡献、劳动能力等没有直接的联系,它的发放只考虑客观的工作环境和工作性质对劳动者额外劳动和生活消耗的补偿,为避免冲淡工资的作用,津贴项目一般设立的不多,在工资中占的比例也不高。换言之,对劳动者的劳动报酬,能支付工资的,不支付津贴;能采取直接支付形式的,不采取间接补偿形式。

(三)津贴标准与支付形式

1. 津贴标准

津贴标准是指某项津贴在单位时间内应支付的金额。它的确定有两种方式,一是按照员工基本工资的一定百分比计算;二是按照绝对数额计算。第一种方式比较少见,大多数是按绝对数额计量。津贴标准在确定时考虑的因素包括工资标准、劳动特殊性、健康损害程度等。

如果在制定工资标准时,已经考虑了对特殊劳动的补偿,就没有必要另设津贴补偿;如果不能全面反映一些岗位和工种的特殊劳动性质与劳动消耗,就需要单独设立补偿津贴。对劳动的特殊性及其对员工的影响,要进行科学测量,作为确定不同等级津贴标准的依据。一些津贴的发放是为了补偿和预防特殊工作条件对劳动者身体健康造成的损害,津贴标准的确定与对员工身体的损害程度直接相关。对一些特殊的工作和工种,国家、地方和行业规定有统一津贴标准。企业可以根据生产经营状况及工作需要确定和调整本企业的津贴发放标准。

2. 支付形式

津贴有实物和货币两种具体的支付形式。一般情况下,与额外劳动补偿有关的津贴支付货币,并构成辅助工资的一个组成部分;与身体健康补偿有关的津贴有的采取实物的形式,有的采取货币支付形式,以货币形式居多。支付周期常以出勤日累计,按月随工资支付。

三、绩效工资制度

绩效工资是建立在科学的工资标准和管理程序基础上的工资体系,它的基本特征是将员工的薪酬收入与个人业绩挂钩。业绩是一个综合的概念,比产品的数量和质量内涵更为宽泛,它不仅包括产品的数量和质量,还包括员工对企业的其他贡献。

与传统工资形式相比，绩效工资制度的主要特点：一是有利于员工工资与可量化的业绩挂钩，将激励机制融于企业目标和个人业绩的联系之中；二是有利于工资向业绩优秀者倾斜，提高企业效率和节省工资成本；三是有利于突出团队精神和企业形象，增大激励力度和员工的凝聚力。

绩效工资体系的不完善之处和负面影响主要是：容易导致对绩优者奖励有方、对绩劣者约束欠缺的现象，而且在对绩优者奖励幅度过大的情况下，容易造成一些员工瞒报业绩的行为，对员工业绩的准确评估和有效监督是绩效工资实施的关键。

绩效工资的计量基础是员工个人的工作业绩，因此业绩评估是绩效工资发放的前提。业绩评估手段可以分为正式和非正式体系，非正式体系主要是依靠管理人员对员工工作的主观判断；正式体系建立在完整的评估系统之上，强调评估客观性。

(一)评估目标及其制定原则

业绩评估的目的不仅是为付给员工合理的劳动报酬提供依据，更重要的是发挥员工个人的能力和创造性，达到员工个人发展目标与企业发展目标的一致。因此，制定切实、可行的评估目标是绩效工资的基础，在评估目标确定中，要遵守以下原则：

(1)员工对评估目标一定要接受、认可，业绩评估目标一定要在上下级之间、主管与员工之间充分交流的基础上制定；

(2)业绩测量手段要可靠、公正和客观，评估后，要将目标业绩和实际业绩的差距及时反映给被评估者，达到及时沟通的目的；

(3)对非业绩优秀者，要帮助和督促被评估者制订完善计划，根据计划有针对性地进行培训，或提供改进的条件，达到鞭策后进的目的；

(4)对业绩优秀者，不仅要给予外在物质奖励，还应给予内在精神奖励(提供晋升和发展机会)，从内外两个方面激励优秀者为企业作出更大的贡献。

(二)业绩要素

业绩评估要选择一些有代表性的业绩要素，这些要素能全面、客观地反映被评估者的业绩，有利于对被评估者作出公正的评价。在业绩要素的选择上要注意几点：

(1)要和评估方式相结合；

(2)避免选择一些与工作关系不大，纯属个人特点和行为的要素；

(3)培养关注业绩评估的文化氛围，尽管业绩评估的结果与员工的收入或工资直接联系在一起，但业绩评估的作用不仅限于工资发放，最终目标是为了激励员工实现企业目标的积极性和创造性。

(三)评估方式

企业业绩评估的方法很多，但先进的评估方法一是体现规范化和程序化的特点；二是注重评估效果，突破为评估而评估、为报酬而评估的传统框架。可供借鉴的方法有：

(1)评估报告法。评估者以书面的形式对被评估者的业绩作出全面、客观、公正的评价。

(2)多人比较法。多人比较法不是针对某一员工的业绩进行评估，而是在多人之间进行比较，对不同业绩进行排名，根据名次，进行分配和奖励。常用的排名方式有个人排名、小组排名等。个人排名是将所有的被评估者从好到差排序，按照名次评定等级；小组排名是将被评估者按照业绩归类，各类别代表不同的业绩层次。

(3)自我评估法。自我评估法是一种比较民主的评估方法，这种方法比较强调业绩指标的量化，做法是评估主管部门首先设计一张表格，将各项自我评估指标列在表格上，包括出勤率、工作效率、工作质量、安全操作、合作精神以及责任感，等等；然后被评估者自己填写表格，评定分值；最后，评估主管者根据评估表与被评估者交换意见。自我评估方式易于上下级之间的交流和信息反馈，也节省了繁杂的评估所耗费的人力、物力和时间，缺点是需要对评估结果进行检查和再评定。

(四)实施条件

绩效工资的实施需要具备一些基本条件，包括：

(1)工资范围足够大，各档次之间拉开距离；

(2)业绩标准要制定得科学、客观，业绩衡量要公正有效，衡量结果应与工资结构挂钩；

(3)有浓厚的企业文化氛围支持业绩评估系统的实施和运作，使之起到奖励先进、约束落后的目的；

(4)将业绩评估过程与组织目标实施过程相结合，将工资体系运作纳入整个企业的生产和经营运作系统之中。

四、经营者年薪制

年薪又称年工资收入，是指以企业会计年度为时间单位计发的工资收入，主要用于公司经理、企业高级职员的收入发放，称为经营者年薪制。

(一)经营者年薪制的基本特点

作为一种特殊的企业薪酬制度，经营者年薪制有如下几个基本特点：

(1)以企业一个生产经营周期——年度为单位发放经营者的报酬，故称为年薪制。

(2)年薪制的核心是把企业经营者的劳动收入以年薪的形式发放，是对特殊性质的劳动力支出的一种回报形式，本质是一种企业经营活动。

(3)年薪制是一种风险工资制度，依靠激励和约束相互制衡的机制，把经营者的责任和利益、成果和所得紧密结合起来，以保护出资者的利益，促进企业的发展。

(二)经营者年薪制的实施需要良好的实施环境

(1)以现代企业制度为基本的运行条件。主要包括：企业所有权与经营权的分离，以保证经营者有独立的经营决策权；实行公开招聘、优胜劣汰制度，保证经营者的高素质；以契约形式确立经营者的责、权、利，通过一套科学、严密、完善的监督体系及内部管理机制制衡和规范经营者行为。

(2)有科学的外在评估机制。只有对企业资产和经营状况进行准确的评估，才能决定经营者的基薪和风险收入，这取决于两个条件：①全面反映企业经营状况的指标体系；②社会评价机构的介入。对企业经营状况的考核，必须全面反映企业资产的增值保值情况、企业盈利、偿还债务和企业成长的能力，以及技术改造的投入、新产品研究开发投入和人力资源状况。社会评估单位必须有强大的评估力量，能够公正、客观地评价企业经营状况和经营者的工作绩效。

(3)理顺经营者与出资者的关系，经营者与企业其他员工的关系；促进经营者职业化、市场化的运行机制；创造一个宽松的宏观经济环境和公平竞争的市场，使企业业绩能够与经营者的劳动付出和经营水平紧密联系在一起。

(三)年薪制适用范围

年薪制只适用于那些在企业中有实际经营权,并对企业经济效益负有主要职责的人员,例如董事长、经理等企业高级员工。

(四)年薪的构成

年薪由基薪和风险收入两部分构成。基薪的确定因素包括两部分,一部分是企业的经济效益,另一部分是企业经营规模、利税水平、职工人数、当地物价和本企业职工的平均工资水平等。风险收入以基薪为基础,由企业的经济效益情况、生产经营的责任轻重、风险程度等因素确定。风险收入部分视经营者的经营成果分档浮动发放,可能超过原定额,也可能是负数,从基薪或风险抵押金中扣除。两部分收入的发放方式不同,风险收入一般以日历年作为计发的时间单位,基薪采取分月预付,最后根据当年考核情况,年终统一结算,超出应得年薪而预支的部分退回。企业经营者的报酬一般由五部分构成:

(1)工资。工资为固定收入,基本职能是保证经营者个人及家庭的基本生活费用,工资并不是绝对不变的,根据经营者的工作年限、生活费用和工作表现等可作适当调整。

(2)奖金。奖金是对经营者短期经营业绩(1~2年)的奖励,为非固定收入部分,一般占总收入的25%。

(3)长期奖励。时间为3~5年,占收入的35%左右,通过股票期权的形式支付。

(4)福利。福利主要是为经营者提供休假和各种保险待遇等。

(5)津贴。津贴的主要支付方式是提供良好的办公和生活条件等。

【经营者年薪制案例】 ××公司高管人员年薪制管理办法

第一章 总 则

第一条 为建立健全有效的企业高管人员激励和约束机制,提高企业资产运营效益,促进企业生产经营发展和经济效益增长,实现企业资产的保值增值,制定本办法。

第二条 实行高管人员年薪制旨在建立起高管人员个人收入与企业经营成果直接挂钩考核、动态管理的收入分配机制,切实体现高管人员责任、风险和收益对等的原则。

第三条 本办法所指公司高管人员是总经理、副总经理、财务总监、董事会秘书、总工程师等人员。

第四条 实行高管人员年薪制的基本原则:

(一)坚持按劳分配和按生产要素分配相结合,高管人员年薪收入与其经营责任、经营风险、经营业绩和个人任职能力紧密挂钩;

(二)高管人员收入与本企业员工工资收入适当分离,实行不同的管理办法,建立利益制衡机制;

(三)正确处理高管人员基本年薪与效益年薪、近期收入与中长期收益的关系,防止短期行为,促进企业的长期稳定发展;

(四)高管人员的薪酬收入坚持"有奖有罚、奖罚对等";

(五)高管人员的薪酬收入的发放应先审计、考核,后兑现。

第五条 本办法所称的年度薪酬是指企业高管人员缴纳个人所得税前获得的所有收

入。实行年薪制后，企业高管人员除应按国家规定足额缴纳个人所得税外，还继续享有社会保险、交通通信补助、误餐补助、劳保福利费等正常员工福利，除此之外不得在公司获取其他工资和兼职收入，但政府给予的奖励和特殊津贴、稿费除外。

第二章　高管人员年薪构成及发放方式

第六条　高管人员实施年薪制。高管人员的年薪由基本年薪、效益年薪组成。

第七条　基本年薪：根据岗位职责差异，确定不同岗位人员的基本年薪，基本年薪为一定岗位的基本报酬，一般情况下不扣减。基本年薪设置具体如下：职位基本年薪（含税，万元）：总经理17.0，副总经理10.0，财务总监10.0，董事会秘书10.0、总工程师10.0。

任期内以后年度基本年薪由薪酬与考核委员会根据公司的经营状况和个人任职能力，在此基本年薪的基础上进行适当的调整。

第八条　效益年薪按公司当年经审计后净利润的一定比例计算，实施量化考核，按照每个岗位的年度工作计划完成情况计分考核。效益年薪及考核标准由公司总经理提出预案，经公司薪酬与考核委员会审核后确认。

第九条　考核组织与年薪发放。

（一）考核工作由董事会薪酬委员会组织实施。

（二）基本年薪按月支付全年基薪标准的1/12。

（三）效益年薪在扣除各种应扣款项后在年度考核结束后当期一次性发放70%，剩余30%待任期满或任职变动时根据任期审计情况发放。具体发放根据任期审计情况由董事会确定。

第三章　高管人员年薪的管理

第十条　公司董事会（以下简称董事会）是企业高管人员年度薪酬的管理、决策和最终裁决机构，行使以下职权：

（一）修订本企业高管人员年薪管理办法；

（二）决定企业高管人员年薪的兑现方案；

（三）决定对高管人员的特殊奖励。

第十一条　董事会下设薪酬与考核委员会，具体负责实施企业年薪制的管理工作。

第十二条　薪酬与考核委员会行使以下职权：

（一）具体负责组织实施企业高管人员的年度考核工作及年度薪酬计算；

（二）检查监督年度及任期内薪酬管理办法的执行情况，并定期向董事会报告；

（三）负责对本办法作出解释；

（四）董事会授予的其他职权。

第四章　终止服务的处理

第十三条　企业高管人员由于正常工作调动、退休、病休或丧失行为能力而提前离任的，根据审计结果，其名下的效益年薪经审计后可提前支取。

第十四条　企业高管人员在任期内个人主动辞职或由于经营不善、出现违法违纪行为等原因被解聘，其所持有的尚未执行的效益年薪全部失效。

第十五条 政府以奖金形式对企业高管人员突出贡献而给予的特别奖励，不在本办法规定的年薪范围之内。

第十六条 按合同形式签订报酬的高管人员的工资收入按合同执行。公司董事会成员及监事会成员的工资收入由董事会提出方案，经股东大会讨论决定。

第五章　公司高管人员效益年薪考核指标及方法

效益年薪按公司当年经审计后净利润的一定比例计算，实施量化考核，按照每个岗位的年度工作计划完成情况计分考核，实行百分制。

（一）总经理

(1)利润总额：根据董事会批准的年度经营计划（指当期利润，本年度处理以前年度损失，视同利润实现，下同），每增减1%，相应增减2分。

(2)销售收入：根据董事会批准的年度经营计划，每增减1%，相应增减1分。

(3)净资产收益率：根据董事会批准的年度计划计算出本年度的净资产收益率，每增减1%，相应增减10分。

(4)资产负债率：根据董事会批准的年度经营计划，每增减1%，相应增减5分。

(5)安全管理：每发生一起人身死亡事故扣10分；每发生一起重大机械设备事故、重大火灾事故、重大环境污染事故扣5分；全年未发生一般性以上事故加10分。

(6)综合指标：公司综合治理达标，不达标扣减5分；廉政建设年度内每发生一起违反党纪、政纪行为，被相关部门给予处罚的扣5分。年度内未发生问题的加5分。

（二）经营副总经理

(1)综合单位成本：根据公司年度成本计划，按各产品加权平均计算，每降低1%加3分，每提高1%扣3分。

(2)安全管理：每发生一起人身死亡事故扣5分；每发生一起重大机械设备事故、重大火灾事故、重大环境污染事故扣3分；全年未发生一般性以上事故加5分。

(3)工资总额：工资总额与全员劳动生产率结合起来考核，根据年度计划工资总额，全员劳动生产率与工资总额的增长幅度同步。工资总额的增长幅度高于劳动生产率增长幅度，每增加1%扣1分，工资总额的增长幅度低于劳动生产率幅度，每降低1%加1分。社会保障金的管理每出现一次差错扣0.5分。

(4)内部管理制度：内部管理制度覆盖公司整个层面，因管理制度不完善或者不健全引发有关问题，影响到正常的经营生产秩序时，根据影响程度，酌情扣减2~5分。

(5)规范管理：因管理制度没有执行到位造成经济损失的，每造成5 000元的损失扣0.5分；无法计算直接经济损失的，酌情扣减2~5分。

(6)销售收入：根据批准的公司年度计划，每增减1%，相应增减0.5分；利润总额：根据批准的公司年度计划，每增减1%，相应增减2分。

(7)综合指标：公司综合治理达标，不达标扣3分；廉政建设年度内每发生一起违反党纪、政纪行为，被相关部门给予处罚的扣3分。年度内未发生任何问题的加3分。

(8)完成总经理安排的其他事项：未按规定的时间完成交办的事项，每发生一次扣1分。

（三）生产技术副总经理

(1)产值：根据公司年度产值计划，每增减1%，相应增减1分。

(2)综合单位物料消耗：根据公司年度单位物料消耗计划，按单位物料消耗加权平均成本计算，每降低1%加3分，每提高1%减3分。

(3)质量：因质量问题引起索赔的，每造成5 000元损失扣1分。

(4)安全管理：年度内每发生一起特大事故扣10分；每发生一起人身死亡事故、重大机械设备事故、重大火灾事故、重大环境污染事故扣5分；一般事故每造成5 000元损失扣0.5分；全年未发生任何事故加10分。

(5)生产管理：因生产指挥调度不当造成经济损失的，每造成5 000元损失扣1分。

(6)综合指标：公司综合治理达标，不达标扣3分；廉政建设年度内每发生一起违反党纪、政纪行为，被相关部门给予处罚的扣3分。年度内未发生任何问题的加3分。

(7)完成总经理安排的其他事项：未按规定的时间完成交办的事项，每发生一次扣1分。

(四)行政副总经理

(1)安全管理：每发生一起人身死亡事故扣3分；每发生一起重大机械设备事故、重大火灾事故、重大环境污染事故扣2分；全年未发生一般性以上事故加3分。

(2)人力资源管理：新招收员工考核合格率达95%以上，每降低1%扣1分，在岗员工年轮换培训率达30%以上，每降低1%扣0.5分。

(3)行政管理：以公司年度管理费用(办公用品、招待、车辆、通信类)计划为依据，每减低1%加1分，每增加1%减1分；发生交通事故每造成2 000元损失扣减0.5分，全年未发生交通事故加2分；报出文件每出现1处差错扣0.2分，内部行文每出现1处差错扣0.1分；因严重差错造成误导，给公司带来不良影响的，每发生1起扣1分。

(4)综合治理：每发生1起违规违纪行为被相关部门给予处罚的扣1分，每发生1起违法行为被相关部门给予处罚的扣1.5分，每发生1起犯罪案件扣2分。职工普法教育合格率达到85%，每降低10%扣1分。廉政建设年度内每发生一起违反党纪、政纪行为，被相关部门给予处罚的扣5分。年度内未发生任何问题的加5分。

(5)法律事务：根据公司债权债务诉讼情况，起诉案件胜诉率60%以上，结案率100%，每降低10%扣1分，每提高10%加1分；应诉案件胜诉率30%以上，每降低10%扣1分，每提高10%加1分(按诉讼标的综合计算)。

(6)效能监察：根据公司制定的效能监察目标，完成率达100%，每降低10%扣1分。公司发生严重违章违纪事件而没有发现并及时处理，每发生一起扣1分；效能监察显著，得到管理层认同加2分。

(7)文化建设：根据公司制定的年度企业文化目标，完成率达100%，每降低10%扣1分。

(8)完成总经理安排的其他事项：未按规定的时间完成交办的事项，每发生一次扣1分。

(五)财务总监

(1)利润总额：根据董事会批准的年度经营计划，每增减1%，相应增减2分。

(2)财务费用：根据公司年度财务费用计划，每降低1%加2分，每提高1%减2分。

(3)管理费用：根据公司年度管理费用计划，每降低1%加1分，每增加1%减1分。

(4)资产负债率：根据董事会批准的年度经营计划，每增减1%，相应增减10分。

(5)资金管理:合理调配资金,防范资金风险,因管理原因导致相关(财务对应的部门)部门处罚的(包括但不限于缴纳罚款、罚息、滞纳金等非正常支出),每造成5 000元损失扣0.5分。

(6)财务制度:因财务内部控制机制的原因,导致直接经济损失的,每造成5 000元损失扣0.5分;定期报告和临时报告中因财务数据不准确或者不衔接造成补充披露的扣1分。

(7)资金回收率:资金回收率98%,每降低1%扣3分,每上升1%加3分,上年结转回收率100%,每降低1%扣3分。

(8)安全管理:每发生一起人身死亡事故扣3分;每发生一起重大机械设备事故、重大火灾事故、重大环境污染事故扣2分;全年未发生一般性以上事故加3分。

(9)综合指标:公司综合治理达标,不达标扣3分;廉政建设年度内每发生一起违反党纪、政纪行为,被相关部门给予处罚的扣3分。年度内未发生任何问题的加3分。

(10)完成总经理安排的其他事项:未按规定的时间完成交办的事项,每发生一次扣1分。

五、风险抵押金制度

(一)风险抵押的内涵和作用

风险抵押承包是企业经营者和承包主体均缴纳一定数额的风险抵押金,以承担企业在承包期内的经济责任(或部分经营风险)的一种经营承包形式。

风险抵押承包强化了风险机制,对进一步完善承包经营责任制有重要作用,有利于增强承包主体的经营意识和对企业资产的关切度。同时,风险抵押承包增强了企业自我约束机制,有利于克服企业行为的短期化,有利于实行企业自主经营、自负盈亏。

(二)风险抵押金数额的确定及抵押方式

风险抵押金数额的大小是能否变风险压力为扭亏增盈动力的关键,需要科学规范化和量化。

1. 风险基金总额的确定

企业风险基金总额由两部分组成,一部分是企业的自有资金;另一部分是承包主体或对象缴纳现金形成的风险抵押金。也可以只有承包主体或对象缴纳现金形成的风险抵押金。

风险基金总额的计算公式为:

$$风险基金总额 = 承包基数 \times 风险系数$$

承包基数是承包合同标的中的利润指标或固定资产增值指标。

风险系数是表示企业风险程度的参数,取值范围在0~1。一般来说,承包基数偏高,经营风险较大的企业,风险系数可取大些,反之则小些。

2. 个人应缴抵押金额的确定

个人应缴抵押金额确定主要有档次法和系数法。

档次法就是企业根据各类人员的责、权、利与承担风险大小分档次直接确定其个人缴纳的抵押金额。

系数法是根据各类人员的个人责任系数确定个人应缴纳抵押金的方法。

3. 抵押方式

风险抵押金的抵押,可以采取岗位抵押与单位抵押、动态抵押与静态抵押等多种形式。

岗位抵押与单位抵押是把风险、责任、承包指标分解落实到各管理层次、岗位，将员工工资奖金收入和抵押金同承包指标任务的完成情况挂钩。静态抵押是按个人应缴纳的抵押金额用现金一次抵押，不提倡以财产实物作抵押。

动态抵押以抵押对象每月（季）以部分工资和奖金，按承包合同月份（季度）考核指标完成情况进行浮动。

（三）风险抵押金的使用与管理

1. 风险抵押金的使用

风险抵押金的使用有两种方式。一是将个人缴纳的个人风险抵押金备抵，企业不能挪作他用。这种做法担保作用强，对企业资产增值作用差。二是风险抵押金用做企业流动资金使用，可以减少流动资金银行贷款或增加企业运营资金，但需要补亏时难以及时自补。

2. 风险抵押金的管理

风险抵押金应专户立账专门管理，加强风险抵押金手续管理，建立风险抵押金交纳、变更、退还、兑现台账。抵押金的抵押期应与承包期一致，承包期满不退还本人，可将其转入下一承包期的抵押金。

（四）风险抵押金的兑现

按照风险与利益对应的原则，在完成或超额完成承包基数时，个人风险金予以兑现，未完成承包指标可按比例适当抵减风险金。

风险抵押金兑现分配办法按以下公式计算：

$$\frac{\text{风险抵押金兑现金额}}{\text{风险抵押金总额}} \times \text{个人交纳风险抵押金金额} = \text{个人应兑现金额}$$

【风险抵押金制度案例】 ××建筑安装公司风险抵押金和目标责任承包奖励管理办法

为促进公司生产经营工作，规范风险抵押金管理和目标责任承包奖励，特制定本办法。

一、风险抵押金交纳范围与对象（略）

二、目标责任承包奖励范围与对象（略）

三、风险抵押金交纳标准

（1）公司机关。风险抵押金按基数乘以系数标准交纳，具体交纳系数见《风险抵押金交纳范围、系数表》。××××年的交纳基数暂定为××元，以后公司根据生产经营情况对基数进行调整。

（2）司属各生产单位。司属各生产单位按照人数乘以个人交纳风险抵押金标准确定本单位集体风险抵押金数额。参加风险抵押人员交纳基数与公司机关相同，交纳系数见《风险抵押金交纳范围、系数表》。

（3）后方单位。实业分公司及其所属职工医院、技工学校等单位的公司中层副职以上领导，按照所在单位与公司签订的年度《经济责任承包合同》确定个人应交纳风险抵押金数额。

四、风险抵押金交纳程序

（1）基层单位以及项目部的风险抵押金由工程部门自《经济责任承包合同》签订之日起3日内，向公司人力资源管理部门出具已签订通知书。各基层单位人力资源管理部门自《经济责任承包合同》签订之日起5日内，指定专人将参与风险抵押人员应交纳的风险抵押金数额报送公司人力资源管理部门。公司人力资源管理部门审核后向基层单位人力资源管理部门下达《交纳风险抵押金通知书》。

(2)公司机关相关人员的《交纳风险抵押金通知书》由公司人力资源管理部门根据本办法规定下达。

(3)风险抵押人接通知书后应于规定时间内持通知书到公司财务部交纳风险抵押金，同时将财务收据复印件由所在单位(项目部)人力资源管理部门送交公司人力资源管理部门存查，作为风险抵押金兑现的依据。

五、风险抵押金的变更

(1)风险抵押人职务(职称)发生变动，所在单位(项目部)人力资源管理部门应于5日内将风险抵押人需要补差或退还超额部分金额报送公司人力资源管理部门。公司人力资源管理部门审核后，于5日内向其所在单位人力资源管理部门下达《风险抵押金交纳变更通知书》。风险抵押人接到通知书后应于规定时间内持通知书到公司财务部办理风险抵押金变更手续，同时将财务收据复印件由所在单位(项目部)人力资源部门送交公司人力资源管理部门存查，作为风险抵押金兑现的依据。

(2)项目工程施工决算资料上报完毕、工程各类资料交公司归档后，由工程部门于5日内书面通知人力资源管理部门，风险抵押人持《退还(转移)风险抵押金通知书》无息返还其风险抵押金本金或将风险抵押金本金转移至新的工程项目继续参与风险抵押。

六、风险抵押金和目标责任承包奖励兑现

(一)风险抵押金和目标责任承包奖励的兑现原则

(1)风险抵押金和目标责任承包奖励兑现由集团公司统一审批。

(2)兼任多个职务的，按“就高不就低”原则，只能在一个单位或项目兑现一次，不得重复兑现。

(3)风险抵押金或目标责任承包奖励兑现时如因退休、病故、调离、免职等情况已不在原工作岗位工作时，不再参与当年风险抵押金和目标责任承包奖励兑现。

(4)中途离岗不履行职务的，不参与当年风险抵押金和目标责任承包奖励的兑现。

(5)风险抵押人所交风险抵押金高于规定标准的，按规定标准兑现奖励；低于规定标准的，按实际所交金额兑现奖励；不交不兑现奖励，但在出现受罚情况时，均按规定标准进行罚款。

(二)风险抵押金兑现和目标责任承包奖励分配办法

(1)风险抵押金兑现分配办法按以下公式计算：

$$\frac{\text{风险抵押金兑现金额}}{\text{风险抵押金总额}} \times \text{个人交纳风险抵押金金额} = \text{个人应兑现金额}$$

(2)目标责任承包奖励兑现分配办法：

集团公司根据《生产单位目标承包责任书》的有关条款对分公司班子考核兑现，兑现分配的比例根据班子成员分工的不同，完成任务的情况，由集团公司考核委员会考核后确定。

项目部的兑现分配由项目经理提出分配意见，由分公司审核后，报集团公司考核委员会批准后发放。

（三）风险抵押金和目标责任承包奖励兑现标准的确定

基层各有关单位以及工程项目风险抵押金兑现标准由公司考核委员会考核后确定兑现标准，报主管经理审核后，由集团公司审批。

各生产单位的目标责任承包奖励及工程项目目标责任承包奖励由集团公司考核委员会依据《生产单位目标承包责任书》和《工程项目管理目标责任书》会同有关部门考核后确定兑现标准，报主管经理审核后，由集团公司审批。

（四）风险抵押金和目标责任承包奖励的兑现程序（略）

七、其他

（1）风险抵押金必须由风险抵押人以现金形式交纳。不准以银行存折、有价证券等代替现金交纳，更不准动用公款。

（2）公司财务部要设立风险抵押金专户，对风险抵押金进行专户专储，不得挪作他用。

风险抵押金交纳范围、系数表如表9-23所示。

表9-23　风险抵押金交纳范围、系数表

序号	抵押范围及职位	抵押性质	风险抵押金交纳系数	备注
一	公司机关			
1	公司正职	年度指标	10	
2	公司副职	年度指标	8	
3	副总师	年度指标	6	
4	中层正职	年度指标	5	
5	中层副职	年度指标	4	
6	高工	年度指标	4	
7	工程师	年度指标	3	
二	生产单位			
1	正职	年度指标	8	
2	书记	年度指标	6	
3	副职	年度指标	5	
4	科级	年度指标	3	
5	高工	年度指标	4	
6	工程师	年度指标	3	
三	项目部	项目指标		按照承包合同规定
四	后方单位	年度指标		按照承包合同规定

第六节　特殊情况下的工资支付

所谓特殊情况下的工资支付，是指在非正常情况下，对工资支付的法律规定。工资支付的正常情况，是指企业员工在正常工作时间内履行劳动义务而被支付的工资，其他情况，则为非正常情况下的工资支付。正常支付与非正常支付，以法律、法规和集体合同为依据。按照我国的劳动法规，在下列特殊情况下，企业和雇主需要按照有关法律、法规和集体合同规定支付员工的工资：

(1)劳动者在法定工作时间内依法参加社会活动，企业应视同参加正常劳动而支付工资。社会活动包括：行使选举权；当选代表，出席政府、党派、工会、妇联等组织召开的一定级别的会议。

(2)法定休息日和节假日、探亲假、婚假、丧假期间，企业和用人单位应按规定标准支付工资。

(3)非员工个人原因造成的停工、停产，在一个工资支付周期内，应按合同规定的标准支付工资；超过一个工资支付周期的，若员工提供了正常劳动，则支付的劳动报酬不得低于当地最低工资标准；若员工未提供正常劳动，应按有关法律、法规办理。

(4)员工正常性工作调动、脱产学习、错判在押、服刑期间，企业或用人单位应按有关法律、法规支付工资。

(5)员工公派出国进修和学习期间，其国内工资按国家规定的标准支付。

一、加班工资

根据《劳动法》第四十四条的规定，用人单位应当按照下列标准支付高于劳动者正常工作时间工资的工资报酬：

(1)安排劳动者延长工作时间的，支付不低于工资的150%的工资报酬；

(2)休息日安排劳动者工作又不能安排补休的，支付不低于工资的200%的工资报酬；

(3)法定休假日安排劳动者工作的，支付不低于工资的300%的工资报酬。

根据劳动和社会保障部公布《关于职工全年月平均工作时间和工资折算问题的通知》(劳社部发〔2008〕3号)的规定。

(一)工作时间应按以下标准计算

(1)年工作日：　365天－104天(休息日)－11天(法定节假日)＝250天

(2)季工作日：　250天÷4季＝62.5天/季

(3)月工作日：　250天÷12月＝20.83天/月

(4)工作小时数的计算：以月、季、年的工作日乘以每日的8小时。

(二)日工资、小时工资按以下标准折算

按照《劳动法》第五十一条的规定，法定节假日用人单位应当依法支付工资，即折算日工资、小时工资时不剔除国家规定的11天法定节假日。据此，日工资、小时工资的折算为：

(1)日工资：　月工资收入÷月计薪天数

(2)小时工资：　月工资收入÷(月计薪天数×8小时)

(3)月计薪天数：　(365天－104天)÷12月＝21.75天

二、带薪年休假

根据《职工带薪年休假条例》第二条的规定，机关、团体、企业、事业单位、民办非企业单位、有雇工的个体工商户等单位的职工连续工作1年以上的，享受带薪年休假（简称年休假）。职工在年休假期间享受与正常工作期间相同的工资收入。

根据《职工带薪年休假条例》第五条的规定，单位根据生产、工作的具体情况，并考虑职工本人意愿，统筹安排职工年休假。年休假在1个年度内可以集中安排，也可以分段安排，一般不跨年度安排。单位因生产、工作特点确有必要跨年度安排职工年休假的，可以跨1个年度安排。

根据《职工带薪年休假条例》第五条的规定，单位确因工作需要不能安排职工休年休假的，经职工本人同意，可以不安排职工休年休假。对职工应休未休的年休假天数，单位应当按照该职工日工资收入的300%支付年休假工资报酬。

三、婚丧假工资

1980年2月20日国家劳动总局、财政部发布的《关于国营企业职工请婚丧假和路程假问题的通知》规定如下：

（1）职工本人结婚或职工的直系亲属（父母、配偶和子女）死亡时，可以根据具体情况，由本单位行政领导批准，酌情给予一至三天的婚丧假。双方晚婚的，婚假延长到15日。

（2）职工结婚时双方不在一地工作的；职工在外地的直系亲属死亡时需要职工本人去外地料理丧事的，都可以根据路程远近，另给予路程假。

（3）在批准的婚丧假和路程假期间，职工的工资照发。途中的车船费等，全部由职工自理。

四、产假津贴

根据《女职工劳动保护规定》第八条的规定，女职工产假为90天，其中产前休假15天。难产的，增加产假15天。多胞胎生育的，每多生育一个婴儿，增加产假15天。女职工怀孕流产的，其所在单位应当根据医务部门的证明，给予一定时间的产假。

根据《劳动部关于女职工生育待遇若干问题的通知》第一条的规定，女职工怀孕不满四个月流产时，应当根据医务部门的意见，给予15天至30天的产假；怀孕满四个月以上流产时，给予42天产假。

产假期间，实行生育津贴，以女工生育（流产）时当月本单位人均缴费工资为标准，按规定天数计发。

五、探亲假

根据《国务院关于职工探亲待遇的规定》第二条的规定，凡在国家机关、人民团体和全民所有制企业，事业单位工作满一年的固定职工，与配偶不住在一起，又不能在公休假日团聚的，可以享受本规定探望配偶的待遇；与父亲、母亲都不住在一起，又不能在公休假日团聚的，可以享受本规定探望父母待遇。但是，职工与父亲或与母亲一方能够在公休假日团聚的，不能享受本规定探望父母的待遇。

根据《国务院关于职工探亲待遇的规定》第三条的规定,职工探亲假期限为:

(1)职工探望配偶的,每年给予一方探亲假一次,假期为30天。

(2)未婚职工探望父母,原则上每年给假一次,假期为20天,如果因为工作需要,本单位当年不能给予假期,或者职工自愿两年探亲一次,可以两年给假一次,假期为45天。

(3)已婚职工探望父母的,每4年给假一次,假期为20天。

探亲假期是指职工与配偶、父、母团聚的时间,另外,根据实际需要给予路程假。上述假期均包括公休假日和法定节日在内。

根据《国务院关于职工探亲待遇的规定》第四条的规定,凡实行休假制度的职工(例如学校的教职工)应该在休假期间探亲;如果休假期较短,可由本单位适当安排,补足其探亲假的天数。

根据《国务院关于职工探亲待遇的规定》第五条的规定,职工在规定的探亲假期和路程假期内,按照本人的标准工资发给工资。

根据《国务院关于职工探亲待遇的规定》第六条的规定,职工探望配偶和未婚职工探望父母的往返路费,由所在单位负担。已婚职工探望父母的往返路费,在本人月标准工资30%以内的,由本人自理,超过部分由所在单位负担。

六、试用期工资

根据《劳动合同法》第二十条的规定,劳动者在试用期的工资不得低于本单位相同岗位最低档工资或者劳动合同约定工资的80%,并不得低于用人单位所在地的最低工资标准。

七、医疗期工资

根据《企业职工患病或非因工负伤医疗期规定》(劳部发〔1994〕479号)第二条的规定,医疗期是指企业职工因患病或非因工负伤停止工作治病休息不得解除劳动合同的时限。

根据《企业职工患病或非因工负伤医疗期规定》第三条的规定,企业职工因患病或非因工负伤,需要停止工作医疗时,根据本人实际参加工作年限和在本单位工作年限,给予3个月到24个月的医疗期。

医疗期工资,根据《关于执行〈中华人民共和国劳动法〉若干问题的意见》第五十九条的规定,职工患病或非因工负伤治疗期间,在规定的医疗期内由企业按有关规定支付其病假工资或疾病救济费,病假工资或疾病救济费可以低于当地最低工资标准支付,但不能低于最低工资标准的80%。

第十章　专业技术人员职称管理

职称制度是我国人事管理制度的重要组成部分,职称管理是企业人力资源管理部门的基本职能之一,也是企业专业技术人才社会化评价的一个重要方面。职称管理工作政策性强、牵涉面广,直接关系到广大专业技术人员的切身利益,关系到能否调动和保护专业技术人员的积极性,对实施科教兴企战略具有特殊的重要作用。

第一节　我国现行的职称制度

一、职称的内涵

职称,国际上通常的定义是:“区别专业技术或学术学识水平与工作能力的等级称号”。它是科学、技术领域中对专业技术人员授予的“衔”,是专业技术人员在专业技术活动中的地位的标志,是专业技术人员的工作成就、业务能力与技术水平或学识、智慧、才能的综合反映。

在我国,由于实践职称制度经历了一个漫长、复杂、曲折的过程,而且在相当长的时期内,缺乏切实可行的法规、条例,各行业、各专业之间缺乏统一标准因而导致同在“职称”这一概念之下,先后实行过专业技术职务制和“学衔”、“称号”制,甚至在同一时期,有的专业实行职务制,有的专业实行“称号”制。这样就使“职称”这个概念的内涵十分广泛,包括了职务、职位、学衔、称号、资格等多种含义。直到1986年,我国统一实行了专业技术职务聘任制,不再实行“职称”制。但由于人们习惯“职称”这个词,“职称”便沿袭下来,但其实质意义已发生变化,现在通常所讲的“职称”主要是指专业技术职务聘任制。专业技术人员执业资格制度是职称制度改革的深化和延伸。

职称有如下属性:

(1)专业属性。职称是从专业的角度反映人们从事各种专业技术活动的学识、才能、智慧,即不同等级的职称反映不同专业技术、学识业务的规范。

(2)尺度作用的规范性。职称一方面是衡量专业技术、学识业务的尺子,另一方面它不受地理空间与学科、专业及部门隶属关系局限。作为一种职称的统一等级,在各个地区、各个部门、各个专业及学科都具有同等的水准。一种职称的建立是在所对应的学科或专业发展之后,并在极大程度上限于有较深度的知识领域和从事复杂的、有创造性的脑力劳动者的范围中。

二、专业技术职务聘任制的基本内容

专业技术职务是根据实际工作需要设置的有明确职责、任职条件和任期,并需要具备专门的业务知识和技术水平才能担负的工作岗位。它不同于一次获得后而终身拥有的学位、学衔等各种学术、技术称号。

建立专业技术职务聘任制度,应当根据实际需要设置专业技术工作岗位,规定明确的职责和任职条件;在定编定员的基础上,确定高、中、初级专业技术职务的合理结构比例;由行政领导在经过评审委员会评定的、符合相应条件的专业技术人员中聘任;有一定的任期,在任职期间领取专业技术职务工资。

三、专业技术职务聘任制的主要特点

(1)评聘分开。这实际上是指专业技术人员的专业技术资格评定与专业技术职务聘任相分开,其工资福利待遇按所聘任的职务(岗位)来确定。评聘分开后,单位可以根据岗位需要,可高职低聘,也可低职高聘,有技术资格而未受聘相应职务的人员不享受有关工资待遇,但仍可以使用该专业技术资格参加有关竞聘专业技术职务和技术、学术交流等活动。这种评与聘分开的方式,导致资格和职务的分离,这能从根本上克服论资排辈、能上不能下的弊端,有利于打破专业技术职务终身制。这样一来,资格实行社会化评价,聘任也不把资格看成唯一条件,还得看真才实学、平时业绩、水平和能力。

(2)按需设岗。

(3)要求专业技术人员须具备任职条件和履行岗位职责。

(4)先由专家评审任职条件或参加全国专业技术资格考试,再由行政领导聘任。

(5)实行任期职务制,不搞终身制。

(6)不搞通用制,只在本单位有效。

(7)聘期要考核,能上能下。

四、我国现行专业技术职务体系

(1)以等级划分,分为"三个等级五个档次"。

高级:正高级、副高级;

中级;

初级:助理级、员级。

(2)以专业属性划分,现行有 29 个系列,涵盖了工科、农科、林科、医科、师范、文科、理科、财经、政法、体育、艺术和党政管理 12 个大类学科 700 多个专业,形成了一个庞大、面广、复杂的体系。

五、企业专业技术职务评(考)聘范围

(1)适用于在专业技术工作岗位上工作的专业技术人员。

(2)对已达到离退休年龄的人员和返聘人员不再评聘专业技术职务。

(3)已调任领导或管理岗位,保证不了 1/3 以上工作时间、精力从事专业技术工作者,不再评聘专业技术职务。

六、实行专业技术职务聘任制的意义

(一)有利于建立充满生机的专业技术人员管理制度

专业技术职务聘任制的核心内容是"评聘分离、按需设岗、按岗聘任",并在职务聘任过程中引入了竞争机制,优胜劣汰。这项制度的全面推行和有效实施从根本上打破了在专业

技术职务上实际存在着的终身制，有利于建立一个职务能上能下、待遇能高能低、人员能进能出的充满生机与活力的用人制度。

（二）有利于加强专业技术队伍建设

职称是激励人才的重要手段，职称工作通过对专业技术人员专业技能、学术研究水平及业绩的考核评价和专业技术职务评聘，激励专业技术人员创新进取，促进人才成长，对提高他们的社会、政治地位，对留住人才、吸引人才，激发专业技术人员的积极性、创造性发挥了积极的作用。

（三）有利于优秀人才脱颖而出

专业技术职务聘任制的不断完善，拓展了人才评价内涵，从过去重学历、重资历逐步向重能力、重业绩转变，打破了职务评聘过程中的论资排辈和少数高职称者固步自封、不求上进、不讲奉献的现象，改善了专业技术人员知识结构；以评审和考试相结合的人才评价体系已经运作起来，为选拔优秀中青年人才创造了环境。

第二节　职称管理的基本业务

自1986年职称改革以来，尤其是1991年转入正常化后，在国家颁布的一整套的法律、法规的指导下，我国职称管理工作逐步形成了一个比较成熟、比较规范的制度化的工作体系，形成了一支上下衔接、平衡协调的职称管理专业队伍。总的来讲，职称管理已进入了规范化、法制化的轨道。

职称管理的全过程大体上可分为6个工作环节，即专业技术岗位管理、专业技术任职资格条件管理、专业技术资格评审管理、专业技术资格考试管理、专业技术职务聘任管理、专业技术人员考核管理。

在上述6个环节中，岗位管理、聘任管理、考核管理由用人单位自主进行管理，人事部门和有关专业主管部门依法进行政策贯彻、业务指导和监督实施；任职资格条件管理、评审管理、考试管理以人事职改部门为主组织实施。下面将各项管理业务分述如下。

一、专业技术岗位管理

（一）岗位设置的原则

设岗的原则是以事定岗、因事设职，以工作任务、业务职责的要求确定专业技术职务岗位。应按以下几个基本原则进行岗位设置。

（1）最低岗位原则：设较低层次的岗位，聘任较低职务的人员就可满足工作需要的，决不设较高的岗位。

（2）最少岗位原则：设少量岗位就可满足工作需要的，决不多设岗位。

（3）最适系列原则：设岗必须在国家规定的专业技术职务系列范围内，选择工作性质最适合的系列和专业，工作性质交叉的应认真分析，选择主体工作所在系列。

（4）最高层次原则：单位的主系列和一些辅助系列设岗最高不得超过的职务层次。比如一些科研型企业的医务室或财务部门不设高级职务岗位。

（5）最优结构原则：根据单位特点保持最合理、最优化的职务（岗位）结构比例。一般单位高级、中级、初级各级岗位应呈金字塔形结构。

(6)最佳组合原则:应使设置的岗位之间,职责任务协调、配合、有序,能够发挥出最佳的整体效益。不得交叉设岗和重复设岗。

(7)最多限额原则:要按规定的职务结构比例或职数设岗,最多不得突破上级确定的职务比例或职数。

(二)岗位设置的依据

(1)工作任务和实际需要;

(2)工作性质和特点;

(3)专业技术难易程度和对专业知识的需求层次;

(4)单位的规模和技术力量;

(5)编制和工资总额。

(三)岗位设置的方法和步骤

用人单位应在分解具体专业技术工作任务的基础上,运用职位分类等原理,科学合理地设置专业技术职务岗位。主要步骤如下:

(1)依据单位的编制、规模、技术力量、工资总额以及工作任务和实际需要等对单位的业务工作任务进行调查分析,再进行分解、分类、归并,以一个专业人员满负荷工作为单元划分岗位任务范围,确定岗位设置数量。

岗位调查的内容是:工作任务、工作性质、技术复杂性、工作依据、所需知能、职权范围、所受监督指导、所予监督指导、工作效果的影响、单位的规模、技术力量、编制和工资总额等。

(2)根据每个岗位的工作性质、难易繁简程度、责任轻重,特别是所需资格条件,确定专业技术职务系列、等级和档次。

(3)制定岗位工作规范或职责、任务书等,以书面形式明确岗位职责、任务、工作目标及工作考核标准。

(4)检查上岗人员在岗位上履行职责情况,对不恰当的岗位设置或岗位职责进行适当调整。

(5)根据单位任务增减,在单位、国家财力及消费基金可以承受的条件下,对岗位进行增减微调。

对某些不稳定或不易固定的岗位,可按工作任务、内容、工作量、技术复杂程度及完成期限等要求相应确定,并根据变化情况及时调整,重新设置。

(四)岗位设置的内容

岗位设置的内容应全面反映在岗位说明书中,主要包括:

(1)岗位名称;

(2)职务档次;

(3)岗位编号;

(4)职责任务;

(5)工作标准;

(6)所需资格条件。

(五)有关问题

(1)专业技术岗位的设置,原则上设到科、室。对于规模较小的单位以及辅助系列岗位,可以整个单位或所有辅助系列为基础,统筹考虑,科学、合理设置。

(2)单位在设置专业技术岗位时要有长远考虑,留有余地。要采取固定岗位与流动岗位相结合的办法,在保证专业发展基本需要的前提下,留出一定的岗位用于重点专业(学科)建设和招聘、吸引优秀人才。

(3)专业技术岗位实行结构比例控制和最高职务档次控制。单位主系列的岗位职数不得低于总岗位数的80%。辅助系列一般不设正高级岗位。

(4)单列专业技术职务岗位问题。单列专业技术岗位,是为符合条件的专业技术人员设置的一种动态岗位。单列岗位自批准之日起一定期限(一般为5年)内可不占单位岗位基数,期满后纳入单位岗位基数。专业技术人员因各种原因脱离该岗位时,其岗位自行取消。经批准使用单列岗位的人员,在本岗位上根据需要可连续聘任,晋升高一级职务时,要占用本单位的岗位职数。

二、专业技术任职资格条件管理

(一)任职条件的制定

专业技术任职资格条件由省辖市以上政府人事(职改)部门负责制定。其中,中、高级专业技术任职资格条件由省以上政府人事(职改)部门负责制定。

1. 基本条件

(1)热爱祖国,遵守宪法和法律,积极为国家建设贡献自己的力量。

(2)具备履行相应职责的实际工作能力和业务知识。

(3)担任高级、中级、初级专业技术职务一般应相应具备大学本科、大专、中专毕业的学历。各专业技术职务系列可以根据各自的特点,提出各级职务的不同学历要求。

虽然不具备上述规定学历,但确有真才实学、成绩显著、贡献突出、符合任职条件的专业技术人员,也可以根据需要聘任相应的专业技术职务。

(4)身体健康,能坚持正常工作。

2. 具体条件

1986年实行职称改革后,原中央职称改革领导小组颁发的各专业系列职务试行条例以及后来各地在此基础上陆续制定(有的已经进行多次修订)的各专业系列专业技术职务任职资格申报、评审条件对任职资格条件都有明确规定,并且条件也不尽相同,但具体条件大致都有以下几条:

(1)申报条件:①政治条件;②学历、资历条件;③外语条件;④年度考核及任期考核情况;⑤身体条件。

(2)评审条件:①理论水平;②实践经验;③业绩条件。

(二)任职条件的掌握

各专业系列对任职资格条件有明确规定,并且条件都不尽相同,但现实情况很复杂,处理这些复杂情况,要求职称工作者必须熟悉掌握任职条件,主要是学历、资历、外语三项条件的掌握。

1. 学历条件的掌握

(1)坚持既重学历又不唯学历的原则。申报晋升专业技术职务一般应具备申报条件规定的学历要求。对不具备学历条件,但确有真才实学、业绩显著、贡献突出的人员,可申请办理破格晋升评审。

(2)后学历问题。后取得国家承认学历的人员，一般规定从取得学历之日起满一定年限后，方可申报高一级专业技术职务；有学位无学历的人员，任职年限满五年后，可正常申报高级专业技术任职资格。有关系列申报评审条件有专门规定的，按规定执行。

(3)学历专业与申报专业资格不一致的问题的处理。人事部《关于贯彻人职发〔1990〕4号文件有关问题的解答》(人职司函〔1991〕15号)指出，凡申报人所具有学历的专业与申报任职的专业不一致或不相近时，一般应视为不具备规定学历。国务院职称改革工作领导小组办公室职改办发〔1992〕3号文件指出，不具备规定学历的人员申报职称，要通过学历教育取得学历或通过"破格"进行评审。

(4)各类成人高等教育学历和自学考试学历的确认方法。按照国家和各省(区、市)教育行政主管部门有关政策规定执行。

2. 资历条件的掌握

1)任职资历的概念

任职资历是指从事某一专业技术工作或受聘担任某一专业技术职务的工作年限。

申报晋升专业技术职务资格必须具备相当的专业技术工作任职资历。

2)任职资历的计算

专业技术职务的任职资历按受聘专业技术职务的时间计算，从受聘之月起计算至申报当年年底。获得专业技术资格而未受聘或受聘时间未达到申报条件规定的任职年限，不能受理申报。

3)转换系列申报问题

转换系列(专业)的专业技术人员晋升高一级专业技术职务，均要在现专业技术岗位上工作一年以上，经单位考核符合任职条件，能履行相应岗位职责的，先经相应的评委会予以转评。转评通过并被聘任相应专业技术职务的，其任职年限可连续计算。未经转评的专业技术人员，当年一律不得连转带评、跨系列(专业)申报高一级专业技术职务。

4)资历破格问题

一般除博士、博士后流动站合格的出站人员、留学归国人员和作出突出贡献、符合规定学历要求的人员等按照政策规定申报高级专业技术职务任职资格时允许任职年限破格的人员外，申报中级和其他申报高级专业技术职务的人员不允许任职年限破格。

3. 外语条件的掌握

人事部《关于专业技术人员职称外语等级统一考试的通知》(人发〔1998〕54号)规定，从1999年开始实行全国专业技术人员职称外语等级统一考试(简称职称外语统一考试)。考试每年进行一次，考试时间定于每年4月的第3个星期六上午。

1)考试的范围

凡《专业技术职务试行条例》中有外语要求系列(专业)的专业技术人员申报或聘任高、中级专业技术职务，以及由无外语要求的系列(专业)转评有外语要求系列(专业)的人员，除符合免试条件者外，均须参加全国职称外语等级统一考试，并取得相应等级的考试合格证书。未按要求取得相应考试合格证书的人员，不得申报(聘任)高、中级专业技术职务。

2)考试等级划分和适用范围

专业技术人员职称外语考试等级划分和适用范围如表10-1所示。

表 10-1　专业技术人员职称外语考试等级划分和适用范围

考试等级	A	B	C
适用范围	1. 高教、科研、卫生、工程系列中申报高级专业技术职务或其他系列中申报正高级专业技术职务者； 2. 申报高级国际商务师者	1. 卫生、工程系列中在县及县以下所属单位工作的人员申报高级专业技术职务者； 2. 高教、科研、卫生、工程系列中申报中级专业技术职务者； 3. 翻译系列中申报高级专业技术职务者(限第二外语)； 4. 高级专业技术职务未分正副的系列(工程系列除外)申报高级专业技术职务或其他系列中申报副高级专业技术职务者	1. 翻译系列中申报中级专业技术职务(第二外语)或其他系列申报高级专业技术职务(第二外语)者； 2. 卫生、工程系列中在县及县以下所属单位工作的人员申报中级专业技术职务或其他系列申报中级专业技术职务者

3)考试的语种及专业类别

全国职称外语等级考试开考的语种为:英语、日语、俄语、德语、法语、西班牙语。其中,英语分为综合、理工、卫生 3 个专业类别,其他语种不分专业类别。每个语种及专业类别分 A、B、C 三个等级。考生可根据自己所从事的专业工作,确定参加考试的语种及专业类别。

4)考试合格标准的确定及证书的发放

人发〔1998〕54 号文件规定:全国职称外语等级统一考试由人事部统筹规划、指导并确定合格标准。符合国家考试合格标准者,发给由人事部统一印制的《专业技术人员职称外语等级统一考试合格证书》,在全国范围内有效。各省(区、市)人事和国务院有关部门人事(职改)部门可按照职称外语统一考试的合格标准,根据实际情况,确定本地、本部门聘任专业技术职务的外语成绩要求(当年有效),并报人事部备案。

人事部办公厅《关于做好 2005 年度全国专业技术人员职称外语等级统一考试工作的通知》(国人厅发〔2004〕105 号)规定:2005 年对参加全国专业技术人员职称外语等级统一考试的人员发放考试成绩通知书,不再核发考试合格证书。考试成绩使用有效期由各省、自治区、直辖市人事厅(局),国务院各部委、各直属机构和中央管理的企业人事部门等自行确定。在工作中要避免职称外语"一刀切"的做法,也要防止放任对职称外语的要求。各省、自治区、直辖市人事厅(局),国务院各部委、各直属机构和中央管理的企业人事部门等要结合全国通用标准,根据本地区、本部门专业技术人员的实际情况和行业发展需要,确定不同系列、职务层级对外语成绩的要求。

人事部《关于完善职称外语考试有关问题的通知》(国人部发〔2007〕37 号)规定:分级确定全国职称外语考试成绩使用办法。人事部确定各语种、级别、类别的全国通用标准。各省、自治区、直辖市人事厅(局),国务院各部委、各直属机构和中央管理的企业人事部门结合全国通用标准,按照管理权限确定本地区、本部门职称外语考试成绩使用办法和有效期。

5)外语免试的条件

人事部《关于完善职称外语考试有关问题的通知》(国人部发〔2007〕37 号)规定:坚持从实际出发,区别对待,防止职称外语考试"一刀切"和形式主义。

(1)对经证明具有较高外语能力的专业技术人员,可不参加职称外语考试。

①具有国家认定的相应留学经历的;

②申报副高级职称时职称外语考试成绩达到要求，申报正高级职称需再次参加同一级别考试的；

③出版过外文专著、译著或以其他方式证明具备较高外语水平，并经一定程序确认的。

(2)符合下列条件之一的专业技术人员，可放宽外语成绩要求或不参加职称外语考试。

①经审核确认，能力业绩突出、在本行业本地区作出重要贡献的；

②在乡镇以下基层单位(经省级政府人事部门批准，可放宽至县级以下基层单位)从事专业技术工作的；

③在地市以下单位，长期在野外从事农业、林业、水利、采矿、测绘、勘探、铁路施工、公路施工等专业技术工作的；

④年龄较大并长期从事专业技术工作的。

(3)符合下列条件之一的专业技术人员，可不参加职称外语考试。

①从事具有中国特色、民族传统的临床中医药、民族医药、工艺美术、古籍整理、历史时期考古等专业技术工作的；

②取得外语专业大专以上学历并从事本专业工作，申报职称有第二外语要求的；

③申报各系列初级职称的。

《关于完善职称外语考试有关问题的通知》要求，各省、自治区、直辖市人事厅(局)，国务院各部委、各直属机构和中央管理的企业人事部门应按照本通知精神，结合本地区、本部门专业技术人才队伍实际情况，制定具体的配套政策，报人事部专业技术人员管理司备案。

通知下发后，各省(区、市)、国务院各部委、各直属机构和中央管理的企业相继制定了本地区、本部门的职称外语免试政策。虽然内容不尽相同，但总体精神都是一致的。

4. 继续教育

继续教育，国际上通用的名称叫做“继续工程教育”，英文缩写为 CEE。联合国科教文组织认为，含义广泛的继续教育，是指那些已脱离正规教育，已参加工作和负有成人责任的人所进行的各种各样的教育。

中国继续教育的含义，是对在职专业技术人员不断进行知识技能补充、更新、拓宽和提高的一种追加教育。

继续教育的内容主要有几个方面：更新本专业知识、扩展知识面、学习新的专业知识、学习经营管理和领导科学、普及现代科技知识尤其是信息技术、提高外文水平、开发创新思维、提高创新能力等。

目前，各级人事职改部门大都对专业技术人员进行职称评审时，继续教育脱产学习的时间作出了相应规定。

三、专业技术资格评审管理

专业技术资格评审是由各级人事职改部门按照国家规定的评审条件和评审程序，组建相应的专业技术资格评审委员会，对专业技术人员的专业技术资格进行评定。

(一)职称评价的主要方式

(1)以考代评：对一些专业、层次的专业技术人员实行全国统一考试，获得资格的人员，表明已具备担任某一职务所需的专业水平。

(2)考评结合：对申报职称的人员，先进行业务考试，通过后，再进行评审。

(3)答辩:如对申报正高职称、破格晋升人员以及申报人数较少、具备条件的系列实行答辩。

(4)直接认定:符合相关条件,不经过评审(或考试)直接认定相应的专业技术职务。

(5)论文外审:如高校评审中对申报教授职务的人员,由学校提前将论文送外校专家匿名审查。

(二)评审组织

1. 组建权限

组建评委会是职称工作的重要内容,必须由各级政府人事(职改)部门统一管理。未经政府人事(职改)部门批准或授权批准,任何部门或单位不得自行组建各级各类评委会。

评委会的组建权限为:

(1)高级评审委员会由国家各部委及省职改部门组建,报人保部备案。

(2)中级评审委员会由省直有关部门及各地级市职改部门组建,报省职改部门审批。

(3)初级评审委员会,由各地级市职改部门委托市直业务主管部门及各县(市)区职改部门推荐候选人报市职改办审批组建。

2. 评审委员会的组成

各级评审委员会由具有较高学术技术水平、作风正派、办事公道、群众公认的专家组成。

3. 评审委员会的审查评估

各级人事部门对批准备案的评委会实行动态管理,一般每年评估一次。

(三)评审程序

专业技术职务任职资格评审程序包括申报、审核、评审、审批四个步骤。

1. 申报

申报人应向所在单位提出评审专业技术资格的申请,并提交符合资格条件所规定的评审材料,交纳评审费。

2. 审核

申报人所在单位人事部门应对申报人的申报材料进行审核,将不符合资格条件要求及与事实不符或有争议尚未核实的材料剔除,并对申报人任现职(或现岗位)以来的职业道德、思想政治表现、学识水平、专业技术工作业绩成果、工作表现以及所填报材料真实可靠性提出客观、准确的评价意见,按隶属关系分别报送主管部门审核。申报人所在单位的主管部门对申报人提交的申报评审材料进行审核后,对符合要求的材料,按要求分别报各级人事职改部门。人事职改部门对申报人提交的申报材料进行审核,并提出是否同意送评的意见,将符合要求的材料,在规定的时间内送达对口专业评委会的日常工作部门。

3. 评审

评委会按照专业技术职务申报、评审条件规定的任职条件,对申报人提交的业绩成果、论文论著等材料进行审核,并安排破格申报等按规定需要进行答辩的申报人员到评委会进行答辩。评委会的评审工作一般每年举行一次,召开评审委员会全体会议进行评审表决时,必须有2/3以上的委员到会方可进行,评审表决采用无记名投票方式进行。

4. 审批

评审结果必须由人事(职改)部门批准,审批通过后发放省统一印制的专业技术资格证书。

评审通过或未通过人员的评审材料,按原呈送渠道退回。

(四)委托评审

本地区(部门)不具备评审条件,经人事职改部门同意委托其他具有相应评审权的地区(部门)的相应评委会评审;或其他地区(部门)所属单位经同意委托本地区(部门)所属专业评委会评审,叫做委托评审。

委托评审需相应人事职改部门根据管理权限出具委托函。单位与个人委托评审无效。

(五)评审的效用范围

专业技术职务实行“哪里评审哪里有效”的办法。人事部关于印发《〈企事业单位评聘专业技术职务若干问题暂行规定〉有关具体问题的说明》的通知(人职发〔1991〕11号)指出,“哪里评哪里有效”是由聘任制的原则和基本内容决定的。由于各地经济、文化教育发展不平衡,各单位的岗位设置情况和人员结构情况也不同,各评委会对任职条件的理解和掌握上也存在宽严不一的现象,使评审出同一职务层次的专业技术人员的水平、能力存在差异。因此,只能是哪里评哪里有效。从一个单位调入另一个单位,另一个单位自然要按照本单位的岗位情况重新确认该同志是否具备新聘任职务的条件和岗位要求。

普通高校和普通中等专业学校毕业生见习期满,由单位对其德、能、勤、绩进行全面考核,报职改部门审批后,可直接认定或初聘专业技术职务,不需再进行资格评审。具体办法按有关规定执行。

四、专业技术资格考试管理

在首次专业技术职务聘任工作中,评定专业技术资格主要采取由专家组成的评委会评审的办法,这对保证质量起到了重要作用。但这种单一评审办法,很难做到客观公正,需要补充、完善和发展。从1990年开始在部分专业进行专业技术资格考试,实践证明,用考试的办法取得专业技术资格,更能客观、公正地评价专业技术人员的水平、能力。

(一)资格考试的组织管理

(1)专业技术资格考试实行全国统一组织、统一大纲、统一试题和统一评分标准。

(2)各地的专业技术资格考试,由当地人事职改部门负责指导、监督协调有关考试工作,并由考试工作机构负责考试的具体组织工作。

(3)凡全国统一组织专业技术资格考试的专业及级别不再进行专业技术的资格评审工作。

(二)目前我国实行的专业技术资格考试

目前已实行专业技术资格考试的专业有经济、统计、会计、审计、卫生、计算机技术与软件、翻译、船舶等。

经济:设置初、中级资格考试。

统计:设置初、中级资格考试。

会计:设置初、中级资格考试。

审计:设置初、中级资格考试。

卫生:设置临床医学、预防医学、全科医学专业中级资格和药学、护理技术专业初、中级资格考试。

计算机技术与软件:设初级、中级、高级资格考试。取得初级资格可聘任技术员或助理工程师职务;取得中级资格可聘任工程师职务;取得高级资格,可聘任高级工程师职务。该考试既是专业技术资格(水平)考试,又是职业资格考试。

翻译:设置二级、三级翻译资格(水平)考试。取得二级口译、笔译翻译或三级口译、笔译翻译资格(水平)证书,并符合《翻译专业职务试行条例》翻译或助理翻译专业职务任职条件的人员,用人单位可根据需要聘任相应职务。

船舶:设置员级、助理级和中级资格考试。

(三)考试报名、报考条件审查,发证

1. 考试报名、报考条件审查

报名参加专业技术资格考试,应由本人提出申请,单位审查同意到当地考试管理机构报名,考试管理机构按规定程序和报名条件审查合格后,发给准考证,考生凭准考证在指定时间、地点参加考试。

2. 发证

凡参加全国统一组织的资格考试成绩合格者,由国家统一颁发《专业技术资格证书》,在全国范围内有效。

五、专业技术职务聘任管理

(一)聘任专业技术职务的原则

聘任专业技术职务,应遵循以下原则:

(1)德才兼备原则;

(2)择优聘任原则;

(3)职、责、权、利一致原则;

(4)按岗聘任原则;

(5)先评后聘原则。

(二)聘约、聘期及其他聘后管理

1. 聘约

现阶段专业技术职务聘约一般都要在劳动合同或聘用合同等确定劳动关系契约的基础上确定。聘约的主要内容一般包括:聘期、主要工作任务目标、职责、待遇及培训、保密、劳动保护、解除与变更聘约条件、违约责任以及聘任双方认为需要订立的内容等。

2. 聘期

聘期管理属于聘任的后续管理,但应在聘前约定。聘期的约定,既要考虑岗位情况,也应考虑任职人员的因素。专业技术职务聘期一般为1~3年,在一些科研单位,聘期也可根据工作特点,与一个重大项目、课题的周期相适应。专业技术人员在聘任期内领取相应的专业技术职务工资和享受有关规定的待遇。专业技术职务工资应从受聘任的下一个月起计发。

3. 其他聘后管理

(1)续聘:专业技术人员聘任期满,经考核被确定为合格以上等次且符合续聘条件的可

以续聘,并按规定程序办理续聘手续。

(2)解聘:专业技术人员有下列情况之一者,单位行政领导有权予以解聘:

①有违法犯罪行为,被劳动教养、开除公职或判刑者;

②无正当理由不服从安排,拒绝完成本岗位规定的工作任务,经批评教育无效者;

③因工作失职等原因出现重大差错和责任事故,造成严重损失者;

④目无纪律,擅离职守,经教育仍不悔改者;

⑤犯有严重错误,造成不良影响,不适合在专业技术岗位上继续工作者;

⑥连续两年年度考核被确定为不合格等次者;

⑦连续病假、事假一年以上,不能坚持正常工作者;

⑧脱产学习在一年以上或应征入伍者;

⑨达到退休条件,未被批准延长退休年龄者;

⑩出国出境逾期未归者。

(3)辞聘:专业技术人员在聘期内一般不得提出辞聘,确有特殊情况和正当理由且符合国家政策规定要求辞聘者,应提前三个月向单位写出书面申请,经单位批准后,办理辞聘手续。

(三)其他问题

1. 行政领导

单位行政领导原则上不兼任专业技术职务,确需兼任的,必须符合相应的任职资格条件,履行相应的职责,要有1/3以上时间从事专业工作,并完成同级职务人员1/3以上的工作量。

2. 未受聘职务的人员

按规定要求,对已评审、考试或初次认定取得资格的人员,没有受聘或受聘后又被解聘,没有或不再履行岗位职责的,均不应领取相应的职务工资。

(四)聘任办法的完善

要不断完善聘任办法,实现单位和被聘人员双向选择,逐步引入竞争机制。

六、专业技术人员考核管理

(一)考核的原则

(1)客观公正的原则:考核要从实际出发,实事求是、公平合理、一视同仁。

(2)民主公开的原则:考核要坚持民主、公开,考核的内容、标准、方法、程序及考核结果必须与本人见面。

(3)注重实绩的原则:以专业技术人员履行岗位职责或任期目标的工作业绩为主要内容,全面考核专业技术人员的德、能、勤、绩、廉等方面的内容。

(4)奖惩结合原则:考核要与专业技术人员的奖励、晋升、续聘、低聘、解聘相结合,实行优胜劣汰。

(二)考核种类、内容及标准

1. 考核种类

考核的种类分为平时考核、年度考核和任职期满考核。

2. 考核内容

考核的内容包括德、能、勤、绩四个方面，重点考核工作实绩：

德，主要考核政治、思想表现和职业道德表现；

能，主要考核业务技术水平、管理能力的运用发挥，业务技术提高、知识更新情况；

勤，主要考核工作态度、勤奋敬业精神和遵守劳动纪律情况；

绩，主要考核履行职责情况，完成工作任务的数量、质量、效率，取得成果的水平以及社会效益和经济效益。

3. 考核标准

考核结果一般分为优秀、合格、不合格三个等次，各等次的基本标准是：

优秀：拥护党和国家的路线、方针、政策，模范遵守国家的法律、法规及各项规章制度和职业道德，工作责任心强、勤奋敬业，专业技术能力强或提高快，工作有创新，在科研、教学、业务技术工作中成绩突出。

合格：拥护党和国家的路线、方针、政策，自觉遵守国家的法律、法规及各项规章制度和职业道德，工作负责，业务熟练，专业技术能力较强或提高较快，能够履行岗位职责、完成工作任务，无责任事故。

不合格：政治、业务素质较低，组织纪律较差，难以适应工作要求，或工作责任心不强，履行岗位职责差，不能完成工作任务，在工作中造成严重失误或责任事故。

考核具体标准应以岗位职责及年度工作任务为基本依据，在政府人事部门与主管部门的指导下由各单位根据实际情况自行制定。考核具体标准应明确具体，不同专业和不同职务、不同技术层次的工作人员在业务水平和工作业绩方面应有不同的要求。

（三）考核方法和程序

1. 考核方法

考核方法，实行领导考核与群众考核相结合、平时考核与定期考核相结合、定性考核与定量考核相结合、考核工作实绩与考核工作态度相结合的方法。考核要注重实效，简便易行，易于操作。

2. 考核程序

（1）被考核人个人总结、述职。

（2）主管领导人在听取群众意见的基础上，根据平时考核和个人总结写出评语，提出考核等次意见。

（3）考核组织对主管领导人提出的考核意见进行审核。

（4）单位负责人确定考核等次。

（5）将考核结果以书面形式通知被考核人。

考核单位担任各级领导职务的专业技术人员，必要时，可以进行民主评议或民意测验。

（四）考核结果的使用及管理

（1）对任职期满考核定为称职以上人员可申请参加晋升高一级专业技术职务的考评；对基本称职以上的人员，一般应予以续聘，重新签订聘约。对定为不称职的人员可视不同情况进行处理。

（2）年度、任职期满考核，必须按规定要求填写有关表格。考核工作结束后，考核结果存入本人档案。

【案例】 某公司专业技术人员年度考核办法

关于做好××××年度专业技术人员年度考核工作的通知

司属各有关单位：

根据上级人事部门工作部署，结合公司实际，现将××××年度专业技术人员年度考核工作有关问题通知如下：

一、考核的范围与对象

凡在专业技术岗位上工作，获得国家承认的专业技术职务任职资格，并被聘任相应职务的人员（不含政工专业人员），均应参加专业技术人员年度考核。已脱离专业技术岗位（包括下岗人员）或一年内病事假累计超过半年的人员不参加年度考核。

二、考核的内容与标准

专业技术人员考核主要从德、能、勤、绩四个方面进行。德，主要是指政治素质、政策水平、奉公守法与职业道德等；能，主要是指专业基础理论与业务知识的深度和广度，学术技术水平、知识更新程度，独立工作能力与业务指导能力，开拓创新精神；勤，主要指对工作的事业心和责任感，岗位出勤率以及勤奋程度与敬业精神；绩，主要是指完成工作的数量、质量、效益等。

专业技术人员考核标准见《××公司专业技术人员考核标准》（附件1）。

三、考核办法

（一）考核分四个阶段进行。

（1）个人自评：专业技术人员自我评分（在《专业技术人员民主评议测评表》相应考核级别栏内打"√"，下同）并提交本年度个人业务技术工作总结。

（2）群众评议。

（3）单位领导评议。

（4）考核委员会评议。

（二）将"四个阶段"评议的分数记入《______年度受聘专业技术人员定量考核表》，按个人自评分占10%、群众评议分占30%、单位领导评议分占25%、考核委员会评议分占35%汇总，计算出考核总分。考核分优秀、合格、不合格三个等次，考核总分≥90分的为优秀（优秀率不得超过15%），60～90分为合格，60分以下为不合格。

（三）在《______年度受聘专业技术人员定量考核表》的"定性考核意见"栏填写考核意见。

（四）根据上级要求，专业技术人员年度考核工作要在同级纪检、监察部门的监督下进行，上报《______年度专业技术人员考核结果审核表》时，必须由所在单位纪检或监察部门签署意见。

四、考核结果的使用

（一）考核合格以上者，可以续聘，并作为申报晋升高一级专业技术职务的条件之一。优秀者在同等条件下可优先申报高一级专业技术职务。

（二）不参加年度考核，不得在下一年度申报高一级专业技术职务。考核结果不合格者，应予低聘或解聘。

五、几点要求

（一）本次考核工作各单位务必于××××年××月××日前完成，同时将《______年度受聘专业技术人员定量考核表》、《______年度专业技术人员年度考核登记表》、《______年度专业技术人员考核结果审核表》报送公司。

（二）未参加年度考核的专业技术人员名单也应在《______年度专业技术人员年度考核登记表》上列出，并在“考核结果”栏填写“未参加考核”，在“备注”栏注明未参加考核的原因。

（三）根据市人事部门要求，逾期不能完成年度考核的，取消单位××年度职称参评资格。因此，各单位务必予以重视，确保如期完成。

附件1　《××公司专业技术人员考核标准》（见表10-2）

附件2　《专业技术人员民主评议测评表》（略）

附件3　《______年度受聘专业技术人员定量考核表》（略）

附件4　《______年度专业技术人员年度考核登记表》（略）

附件5　《______年度专业技术人员考核结果审核表》（略）

××××年××月××日

表10-2　××公司专业技术人员考核标准

基本项目	含义	等级标准			
		优	良	可	差
工作态度 0.1	应该立足本职工作，遵守职业道德，尽职尽责	热爱本职工作，有很高的职业道德，工作积极主动，严格履行岗位职责	热心本职工作，遵守职业道德，工作任劳任怨，服从分配，履行岗位职责	安心本职工作，尚能遵守职业道德，一般能服从分配，能够履行岗位职责	不安心本职工作，有违犯职业道德行为，工作挑挑拣拣，不履行岗位职责
组织纪律 0.1	遵守法律、规章制度以及出勤情况	是遵纪守法、廉洁奉公的模范，从无违纪现象，全年出满勤	能自觉遵纪守法，廉洁奉公，从无违纪现象，全年出满勤	能遵纪守法，曾经有违纪现象，全年缺勤30天以内	不是自觉地遵纪守法，在聘期内有违纪现象，工作纪律松弛，全年缺勤30天以上
技术水平 0.2	掌握本专业技术工作的熟练程度，知识更新能力及外语水平	是本行业或者本地区学术、技术带头人，熟悉本专业国内外最新发展动向；能组织解决重大科技或专业问题。熟悉一门以上外语	是本单位业务技术带头人，能够熟练解决本单位业务技术中的复杂问题，熟悉一门外语	在业务技术上能适应本人承担的工作，懂一门外语	虽掌握一定的专业技术，但在实际工作中，理论与实际脱节，常出差错，不适应本人承担的工作
学识水平 0.1	论文或著作的水平。工作总结、调查报告、合理化建议及其他文稿的水平	在有影响的国内外刊物上发表论文或正式出版过著作的主要作者。写有对工作起到了重要指导作用的较高水平的总结、报告、建议等，或写有在省级以上业务会议上交流的经验材料	在省级以上专业学术会议上或在省级以上刊物上发表论文的主要作者。写有一定水平的总结、报告、建议，对工作有较重要的指导意义，或写有在市、局级专业会议上交流的经验材料	在市局级以下刊物或者在本单位专业学术会议上发表了论文的主要作者，写有工作总结、调查报告、合理化建议等文稿，但只属于一般性的资料收集、积累和综合，水平一般	长期以来在任何刊物和场合未发表过任何论著，从来不写工作总结、调查报告、合理化建议以及业务技术工作中的其他文稿，即使写了也是文字错误较多，不能使用

续表 10-2

基本项目	含义	等级标准			
		优	良	可	差
组织管理能力 0.1	在所承担的工作任务内，组织实施，协调关系的能力	具有组织管理高层次、高难度管理工作的能力，工作程序科学，适于承办复杂工作，且善于配合、协调，具有较高的口头表达、文字交往和社会联系磋商的能力	能组织较大范围的业务、技术活动。工作程序合理，能承办复杂工作，且能够促使有关部门的协调、配合。熟悉口头文字交往和社会联系磋商的技能	具有一般的口头、文字交往和社会联系磋商的能力，基本胜任所承担的业务、技术管理工作	口头、文字交往和社会联系磋商的技能不全面，缺乏组织管理能力，不胜任所承担的业务、技术管理工作
工作质量 0.2	按承担的任务和岗位职责，完成的工作在可靠性、适用性方面的程度	技术和业务上的精确性和全面性远高于一般水平之上，难得出错，几乎无须领导和同事作严格审查	技术业务上的精确性和工作彻底性在平均水平以上，很少有差错	技术业务上为一般水平，时有差错发生，但不出大错	技术业务工作中经常出差错，工作结果不令人满意
工作效率效果 0.2	在相等时间里作出不等贡献的情况和工作量的大小及效益的高低	工作速度快、效果好，常常提前完成任务。完成的工作量超过一般或平均水平很多，或者从整体上看，管理效益显著	工作速度较快，效果较好，能超额或提前完成任务。完成的工作量高于平均水平或者从整体上看，管理效益较显著	工作效率一般，能按期、按规定完成任务。完成的工作量维持平均水平，或从整体上看，有管理效益	工作任务不重、效率低，经常不能按时、按量完成任务，工作数量在平均水平以下

第三节　专业技术人员职业资格制度

1994 年 2 月，劳动部、人事部联合下发了《关于颁发〈职业资格证书规定〉的通知》。在继续实行专业技术职务聘任制度的同时，参照发达国家的通行做法，逐步推行专业技术人员职业资格证书制度。这标志着职称改革开始深化，进入“双轨制”（专业技术职务聘任制度和职业资格制度并行）阶段。

职业资格制度主要有两类：一是在关系公共利益和人民生命财产安全的关键领域和岗位，建立实施强制的职业准入资格制度，强化对个人的资质要求；二是职业水平评价制度，在借鉴一些经济发达国家的做法的基础上，对服务领域广阔，社会需求量大的领域，建立职业水平认证制度，其目的是提高从业人员的素质，为社会提供更好的服务。

一、专业技术人员职业资格的概念

专业技术人员职业资格制度是国际上通行的一种对技术技能人才的资格认证制度。根据《职业资格制度暂行办法》（人职发〔1995〕6 号），国家按照有利于经济发展、社会公认、国际可比、事关公共利益的原则，在涉及国家、人民生命财产安全的专业技术工作领域，实行专业技术人员职业资格制度。

专业技术人员职业资格是对从事某一职业所必备的学识、技术和能力的基本要求，包括从业资格和执业资格。从业资格是政府规定专业技术人员从事某种专业技术性工作的学识、技术和能力的起点标准；执业资格是政府对某些责任较大，社会通用性强，关系公共利益的专业技术工作实行的准入控制，是专业技术人员依法独立开业或独立从事某种专业技术工作学识、技术和能力的必备标准。

专业技术人员职业资格制度的主要内容是执业资格制度。

执业资格制度是人事制度改革的重要内容，是深化职称改革的重要方向。国际上，许多国家并没有职称，主要是执业资格和专业技术职务。市场经济的发展要求我们逐步打破过去那种高度集中、统一管理、统包统配、统一工资待遇的管理模式，建立一套适应社会主义市场需要、政府依法管理、实行准入控制、采取社会化考试评价机制、政府或行业注册登记的专业技术执业资格制度。

二、我国现行专业技术人员职业资格证书制度

自20世纪90年代以来，我国依照有关法律相继推行了执业药师、注册建筑师、执业医师、监理工程师、造价工程师、注册税务师、企业法律顾问、建造师、房地产经纪人、注册安全工程师、质量专业技术人员等35类专业技术人员职业资格证书制度。如表10-3所示。

表10-3　专业技术人员职业资格证书制度建立情况一览表

序号	职业名称		建制时间（年·月）	主管部门	文号	法律、法规依据
1	执业药师（1999年合并）	执业药师	1994.4	原医药管理局	人发〔94〕3号	《药品管理法》
		执业中药师	1995.7	原中医药管理局	人发〔95〕69号	
2	注册建筑师（一、二级）		1994.9	建设部	建设〔94〕第598号	《注册建筑师条例》
3	勘察设计注册工程师	注册结构工程师（一、二级）	1997.9	建设部	建设〔97〕222号	《建筑法》、《建设工程勘察设计管理条例》
4		注册土木工程师（岩土）	2002.4	建设部	人发〔02〕35号	
5		注册土木工程师（港口与航道）	2002.3	建设部、交通部	人发〔03〕27号	
6		注册公用设备工程师	2003.3	建设部	人发〔03〕24号	
7		注册电气工程师	2003.3	建设部	人发〔03〕25号	
8		注册化工工程师	2003.3	建设部	人发〔03〕26号	
9	监理工程师		1994.2	建设部	建监〔94〕99号	《建筑法》
10	房地产估价师		1995.3	建设部	建房〔95〕147号	《房地产管理法》
11	注册资产评估师		1995.5	原国有资产管理局	人职发〔95〕54号	
12	造价工程师		1996.8	建设部	人发〔96〕77号	《建筑法》

续表 10-3

序号	职业名称	建制时间（年·月）	主管部门	文号	法律、法规依据
13	珠宝玉石质量检验师	1996.9	原国家技术监督局	人发〔96〕79 号	《质量法》
14	注册税务师	1996.11	国家税务总局	人发〔96〕116 号	《税收征管法》
15	拍卖师	1996.12	原国内贸易部	人发〔96〕130 号	《拍卖法》
16	企业法律顾问	1997.3	经贸委、司法部	人发〔97〕26 号	
17	假肢与矫形器制作师	1997.4	民政部	人发〔97〕38 号	《残疾人保护法》
18	矿产储量评估师	1999.3	国土资源部	人发〔99〕33 号	《矿产资源法》
19	注册城市规划师	1999.4	建设部	人发〔99〕39 号	《城市规划法》
20	价格鉴证师	1999.6	原发展计划委员会	人发〔99〕66 号	
21	执业医师	1999.7	卫生部	卫生部第 4 号令	《执业医师法》
22	棉花质量检验师	2000.6	原质量技术监督局	人发〔00〕70 号	《国务院关于深化棉花流通体制改革意见》
23	矿业权评估师	2000.8	国土资源部	人发〔00〕82 号	《矿产资源法》
24	注册咨询工程师（投资）	2001.12	原发展计划委员会	人发〔01〕127 号	计委 1994 年 2 号、3 号令
25	注册核安全工程师	2002.11	国家环境保护总局	人发〔02〕106 号	《环境保护法》、《民用核设置安全监督管理条例》
26	建造师	2002.12	建设部	人发〔02〕111 号	《建筑法》
27	设备监理师	2003.10	质检总局	人发〔03〕40 号	《产品质量法》
28	国际商务专业职业资格（外销员从业资格和国际商务师执业资格）	2002.6	原外经贸合作部	人发〔02〕70 号	
29	房地产经纪人职业资格（房地产经纪人执业资格和房地产经纪人协理从业资格）	2001.12	建设部	人发〔01〕128 号	《房地产管理法》
30	土地登记代理人职业资格	2002.12	国土资源部	人发〔02〕116 号	《土地管理法》
31	出版专业技术人员职业资格	2001.8	新闻出版署	人发〔01〕86 号	

续表 10-3

序号	职业名称	建制时间（年·月）	主管部门	文号	法律、法规依据
32	注册安全工程师	2002	安全生产监督管理局	人发〔02〕87 号	《安全生产法》
33	质量专业技术人员职业资格	2000.12	原质量技术监督局	人发〔00〕123 号	
34	环境影响评价工程师职业资格	2004.2	国家环境保护总局	国人部发〔04〕13 号	
35	投资建设项目管理师职业水平考试	2004.12	发展和改革委员会	国人部发〔04〕110 号	

注：1. 上表中“职业名称”栏未标明“职业资格”的均为执业资格考试。

2. 我国从 1986 年开始实行的全国律师资格考试（2002 年 3 月 “律师资格考试”、“初任法官资格考试”和“初任检察官资格考试”这三种考试合并成为如今的“国家司法考试”）和从 1991 年开始实行的注册会计师全国统一考试实质上也是执业资格考试。

三、执业资格制度的基本内容

执业资格制度虽然是国际上对专业技术人员进行管理，实行市场准入的通行做法，但不同的国家和地区根据各自的实际情况在具体做法上也不尽相同。参照国际上的成熟做法，我国执业资格制度主要由考试制度、注册制度、继续教育制度、教育评估制度、社会信用制度等五项基本制度组成。

考试是取得执业资格的主要方式。满足一定学历和实践要求的人员可报名参加全国统一组织的执业资格考试，考试合格者取得执业资格证书。在各执业资格考试实施之前，一般通过特许和考核认定的办法使少数具有一定资历和较高技术水平的专业技术人员取得执业资格。

注册执业是执业资格制度的中心内容。已经取得执业资格的人员，符合注册执业条件的可向注册机关申请注册执业。注册有效期一般为 2～3 年，经批准注册的人员由注册机关颁发相应的注册证书，被允许以相应的名义执业，并享有相应的权利和义务。

继续教育制度是执业资格制度的重要组成部分，执业人员接受继续教育的情况是其能否继续注册执业的重要依据，对于不断提高执业人员的专业技术水平具有重要意义。

教育评估制度作为执业资格制度的重要组成部分，是国际上的成功经验。执业资格制度实施教育评估制度以来，有效地促进了高等学校专业教学质量的提高，较好地实现了高校培养人才和社会使用人才之间的相互衔接与相互促进。

建立执业人员信用档案，实施执业资格社会信用制度，是规范和整顿市场秩序的必要措施。

四、建立执业资格制度的意义

我国自实行执业资格制度以来，对推进行业的发展，促进行业管理体制改革，规范市场秩序均起到了积极的、重要的作用。主要体现在以下几个方面：

(1)执业资格制度是深化人事制度改革、提高专业技术人员队伍素质的重要手段。通过建立执业资格制度，提高了执业人员的业务素质、职业道德水平和参与市场竞争的能力，保证了专业技术工作质量。

(2)执业资格制度是市场经济体制下行业发展和管理体制改革的客观要求。执业资格制度集中体现了市场经济公平、竞争、法治的原则。市场经济体制的建立，要求行业管理从现有的企业资质管理为主逐步过渡到以个人执业资格管理为主的轨道上。在执业资格制度建立后，逐步推行了单位资质管理与个人执业资格管理相结合的市场准入管理机制，促进了行业管理体制的改革，规范了市场秩序。

(3)执业资格制度是行业参与国际竞争的迫切需要，为专业技术人员走向国际市场创造了条件。执业资格制度是国际上经济发达国家对专业技术人员依法进行管理的通行做法。我国行业要参与国际竞争，特别是我国加入世界贸易组织以后，迫切需要建立和完善符合国际通行做法的专业技术人员执业资格制度。

(4)促进了高等学校专业教学质量的提高。专业教育评估作为执业资格制度的重要组成部分，有力地推动了高校的专业建设，促进了办学水平和人才培养质量的提高。

五、执业资格制度与专业技术职务聘任制度的联系和区别

(一)执业资格制度与专业技术职务聘任制度的联系

(1)两种制度评价的对象基本相同，都是在从事专业技术工作范围的人员中进行。

(2)这两种制度都是对专业技术人员的一种评价，资格都不与工资待遇挂钩。我国的执业资格制度是对专业技术职务聘任制度的发展和延伸。

(二)执业资格制度与专业技术职务聘任制度的区别

1. 设置的层次不同

执业资格是从岗位入手确定的评价标准，是一个层次的评价，不搞多层次评价。职称是按照工资结构层次进行的多层评价，如药师是按主任药师、副主任药师、主管药师、药师来分的工资档次。

2. 性质不同

执业资格是对关键岗位的要求，是政府依据相应的法律法规建立的对事关公共利益的专业技术工作实行的岗位准入的资格，具有鲜明的岗位属性，如药师中搞配方、核方的都是关键岗位，没有签字就不能生产和发售。而专业技术职务聘任制度是国家对专业技术人员学识、水平能力的评价。执业资格是强制性要求，而专业技术职务聘任制度则是服务型的。

3. 获取的途径不同

执业资格是采取考试的办法进行确定，这是国际上的通用做法。而职称是通过考试或评审的办法取得。

4. 国际可比性不同

执业资格一般具有国际可比性，而我国现行职称许多是不考虑国际可比性的，是结合我国工资制度设置的评价制度。

5. 管理方式和时效不同

对执业资格实行注册管理，是一种动态的长期的管理，考试后要注册，不注册，则资格失

效。而职称不需要注册,实行考核,考核不合格的要低聘或解聘。

六、执业资格考试

执业资格考试实行全国统一组织、统一大纲、统一试题和统一评分标准的考试制度。一般每年举行一次。

(一)报考条件

报名参加考试,须符合各专业所规定的报考条件。

(二)考试报名、报考条件审查、发证

1. 考试报名、报考条件审查

报名参加执业资格考试,应由本人提出申请,单位审查同意并填写报名登记表和报名资格审查表,到指定机构进行报名和条件审查。报名条件审查合格后,发给准考证。考生凭准考证在指定时间、地点参加考试。

2. 发证

凡参加全国统一组织的资格考试成绩合格者,由国家统一颁发执业资格证书,在全国范围内有效。

第十一章　建筑企业工人职业技能鉴定

第一节　职业技能鉴定

一、职业技能鉴定的含义

职业技能鉴定是指依据劳动部颁发的《国家职业技能标准》、劳动部和国务院有关行业主管部门联合颁布的《工人技术等级标准》、《技师任职条件》、《高级技师任职条件》，对劳动者实行的技术等级考核和技师、高级技师任职资格的考评，通过政府劳动行政部门认定的考核鉴定机构，对劳动者的技能水平和任职资格进行客观、公正、科学、规范的评价与认证活动。主要包括初、中、高技术等级考核和技师、高级技师资格考评。

二、企业开展职业技能鉴定的意义

企业推行职业技能鉴定和职业资格证书制度，对实现企业可持续发展具有重要意义，主要有以下三个方面。

(一)提高企业职工素质

国家推行职业技能鉴定，实行就业准入和资格证书制度，为企业培养和输送了大量的企业急需的技术技能型人才。同时，企业通过开展职业技能鉴定工作，使职工的技术水平和工作能力得到认可，可以极大地调动广大职工钻研技术、学习业务的积极性，对企业开展职工教育培训工作有很好的促进作用。

(二)促进企业用工制度改革

建立现代企业制度，就必须打破传统的用工制度，实行合同聘用制，建立竞争上岗机制。推行职业技能鉴定和职业资格证书制度，就为择优录用、竞争上岗提供了可靠的依据，同时还有利于企业内部人才市场的培育和发展，实现企业内部人才合理流动，提供了在企业内部和外部再就业的有利条件。最终推动企业的用工制度向合同聘用制转变，建立现代企业人事制度。

(三)推动企业分配制度改革

推行职业技能鉴定和职业资格证书制度，有利于企业建立与技术等级、技术职称相对应的岗位工资和职务津贴等新的分配体制；有利于企业将考核成绩、资格证书与工资晋级、生活福利待遇联系起来，提高技术人员地位和待遇，调动了广大职工学习技术的积极性和工作热情，提高劳动生产效率，最终实现企业经济效益的稳步增长。

三、职业技能鉴定的对象

(1)培训期满需要转正定级的学徒工、培训生和转岗的人员；

(2)赴境外就业和劳务输出人员；

(3)企业的职工；

(4)相关专业的大中专院校毕业生、自学成才者以及其他需要进行职业技能鉴定的人员。

四、职业技能鉴定的申报条件和程序

(一)申报条件

(1)学徒期满的学徒工可申报初级技术等级的职业技能鉴定；

(2)取得初级《技术等级证书》后,并在本工种连续工作五年以上或经过正规中级工培训的初级工,技工学校的毕业生,可申报中级技术等级的职业技能鉴定；

(3)取得中级《技术等级证书》后,并在本工种连续工作五年以上或经正规高级工培训的中级工,可申报高级技术等级的职业技能鉴定；

(4)取得高级《技术等级证书》且具备技师任职条件者,可申报技师任职资格的职业技能鉴定；

(5)取得《技师合格证书》三年以上且具备高级技师任职条件者,可申报高级技师任职资格的职业技能鉴定；

(6)有突出成就、技术高超的劳动者,经市(地)以上劳动行政部门批准,可以提前或不受间隔时间限制申报晋升技术等级以及技师、高级技师任职资格的职业技能鉴定；

(7)特种作业人员需在其取得国家规定的《特种作业人员操作证》以后,方可申报职业技能鉴定。

(二)申报程序

申报职业技能鉴定的单位和个人,应向对口工种的职业技能鉴定站报名申请,填写《××省职业技能鉴定登记表》,并提交身份证、毕业证、《技术等级证书》及相应的材料,经职业技能鉴定站进行资格审查后发给准考证,按规定的时间、方式参加鉴定。

五、职业技能鉴定的内容及方式

(1)技能等级鉴定依据《国家职业技能标准》或《工人技术等级标准》,对劳动者进行技术业务理论和实际操作技能两方面的考核鉴定。

技术业务理论考核主要采取笔试方式进行,特殊情况,经劳动行政部门批准可以采取口试或答辩的方式进行;实际操作技能考核应结合生产或作业项目分期分批进行,一般可以采用典型工件加工或在规定时间内完成规定作业项目的方式进行,经相应的劳动行政部门批准,也可以采取模拟操作、答辩方式进行。

技术业务理论和实际操作技能考核均采用百分制,60 分为及格、80 分以上为良好、90 分以上为优秀。两项均及格,方为技术等级鉴定合格。

(2)技师、高级技师任职资格的鉴定依据《技师任职条件》、《高级技师任职条件》采用考核和评审相结合的方式进行,应突出技艺业绩、成果的考核。

六、职业技能鉴定证书制度

职业资格证书是国家对申请人专业学识、技术能力的认可,是求职、任职、独立开业和单位录用的主要依据。具有以下几个特征:一是国家证书制度。我国实行国家证书制度,职业资格证书一律由国家劳动行政部门颁发;二是现代第三方认证规则。职业技能鉴定实行考培分离，第三方认证的原则。三是标准参照考试。国家对各个行业、工种、等级都制定了明确的考核标准。四是职业导向内容体系。我国的职业技能鉴定作为职业培训体系的一个重要组成部分，在内容上采取以职业导向的内容体系。

（1）对技术等级鉴定合格者，由职业技能鉴定站报劳动行政部门核准颁发《技术等级证书》，对技师资格考评合格者，颁发《技师合格证书》或《高级技师合格证书》。

（2）《技师合格证书》、《高级技师合格证书》和有《国家职业技能标准》工种的高级《技术等级证书》由省劳动厅核发；其他工种的《技术等级证书》由市（地）劳动行政部门核发。

（3）《技术等级证书》、《技师合格证书》和《高级技师合格证书》是表明劳动者职业技能水平的凭证，也是工资分配以及上岗、任职就业、再就业的主要依据，又是进行国内外劳务技术合作与交流时法律公证的有效证件。对于从事技术性工作的个体经营者，《技术等级证书》是其向工商行政管理部门领取营业执照的有效凭证。

上述证书均由国家人力资源和社会保障部统一印制。

七、企业开展职业技能鉴定的工作要点

要确保职业技能鉴定工作顺利开展，还必须做好以下几个方面的工作。

（一）统一思想，提高认识

统一思想认识是搞好企业职业技能鉴定考核工作的前提，首先应消除对职业技能鉴定工作认识上存在的思想误区，弄清职业技能鉴定和工人等级考核两种制度的区别与联系。

1. 职业技能鉴定和工人等级考核的共同点

职业技能鉴定是在工人等级考核基础上逐步建立和发展起来的，因此它们有很多相同之处：

一是都是对劳动者技能水平的客观评价。

二是职业技能鉴定考核也分为知识考核和技能考试两大部分。

三是职业技能鉴定和调整充实阶段的国家工人考核制度同样设置了初、中、高三个技术等级，同时建立和完善了技师与高级技师评聘制度。

2. 职业技能鉴定和工人等级考核的不同点

一是考核目的不同。工人等级考核是企业行为，目的是调动职工学习技术的积极性，只适用于企业内部。职业技能鉴定是社会行为，旨在提高全社会劳动者素质。

二是适用的社会经济体制不同。工人等级考核适用于计划经济，职业技能鉴定则是市场经济的产物，便于人才流动，促进我国用工制度改革同国际接轨。

三是证书法律效力不同。工人等级证书只在本企业、本行业有效。职业资格证书是劳动者职业能力的有效凭证，在全社会甚至于国际劳务市场都认可。

四是考核方式不同。工人等级考核是企业或行业行为，企业或行业自主培训、自行发证，证书在行业内有效。职业技能鉴定则本着考培分离，第三方认证的原则，由企业培训，职业技能鉴定站负责考核，国家劳动部门统一发证。

五是法律效力不同。工人等级考核以行政条例为依据，职业技能鉴定以法律作保障。职业技能鉴定还对考试大纲、考核程序、考评人员作了严格规定，同等级考核相比具有计划性、科学性、规范性等特点。

做好职业技能鉴定的宣传贯彻工作，形成尊重和崇尚职业技能的良好社会风尚。企业

应着力加强职业技能鉴定政策的宣传工作，及时发放学习资料和知识讲座组织职工学习，统一干部职工对职业技能鉴定工作的认识，使职工技能鉴定工作深入人心。从而确保职业技能鉴定工作得以正确实施，不流于形式。

(二)健全机制，统一规划

职业技能鉴定考核和职业资格证书核发是一项长期、复杂的工作，因此企业要确保该项工作的顺利开展，还必须建立健全职业技能鉴定的管理体制。一是成立企业职工技能鉴定考评工作领导小组，负责对本企业的职业技能鉴定工作进行领导和管理。二是设立专门的管理部门，负责职业技能鉴定的具体实施。三是制订明确的工作目标、工作职责，对职业技能鉴定实行目标管理。四是制定完善的工作规划和实施计划。

同时，职业技能鉴定是一项技术性很强的工作。因此，还必须建立一支技术过硬的职业技能鉴定的专家队伍，负责本企业各个工种、工序的考核试题开发和编写工作，为职业技能鉴定提供技术支持，同时负责本企业特有工种的职业技能考核工作。

(三)考培结合，确保质量

国家推行就业准入和职业资格证书制度，目的在于提高企业职工素质，从而提高企业的管理水平。因此，绝不能为考核而考核，必须找准职业技能鉴定同职工培训的契合点，确保职业技能鉴定考核质量。国家劳动和社会保障部第6号令，明确规定了企业录用职工必须经过相应的职业资格培训，并取得证书方可持证上岗。这就为企业职工培训工作确立了明确的工作方向，在今后一个时期内，企业职工培训必须以职工上岗资格培训为核心，着力加强职工的业务知识和专业技能培训。同时，也对企业的职工培训的工作质量提出了更高的要求，特别是要开展职工素质教育，加强对职工的文化知识和专业基础理论的培训，为企业培养高素质的技术技能型人才。只有这样，才能确保职业技能鉴定得以正确实施。

总之，企业开展职业技能鉴定工作，不仅能加速我国劳动力市场的发育，促进我国市场经济的发展和完善，同时，也有利于企业提高职工素质和管理水平。

第二节　企业技能人才评价

企业技能人才评价既是职业技能鉴定的重要组成部分，也是高技能人才工作的重要环节。推进企业技能人才评价工作，对于拓宽企业技能人才成长通道，调动广大企业职工钻研技术、提高技能水平的积极性，推动引导企业建立完善培训、考核与使用相结合并与待遇相联系的激励机制，加快高技能人才培养，具有重要的促进作用。

企业技能人才评价包括技师、高级技师考评和初级、中级、高级技能鉴定，重点是高级工以上的高技能人才。职业(工种)范围主要是在《中华人民共和国职业分类大典》范围内(不包括全国统考职业)，企业生产一线的主体技术性的职业(工种)。另外，未颁布国家职业标准、属企业特殊性的职业(工种)，经批准也可纳入评价范围。

结合企业生产实际，建立以职业能力为导向，以工作业绩为重点，注重职业道德和职业知识水平的技能人才评价新体系。

一、坚持把品德、知识、能力、业绩作为衡量技能人才的主要标准

在评价的内容上，坚持把品德、知识、能力、业绩作为衡量技能人才的主要标准，突出职

业能力和工作业绩的考核。

例如，对企业生产一线技能人才的评价，重点考核企业职工执行操作规程、解决关键性生产难题和完成工作任务的能力。

(一)职业能力考核

职业能力考核重点考核技能人员执行操作规程、解决生产问题和完成工作任务等方面的实际工作能力。可结合试点企业生产(经营)实际，在工作现场、生产过程中，采取典型工件加工、作业项目评定、现场答辩、情景模拟等方式进行考核。由试点企业向职业技能鉴定指导中心提出申请，从国家题库中抽取相应职业(工种)的实际操作试题，并可结合岗位实际对试题内容进行调整；尚未开发国家题库的，由职业技能鉴定指导中心与试点企业组织专家依据国家职业标准，结合岗位实际要求共同命制。

(二)工作业绩情况

技师、高级技师还包括完成的主要工作项目、现场解决技术问题情况，技术改造和革新等方面情况，以及传授技艺、培养指导徒弟等方面的成绩。工作业绩成果材料应在企业内进行公示。

(三)职业道德评价

职业道德评价重点评价技能人员遵守国家法律法规和企业规章制度、工作责任心和积极性、岗位之间团结协作的能力，可采用上级评价和班组评议相结合的方式进行。

(四)理论知识考试

理论知识考试重点考核本职业及本岗位相关的必备职业知识。由试点企业会同职业技能鉴定指导中心组织实施。理论试题可从国家题库中抽题组卷，对不符合企业实际的试题可按要求进行适当调整；尚未开发国家题库的，由职业技能鉴定指导中心与试点企业组织专家，依据国家职业标准，按照《职业技能鉴定命题技术标准(试行)》要求共同命制。考试方式以闭卷笔试为主。

职业能力考核、工作业绩评定、职业道德评价和理论知识考试均实行百分制，成绩全部达到60分及以上者为合格。可根据企业的生产特点，提高标准或对四个模块设定权数确定合格标准。可对少数职业能力考核成绩和工作业绩评定结果特别优异者采取直接认定方式。对掌握高超技能，并在国家级、省级技能竞赛中获得主要名次的优秀人才，可破格或越级参加技师、高级技师考评。

二、采取现场评价和专家认可相结合的办法

在评价的方式上，采取现场评价和专家认可相结合的办法。

(一)企业现场评价

企业现场评价主要是对于在企业生产一线工作，且符合申报条件的人员，以及技术复杂及行业特有职业(工种)的人员，可在企业生产过程中，根据国家职业标准和生产岗位要求，在企业内部采取工作业绩和现场工作能力相结合的评定办法。并把考核内容从原来包括现代企业管理知识、计算机知识、专业英语、专业知识、“四新”(新技术、新工艺、新设备、新材料)知识、论文答辩等九项内容，修改为由企业进行职业道德评定、结合企业实际编制的理论笔试、企业生产现场的实际操作能力考核。同时，合理调整基础知识和专业知识、实际操作和解决实际问题的能力、工作业绩的分值，提高实际操作和解决实际问题的能力、工作业

绩所占的分值，适当降低理论知识的分值，经考核合格者，发给技师以上资格证书。

（二）直接认定

对于在企业生产实践中确有绝招绝活、业绩突出、贡献较大，已被行业或企业公认达到技师、高级技师水平的，采取直接认定办法，由高技能人才考评专家组直接破格认定为技师或高级技师。如对在本职业（工种）连续工作20年以上，有突出技术水平的能工巧匠，不限职业资格证书等级，可直接申请技师认证。

（三）转系列认证

对持有同一专业（工种）的中级以上专业技术职务证书和国家三级职业资格证书，且持有“四新”（新技术、新工艺、新设备、新材料）知识培训合格证者，可直接申请转系列认证。经查核有关资料真实、齐全者，直接认定为同一专业（工种）的技师或高级技师。

三、坚持以提高劳动者技能水平为目标，不断拓宽企业高技能人才成长的通道

不断发现和选拔高技能人才，是企业高技能人才成长的重要途径。坚持以提高劳动者技能水平为目标，鼓励和支持企业通过采取技能竞赛、绝技绝活、先进操作法评比、以师带徒等多种形式，发现、评价和选拔高技能人才，拓宽了高技能人才成长的通道。

一是开展经常性的技能竞赛，形成技能人才脱颖而出的评价选拔机制。职业技能竞赛是检验技能人才水平的活动，更是激励员工争先创优的有效手段。企业建立一套比较完善的竞赛实施办法，明确企业内部技能竞赛的指导思想和奖励办法，对参加职业技能竞赛取得优秀成绩者，除给予精神和物质奖励外，还按规定晋升职业资格。

二是开展各类评比活动，为技能人才成长开辟“绿色通道”。企业生产班组或个人对生产一线技术复杂、操作性强的操作经验进行总结后，可向企业申报先进操作法，由企业组织专家组参照职业标准进行评审。经评审合格的，可以发给相应的职业资格证书；支持企业开展“绝技绝活”项目评比活动。鼓励企业发动广大员工申报“绝技绝活”项目，经评审和现场实际操作考核合格者，授予“绝技绝活”优秀能手称号及相应的职业资格证书。

三是开展导师带徒活动，加快培养高技能人才。导师带徒活动是企业培养技能人才的一个有效途径，也是加快技能人才成长的一种有效方式。针对当前高技能人才年龄结构偏大、数量偏少的状况，企业积极推行导师带徒制度。在导师带徒活动中，按照品德优良、技艺高超等标准确定导师资格，按照作风优良、有一定知识技能等标准确定徒弟资格，经双方自愿结对，签订带徒协议，明确双方权利和义务，并允许破格参加技师考核。对达到培养目标的师徒由企业给予一定的奖励和荣誉；对经考核合格者，由鉴定机构发给相应的职业资格证书。

四、坚持以人为本原则，着力建立企业高技能人才成长的激励机制

在采取多种形式加快培养高技能人才的同时，企业着力建立“培训、鉴定与使用相结合，与待遇相联系”的激励机制，调动了企业员工学习技能的积极性。

一是建立工资激励机制，逐步建立起技师与工程师待遇水平相当的高技能人才薪酬分配制度。

二是试行津补贴奖励制度。对有突出贡献的高技能人才给予津贴或补贴。

三是建立荣誉激励机制。设立技术能手奖,对在技术创新和实现科技成果转化方面有突出贡献,并取得重大经济社会效益的技术能手,给予表彰和奖励,对调动广大劳动者学习职业技能、岗位成才的积极性,产生了积极作用。

【案例】 某建筑公司人才评价实施方案

为贯彻落实公司技能人才队伍建设工作会议精神,营造有利于高技能人才成长的良好环境,加速推进公司技能人才评价工作,特提出如下实施方案。

一、技能人才评价工作小组

公司根据工作的需要,成立了技能人才评价工作小组,负责组织和管理技能人才工作的各项事宜。

二、工作重点

以公司核心技能岗位为主体,以提高其职业技能为目的,建立技术晋级制度,将职业资格等级的提高与工作中的实际技能需求紧密结合起来,逐步建立和完善岗位分类体系,优化公司人力资源结构。在执行国家职业资格标准的基础上,结合公司生产实际,通过现场实际能力考核和工作业绩的评定,重点评价其解决生产实际问题和完成工作任务的能力,逐步使职业资格聘用与使用待遇相结合,形成以职业资格能力为导向,以工作业绩为重点,构筑一个较为完整合理的技能人才评价体系,确保技能人才评价工作稳步前进。

三、工作内容

开展的技能人才评价主要是对高级工和技师两个等级的资格进行评价,评价的工种范围仍以公司目前的核心技能岗位为主,并逐步扩大到一般技术岗位。今年主要开展电工、起重工、焊工、车工、架子工、钳工等工种的评价。评价的依据主要是国家职业资格技能鉴定规范和行业技能鉴定标准,省市有关职业技能鉴定标准及公司相关施工技术、工艺设备等应用技能。

四、申报条件

(一)申报条件

1. 高级工资格申报条件(具备下列条件之一者)

(1)取得本职业(工种)中级工职业资格证书后,在本工种连续工作3年及以上,可参加高级工职业技能鉴定。

(2)在本工种连续工作5年及以上,取得较好的工作业绩,能在岗位上发挥较好作用的,经所在单位推荐公司审核后,可参加高级工职业技能鉴定。

(3)取得与所在岗位对口或相近专业大专学历的,在本工种连续工作3年及以上,能胜任岗位工作要求,经所在单位推荐公司审核后,可参加高级工职业技能鉴定。

(4)取得与所在岗位对口本科以上(含本科),在本工种连续工作2年以上,能胜任岗位工作要求的,经所在单位推荐公司审核后,可参加高级工职业技能鉴定。

2. 技师资格申报条件

取得本职业(工种)高级工职业资格证书后,在本工种连续工作3年及以上,且无安全责任事故者;或取得对口或相近专业大学本科及以上学历并从事本职业(工种)连续工作3年及以上者,可参加技师职业技能鉴定。

凡在岗位工作多年并具有相应技能水平和实践经验的核心骨干,除符合上级企业高技能人才评价技师破格申报条件外，只要具备下列条件之一者，不受学历、资历（工作年限）、职业资格等条件的限制，可破格直接申报技师职业资格鉴定：

（1）持有本职业（工种）高级工资格证书，在本工种工作累计10年以上，经所在单位评审确认为单位技术骨干的。

（2）在施工生产一线，获得公司及公司以上先进生产工作者等相应荣誉称号的优秀职工。

（3）在市级及以上技术比武（比赛）中进入前十名，或公司技术比武（比赛）前六名的技术能手。

（4）被本单位认定为关键技术岗位的技术带头人。

（5）被公司主管部门认定为解决本工种高难度技术操作、工艺难题或在技术、工艺革新方面有显著成果的主要参与者。

（二）破格申报高级工和技师的补充规定

公司除执行上述规定的申报条件外，另对破格申报高级工和技师作如下补充规定：

1. 高级工

学历高中或高中以上，并在本岗位工作满5年以上且符合下列条件之一者：

（1）近3年在公司技术比武中名列前五名的。

（2）近3年被公司评为先进个人的（含单项）。

（3）公司生产一线骨干分子（如班组长等）。

2. 技师

（1）取得对口或相近专业大专学历，在本岗位工作3年以上并能解决本工种操作技术难题或在工艺革新方面有显著成果的；

（2）取得对口或相近专业本科学历，在本岗位工作2年以上，能解决本工种高难度技术操作难题或在工艺革新方面有显著成果并取得经济效益和社会效益的；

（3）达标考核中取得内部工人技师资格的。

五、评价方式

对参评人员采取工作业绩评定、理论知识考核、实际技能考核和综合评审方式，对照国家及行业有关职业标准、鉴定规范，重点评价解决生产难题和完成工作任务的能力。

（一）工作业绩的评定

公司成立工作业绩评定小组和业绩评定监督小组。

1. 工作业绩评定小组

公司工作业绩评定小组，负责对参评人员的工作表现和业绩进行评定，合格后方可参加理论和技能的考核。其中工作表现得分为30分，工作业绩得分为70分，累计满分为100分，详见附件《技能人才工作业绩评审标准》。

（1）工作表现：基本合格分为18分，分别由班组、队、公司打分，最后取平均分；

（2）工作业绩：基本合格分为42分，由公司技能人才评价工作小组及相关人员对其打分，最后取平均分。

以上两项打分，出现低于合格分或安全质量事故的则一票否决。

（3）工作表现及工作业绩评审成绩在90分以上（含90分）为优秀，60～89分为合格，低于60分为不合格。

(4)工作表现及工作业绩评定为合格的,需参加公司组织的理论培训及考核,考核合格后将有资格进入技能考核,考核不合格者将无资格进入技能考核;技能考核合格后,方可申请核发相应的等级资格证书。

2. 业绩评定监督小组

业绩评定监督小组的职责是:

(1)对整个工作业绩评审工作进行全程监督,确保公平、公正,并参与基层评分过程的监督。

(2)督促评定小组成员,秉公执法、公平打分。

(3)评分结束后,负责核对打分,签字装袋封存。

(二)理论培训及考核

凡参评人员工作业绩评价为合格者,都需参加公司组织的理论培训,培训的方式为集中面授和业余自学相结合,完成规定的学时和课程,方可参加公司组织的理论考核,考核的内容以本工种级别的建筑行业职业技能标准和鉴定规范为基础,结合新技术、新知识等方面内容,采用闭卷笔试方式进行,满分为100分,合格为60分。

(三)技能操作考核

理论考核合格者,方可参加技能考核,技能考核以本工种级别的行业技能标准和鉴定规范为依据,突出本工种关键性操作,采用现场操作的方式进行,分别完成必考模块及选考模块的操作考核,各模块分值满分100分,及格分为60分。

(四)综合评审

此项内容只对申报技师等级资格的人员加试。

对申报技师的人员日常工作表现和实际业绩进行考核,重点考核职业道德、工作业绩、潜在能力、小改小革、传授技艺等方面内容。其中工作业绩包括有关著作、论文和技术革新、攻关项目等,由公司鉴定小组及专家对申报材料审核评分,并组织论文答辩,答辩通过后方可申请核发技师等级资格证书。

六、职业资格聘用及复审

为使具备高级工、技师及高级技师资格的技能人才不断提升技能水平、知识水平,适应公司日趋发展的需要,公司决定每3年进行一次复审,进行必要的知识更新,复审通过者,公司对原技能等级予以确认,并享受其待遇,将其作为岗位聘任的依据,同时可参加晋升级别的申报评定。

七、管理与待遇

(1)取得高级工及以上职业资格的人员,由公司进行考核聘用,技能人员须定期正常参加复审,且成绩合格。聘期为1年,考核不合格者,第二年不再续聘。

(2)聘用期内,高级工及以上的高技能人才,由公司牵头,与一般技能人员结对,签订师徒协议,传授技艺。

(3)内部技师及以上人员,每年针对本岗位的关键技术难题,进行技术攻关或技术改造,并考核其成效。

(4)实施岗位津贴。

本细则自发布之日起实施,解释权归公司人力资源部。

附件:技能人才工作业绩评审标准(见表11-1)

表 11-1　技能人才工作业绩评审标准

项目	考核内容		具体评定内容
工作表现（30 分）	工作纪律	5 分	遵守劳动纪律，严守工作规程、安全操作规程、工作规范，遵守员工考勤管理，无违规违纪现象
	工作主动性	5 分	爱岗敬业，忠于职守，自觉服从工作安排
	工作质量	15 分	完成的产量、质量及工作效率高
	团结协作	5 分	以集体利益为重，与同事、合作方相处融洽，具有良好的沟通能力，虚心听取他人的各种合理化建议和意见，工作中团结合作，在所在单位、班组富有感召力
工作业绩（70 分）	工作成果（50 分）	20 分	能解决本岗位关键技术难题，并取得相应的成果，为企业创造较高的经济效益
		15 分	勤奋好学、勇于创新、敬业精业
		15 分	能较好完成本职位工作任务和领导交办的事项，工作数量饱和，质量符合要求
	业务水平传授技艺（20 分）	7 分	能掌握本岗位、本职业的应知应会，技术水平较高，具有再学习、再推广能力
		7 分	能积极参加公司、分公司、班组培训学习，能指导本职业本人级别以下人员进行实际操作，并传授专业技术理论知识，所授徒弟取得职业资格证书的通过率较高
		6 分	能独立解决本岗位技术难题
奖励加分	参加技术改造或技术改革获奖		省级　4 ~ 5 分 市级　3 ~ 4 分 企业　1 ~ 3 分
	参加竞赛技术比武获奖		省级　4 ~ 5 分 市级　3 ~ 4 分 企业　1 ~ 3 分

第十二章 建筑企业人事代理与劳务派遣

第一节 人事代理与劳务派遣概述

一、人事代理与劳务派遣的内涵

(一)人事代理

人事代理是指各级政府人事行政部门所属的人才流动服务机构,依据国家有关人事政策法规,接受用人单位或个人委托,对其人事业务实行集中、规范、统一的社会化管理和系列服务的一种人事管理方式。人事代理的当事人为代理方和委托方,一般是县级以上人民政府人事行政部门所属的人才流动服务机构;委托方为需要人事代理服务的各类企业、事业单位和个人。人事代理业务可由单位委托,也可由个人委托。委托代理的方式由委托方与代理方商定,并以合同的形式予以明确。

(二)劳务派遣

劳务派遣,亦称人力资源派遣,是近年我国劳务市场根据市场需求而开办的新的劳务中介服务项目,是一种新的用人方式。用人单位可以根据自身工作和发展的需要,通过正规劳务派遣公司,派遣所需要的各类人员(销售人员、文员、普通技工、劳务工等)。实行劳务派遣后,实际用人单位与劳务派遣组织签订《劳务派遣合同》或派遣协议,劳务派遣组织与劳务人员签订《劳动合同》,实际用人单位与劳务人员签订《上岗协议》,派遣公司、用人单位、派遣员工三方的关系如图 12-1 所示。

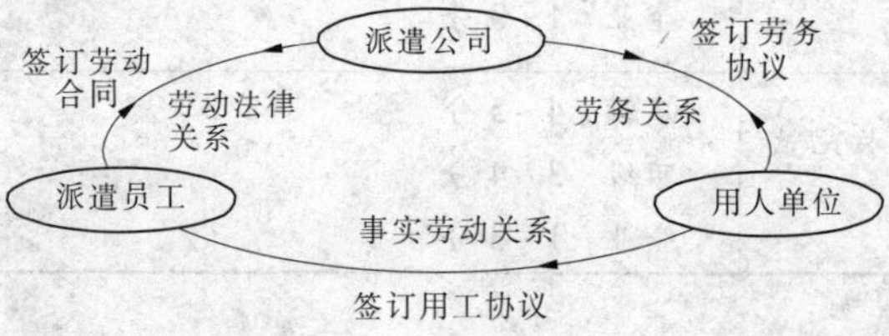

图 12-1 派遣公司、用人单位、派遣员工三方的关系

二、人事代理与劳务派遣的区别

人事代理和劳务派遣作为主要服务项目,从法律观点来看,这是两个完全不同的事物,所需要的法律手续也大相径庭。从法律上讲,主体、客体、权利义务区别甚大。

(一)基本组成合同不同

人事代理只有一个人事代理合同,法律关系相对简单,代理单位仅向签订人事代理合同的对方公司提供合同内容中所规定的代理服务,收取代理费用。

劳务派遣主要由三个合同组成,即派遣单位与接受劳务派遣服务对方公司之间的劳务派遣合同,派遣单位与被派遣员工的劳动合同,接受劳务派遣对方公司与被派遣员工的劳动聘用合同。由此可见,劳务派遣涉及的法律关系相当复杂,正因为劳务派遣在我国正在兴起,所以相关法律法规并不健全,各种相关法律规定散见于不同的法律规范中。

(二)法律关系不同

人事代理主要是一种委托代理法律关系,由接受人事代理服务的公司即客户,委托代理单位从事人事代理的行为。这种委托代理关系主要由合同法调整。

劳务派遣的法律关系不止一个,主要包括劳务派遣合同涉及的委托代理关系,劳动合同和劳动聘用合同涉及的劳动关系。劳务派遣合同主要受合同法调整,而劳动合同和劳动聘用合同则主要由劳动法和合同法共同调整。

(三)法律责任不同

人事代理能够在日常业务里出现的法律责任问题其实就是人事代理合同的合同责任。

劳务派遣则涉及法律责任,包括派遣单位和接受劳务派遣服务对方公司的合同责任,公司、接受劳务派遣服务对方公司和被派遣员工的因劳动关系而产生的责任。

三、劳务派遣与劳务中介的区别

劳务派遣不同于劳务中介。其根本区别在于劳务派遣组织必须与劳务派遣人员签订《劳动合同》,建立劳动关系。劳务派遣组织与劳务人员是企业和员工的关系,其相互关系调整适合《劳动法》。

劳务中介组织主要是通过向企业和劳动者提供劳务信息服务,收取劳务中介费用,劳动者与劳务中介组织不签订《劳动合同》,所以也不存在劳动关系,其相互关系不受《劳动法》及相关法律保护。

第二节　人事代理

一、人事代理业务的优势及意义

(1)企业可以从繁杂的人事管理业务中解脱出来。全身心地投入到企业经营和市场开发中去。

(2)企业与代理公司签订人事委托代理协议,从而避免企业因对劳动政策不熟悉而产生的劳动争议与劳动纠纷。

(3)有极强工作能力和丰富工作经验的专业工作人员提供专业服务,使企业能更好地进入良性运作当中去。

(4)与政府职能部门良好的沟通与协调,为劳动者、企业、政府机关架起沟通桥梁。

(5)推行人事代理制可以克服“小而全”、“大而全”重复建设造成人力资源浪费的弊端,提高人事管理工作的法治化、社会化和专业化程度。

(6)人事代理制度也促进了人才使用权与所有权的分离,使专业技术人员、管理人员割断了以人事档案为核心对单位的依附管理,畅通了企事业单位人员能进能出的渠道。在这种用人机制下,员工增加了工作的危机感和责任感,促进他们刻苦学习、努力工作,为单位创造更大的效益。

二、人事代理服务项目

充分分析人力资源的现状，制定人力资源开发战略，是现代企业获得快速发展的重要途径，将顺应企业管理模式与经营理念，配合企业的管理制度，提供各项人事代理服务，将企业人力资源部门中可操作性的部分进行规范化管理，同时完善人力资源的综合开发。

（一）档案及人事关系代办

（1）代转人事档案及人事关系；

（2）根据国家政策，对符合专业技术职称评审条件的申请人员进行职称评定；

（3）办理大、中专毕业生的接收录用手续，办理就业证件；

（4）负责办理大、中专毕业生工作满一年后的转正定级工作；

（5）根据国家有关规定，提供各种所需证明；

（6）为出国出境的工作人员办理政审及公证证明，负责办理边境城市及特区所需的边境证；

（7）劳动年检及工资联审；

（8）向企业通报有关劳动人事制度的政策规定，接受有关劳动人事方面的咨询，并根据企业要求提供其他服务；

（9）按照《中国共产党章程》等有关规定，接转党团员组织关系。

（二）代缴社会保险

（1）根据当地社会保险规定代缴社会保险；

（2）办理医药费用报销、工伤申请、生育等一切与保险有关的手续；

（3）养老保险关系转出及转入；

（4）代缴住房公积金及住房公积金贷款手续；

（5）代缴补充医疗保险、办理报销等与其相关的一切手续；

（6）代办失业金领取或停止领取手续；

（7）代缴人身意外险，代办养老金领取手续。

（三）代管集体户口

（1）集体户口迁入和迁出；

（2）根据国家法规，开具各种证明；

（3）保管集体户口；

（4）办理身份证更新；

（5）办理户口册更新。

三、人事代理对象

（1）国有、集体企事业单位，混合所有制企业，私营企业，外商投资企业，民办科研机构，社会公益事业组织以及其他无主管部门单位的专业技术人员、管理人员和大中专毕业生；

（2）律师、会计、审计、公证等社会中介机构，各社会团体、单位的专业技术人员和管理人员；

（3）自主创业和暂未落实工作单位的大中专毕业生；

（4）自费出国（境）留学人员；

(5)自主择业的军队转业干部；

(6)辞职和被辞退及自动离职的机关、企事业单位工作人员；

(7)与用人单位终止或者解除劳动关系的专业技术人员和管理人员，以及企事业单位人事改革中的分流人员。

四、人事代理的形式

各类企事业单位可以实行单位代理，也可以实行个人代理；实行单位代理的，可以全员代理，也可以对部分人员进行代理。

五、人事代理程序

(1)委托方向代理方提出申请，并提供有关材料。

个人办理委托人事代理，根据各自情况的不同，须向当地人才流动机构分别提交下列有关材料：

①应聘到外地工作的，须提交委托人事代理申请、聘用合同复印件、身份证复印件、聘用单位证明信(证明其单位性质、主管部门、业务范围)等。

②自费出国留学的人员，须提交委托人事代理申请、原单位同意由人才流动机构保存人事关系的函件、出国的有关材料等。

③辞职、解聘人员尚未落实单位的，须提交委托人事代理申请及辞职、解聘证明，身份证复印件等材料。

(2)代理方对委托方申报的材料进行审核。

(3)委托方与代理方签订人事代理合同。

(4)代理方向有关方面索取人事档案及行政、工资、组织关系等材料，并办理有关手续。

(5)人事代理当事人的权利和义务，由双方以协议的形式予以明确，共同遵守。

第三节　劳务派遣

一、劳务派遣的作用(优势)

为了规范劳动合同制度，保护用人单位和劳动者的合法权益，按人力资源和社会保障部门的要求，用人单位要与员工签订《劳动合同》，为员工缴纳社会保险，并按规定享受各项待遇。如果用工单位在短时间内将所有人员都做到规范用工，工作量极大，所以委托劳务派遣公司为公司实施劳务派遣，并与员工签订《劳动合同》则是捷径。

(1)采取劳务派遣这种新型的用工方式，员工与劳务派遣机构签订《劳动合同》，保证了劳资双方在遵守劳动法的前提下实现了用工受法律保护，员工的权益也有了保障。员工由于有劳动合同的保护和约束将更努力为用工单位工作，而原有的福利待遇和管理制度都没有变化。

(2)享受社会保险待遇，根据国家规定为派遣员工缴纳各项社会保险，用工单位和派遣员工按规定的比例定期缴纳社会保险，员工因为用工单位为其缴纳社会保险，工龄得到延续，失业、医疗、工伤和退休后生活有了保障。

(3)因劳动关系在劳务派遣公司,故人事档案的管理也在劳务派遣公司,使用人单位在劳动力的招聘、甄选、录用、培训、工资、福利等方面的劳动管理成本降低,使劳务人员开具各种与人事档案相关的证明更加快捷。总之,实行劳务派遣后,最大限度地简化了用工的管理职能,减轻了企业的工作负担,使企业能够集中精力参与市场竞争,理顺了劳动关系,规范了用工行为,使用工单位和员工建立起和谐稳定的劳务关系,因此对劳动者个人来讲,改变用工方式后自己的合法权益更加有了保证。

(4)满足特殊单位的需求。按法律规定要求,外资企业、社团、组织的驻华代表机构作为不具备法人资格的分支机构,不具有用人主体资格,劳务派遣单位则能满足其用人要求。

二、劳务派遣手续的办理

(1)业务咨询:初步了解双方意向,确认公司的合法资质;

(2)用人单位提出要求:用人单位根据自身情况提出用人需求及标准;

(3)分析考察:依据用人单位提出的要求,对实际工作环境、岗位进行了解,如有必要可进行考察,确定派遣员工招聘方法;

(4)提出派遣方案:根据不同用人单位要求及现有状况,制订劳务派遣方案;

(5)洽谈方案:双方研究、协商劳务派遣方案内容,并在合法用工的前提下修改、完善派遣方案;

(6)用人单位与劳务派遣机构签订《劳务派遣合同》,在双方遵守《劳动法》的前提下,按《合同法》明确劳务派遣合同双方的责任义务;

(7)劳务派遣机构与派遣员工签订《劳动合同》,注明所要派遣到的企业名称及岗位;

(8)实际用人单位与派遣员工签订《上岗协议》,明确双方的劳务关系及所从事工作岗位职责的具体要求。

三、派遣员工工资的发放

根据《劳务派遣合同》约定,企业按月管理和考核派遣员工情况,确定派遣员工应发工资总额、社保经费、加班费、个人所得税、住房公积金等,每月底划拨到派遣机构财务账上,派遣机构代发全部派遣员工的工资、代扣个人所得税、代扣社会保险金。

四、派遣员工社会保险的办理

根据用人单位要为员工缴纳社会保险的规定,劳务派遣机构将按用人单位提出的派遣员工工资基数,为其办理各项社会保险,具体内容是:

(1)每月××日前,由用人单位支付次月社会保险所需费用;

(2)劳务派遣机构为派遣员工代缴各项社会保险费用;

(3)根据派遣员工每月增减情况变化,及时办理人员调入、调出社会保险的转移手续;

(4)符合养老、医疗、失业、工伤应享受的待遇时,办理各项费用的报销手续;

(5)应用人单位要求代缴派遣员工住房公积金;

(6)向用户提供各项社会保险的政策咨询及各项社会保险新出台政策的宣传。

五、派遣员工的工伤处理

(1)用工单位应负责工作场地、设施及环境的安全管理，提供必要的劳动保护条件；

(2)派遣机构定期查看派遣员工的工作场地安全设施，为用工单位提出用工安全建议，以保证派遣员工劳动安全，避免发生工伤事故；

(3)派遣员工因公受伤时，派遣机构将负责处理工伤理赔事宜。

六、派遣员工档案管理

为了及时、真实地掌握派遣员工情况，采用派遣员工的档案统一管理模式，主要内容有：

(1)及时为派遣员工办理人事档案接转手续；

(2)及时为新招聘派遣员工办理招工备案手续；

(3)受委托办理外地人员务工的各种证件；

(4)按规定代办有关档案中记载的材料证明手续；

(5)派遣协议到期，根据用工单位和派遣员工要求，代办档案续存或转移。

七、用工单位主要工作

(1)应按照国家《劳动法》规定，合法规范用工，承担派遣员工的各项费用；

(2)为了确保劳务派遣业务的正常进行，应规范及完善各项派遣员工管理制度，负责对派遣员工进行岗位培训及相适应的技能培训；

(3)实施劳务派遣后，用人单位可将工作的重点放在如何调动派遣员工的工作积极性方面，采取合理的奖励处罚机制，制定奖励和处罚标准，对派遣员工进行考核，并按照规定给予奖励和处罚。

八、用人单位需应承担的费用

用人单位的开支项目有：派遣员工工资、各项社会保险费、员工加班费、员工福利费、工会会费、劳务派遣业务服务费和相关税金。

九、适合进行劳务派遣人员类别

劳务派遣涉及专业极为广泛，从管理人员、专业技术人员至一般员工，均可采用派遣方式，目前主要劳务派遣人员类别有：

(1)国有企业改制后所使用的合同制员工；

(2)国家事业单位编外临时聘用人员；

(3)服务性行业员工(餐饮服务、酒店客房服务等)；

(4)商业企业员工(收银员、销售人员、文员等)；

(5)物业管理员工(各类技术人员、保洁员、保安员、园艺师等)；

(6)工业企业员工(司机、仓储人员、普通技工、劳务工等)。

劳务派遣也可作为延长员工试用期的补充手段。

十、劳务派遣时间的确定

劳务派遣时间长短均按用人单位需要确定，一般以中期（三年以内）、短期（一年期）和临时（半年以内）为宜。

十一、派遣员工的管理

被派遣员工与正式雇员应当同等待遇，同岗同酬。被派遣员工可以根据《劳动合同法》的有关规定，与劳务派遣单位解除劳动合同。被派遣员工如果有严重违纪、严重失职、营私舞弊以及不能胜任工作等《劳动合同法》规定的相应情形的，用人单位可以将派遣员工退回派遣单位，派遣单位依法可以与派遣员工解除合同关系。

十二、劳务派遣单位的法定责任

（1）劳务派遣单位必须与员工签订《劳动合同》，如未执行，发生争议，劳动保障行政部门则按照未签订《劳动合同》的人数处以罚款；

（2）劳务派遣单位不得以任何形式收取抵押金、保证金及其他费用，劳动保障行政部门可对违反规定的单位处以罚款；

（3）劳务派遣单位应为员工缴纳社会保险，劳动保障行政部门可对违反规定的单位给予行政处分，逾期不缴的按日加收欠缴金额的滞纳金。

十三、派遣员工招聘方式

（1）一般情况由用人单位负责进行招聘及面试初审，确定符合条件人员后，向劳务派遣公司提交派遣员工名单，由劳务派遣公司办理派遣手续；

（2）如用人单位需要，也可通过劳务派遣公司进行招聘，原则上用人单位须派人参加面试初审，面试合格后，由用人单位确定录用派遣员工名单，劳务派遣公司办理派遣手续；

（3）如果用人单位自己有特定的招聘渠道（如外省某地区），也可委托劳务派遣公司进行招聘工作。

十四、派遣员工的权利和义务

（一）基本权利

（1）依法受到劳动安全、卫生保护的权利；

（2）依法获取劳动报酬的权利；

（3）依法参加社会保险的权利；

（4）国家法律规定的其他各项权利。

（二）基本义务

（1）自觉遵守用人单位各项规章制度和安全操作规程；

（2）服从用人单位的日常管理；

（3）完成用人单位指定的各项工作任务；

（4）参加用人单位的各项劳动竞赛，勇于创新，为用人单位提供优质高效的服务；

（5）国家法律和劳动合同规定的其他各项义务。

第十三章　劳动关系管理

第一节　劳动关系概述

一、劳动关系的含义

劳动关系通常是指用人单位(企业)与劳动者(员工)之间在运用劳动者的劳动能力,实现劳动过程中所发生的关系。在市场经济未成为主导经济形势的各个历史阶段,家庭不仅是消费单位,而且是生产单位,是劳动的一般组织形式。劳动关系是社会生产过程中产生的客观条件——生产资料,与生产的主观条件——劳动力相互结合的具体表现形式,劳动过程得以开始的同时,也形成了现实的劳动关系。从整体上看,劳动力使用者的企业可以是不同的,其外在表现可以千差万别,但表现在劳动关系上,他们都是用人单位(企业),是劳动力使用者;劳动者也是不同的,但他们在劳动关系中都是劳动力使用权的让渡者,是劳动者或者说是员工。抽掉个体间的具体差异,劳动关系只能是企业与员工之间的关系,而不可能是劳动者因集体劳动而产生的相互之间的分工协作关系。

员工一般通过企业的概念来定义,在劳动关系中与企业相对的一方是员工,他是企业或其他类型的用人单位的财产的人格化代表,是生产经营与管理权的载体。企业完成生产经营和管理,是通过各级各类管理人员的职能行为来实现的。因此,在劳动关系的实际运行中员工通常并不是一个孤立的自然人,而是一个具有经营管理权的团体。企业与员工的关系必须为管理方群体与员工群体之间的关系。管理方在总体上代表与维护投资者的利益,对投资者负责。在现代企业制度中,企业产权的所有者通常并不直接参与生产经营,为了使其财产的安全性与完整性得到保证,他们通过一定的法人治理结构、通过委托代理关系实现自己的利益,其利益目标是利润的最大化。

总之,从综合角度考虑,劳动关系是随资本主义生产方式的出现而出现的,是随商品经济成为生产的主导形式而产生的。它是劳动力与资本相结合的表现,是劳动过程的社会形式。也就是在此意义上,人们将劳动关系表述为劳资关系或雇用关系。劳动关系因生产要素属于不同的所有者而产生,它是产权关系的另一种表现形式,而与劳动分工并无直接联系。

二、劳动关系的主要特征

劳动关系与一般经济学中所概括的劳动关系和其他社会关系相比,具有如下特征。

(一)劳动关系产生于劳动生产过程中

劳动关系以劳动力的所有权和使用权相分离为核心。劳动者在劳动关系中始终是劳动力的所有者,在劳动过程中是劳动力的支出者;用人单位以占有的生产资料的产权或经营权为基础,能够为劳动力提供物质条件,成为劳动力的使用者。双方通过劳动关系这种形式实现劳动生产过程。在这一过程中既有技术因素而产生的效率问题,又有分工协作而产生的组织结构问题、工作场所和各种劳动条件问题。劳动力消耗过程中的各种社会因素方面的矛盾构成了一个相对独立的领域。劳动关系是人们各种社会关系中最为普遍的关系。

(二)劳动关系具有人身关系属性和财产关系属性相结合的特点

由于劳动力只能寄居在活的人体之中,使劳动力具有显著的生理特征,其存在和消费与劳动者人身不可分离,劳动者向用人单位提供劳动,实际上就是将其人身在一定限度内交给用人单位,因此劳动关系本身就是一种人身关系。在劳动关系领域,劳动者通常被表述为员工。员工是一个与企业相对的概念,通常可以理解为基于劳动合同为获取工资而有义务处于从属地位、为企业提供劳动的人。判断劳动给付的一方主体是否属于企业,不能从其所从事的劳动种类上加以识别。在市场经济条件下,被劳动力市场评价高的劳动力,将会获得比较高的工资,而劳动力支出的复杂程度,即从事复杂劳动的程度取决于劳动能力的水平与结构,取决于员工的人力资本的存量与结构状况。劳动者让渡劳动力的使用权来换取生活资料,其交换的目的就是获得工资;而用人单位雇用劳动力,是因为能够得到劳动给付,通过劳动力与生产资料的结合,可以向市场提供商品或服务,收回成本并取得盈利。就此意义而言,劳动关系又是一种财产关系。财产关系中存在的各种矛盾必然会反映到劳动关系的正常运行中。

(三)劳动关系具有平等性和隶属性的特点

在现代社会,劳动关系的当事人,即企业与员工之间是相互独立的平等主体的契约关系,两者具有平等的法律人格,而是否建立劳动关系,则取决于劳动者和用人单位的双向选择。也就是说,劳动者和用人单位是相对独立的平等主体。工资、工作内容及劳动条件是劳动者与用人单位双方平等自愿、协商一致的结果,具有显著的形式平等的特征。劳动力的所有者按照一定的价格将劳动力的使用权让渡给企业,两者在进行交换时受到极其复杂因素的影响。劳动关系一经建立,劳动者就成为用人单位的员工,用人单位就成为劳动力的支配者和劳动力的管理者,劳动者必须听从用人单位的领导、命令和指挥,并遵守用人单位内部的规定,这使得劳动关系具有隶属性,即成为一种隶属主体间的以指挥、命令、服从为特征的管理关系。

三、劳动法律关系

(一)劳动法律关系的含义

所谓劳动法律关系,是指劳动法律规范在调整劳动关系过程中所形成的企业与员工之间的权利和义务关系,即企业与员工在实现现实的劳动过程中所发生的权利和义务关系。显然,如果没有国家意志的干预,劳动关系就完全根据当事人双方的意志形成,是纯粹的双方的行为。现代社会倡导意志自治、契约自由,只要企业与员工意思一致、双方合意,即可形成劳动关系。劳动关系是基于劳动合同而建立的,而合同制度本身就是一种法律制度。劳动关系是绝对脱离不开法律制度的。

劳动关系经劳动法律规范、调整和保护后,即转变为劳动法律关系,员工和企业双方有明确的权利义务。这种受到国家法律规范、调整和保护的企业与员工之间以权利和义务为内容的劳动关系即为劳动法律关系,它与劳动关系的最主要的区别在于劳动法律关系体现了国家意志。

在确定劳动关系各方面的内容以及劳动关系当事人各自的行为时,如工时、工资、劳动条件等,以及变更、解除和终止劳动关系时,必须服从国家意志的制约,使确立的劳动关系既符合当事人双方的意志,又符合国家法律意志的要求。任何一方违反了法律规范,都将承担法律责任。

(二)劳动法律关系的基本要素

劳动法律关系的基本要素包括主体、客体和内容。

(1)劳动法律关系的主体。劳动法律关系的参与者,即劳动者、劳动者组织(工会、职工代表委员会)和用人单位。

(2)劳动法律关系的客体。劳动法律关系的客体是指主体的劳动权利和劳动义务共同指向的事物,例如:劳动时间、劳动报酬、劳动纪律、安全卫生、福利保险、教育培训、劳动环境等。

(3)劳动法律关系管理的主要内容。企业人力资源管理工作中的员工招收、录用、企业内部人力资源的配置与协调等事务在劳动关系管理中表现为:劳动合同的订立、履行、变更、解除和终止的劳动法律行为。具体地说就是保障与实现主体双方各自依法享有权利和承担义务。

(三)劳动法律关系特征

劳动法律关系具有如下特征。

(1)劳动法律关系是以劳动关系和劳动法律规范为前提而形成的社会关系。法定的权利义务只有转化为现实的权利义务才能使劳动关系主体有实际的价值,才是真实的和完整的。法律一经国家权力机关或授权的机关以规范性文件宣布生效之后,就具有法律效力。当法定权利转化为主体实际享有的权利和利益,法定义务转化为主体实际承担和履行的义务时,就是实现化的义务,法律具有实效。劳动关系是劳动法律关系的现实基础,而劳动法律关系则是劳动关系的法律形式。实际上,劳动法对劳动关系的调整是将劳动关系转化为劳动法律关系来实现的。若不存在相应的劳动法律关系规范以及依此形成的劳动合同规范和集体合同规范,劳动关系就是劳动关系而非劳动法律关系。由于劳动法律规范不可能覆盖劳动关系的全部内容,所以未在法律规范调整范围内的劳动关系不具有法律关系的性质。

(2)劳动法律关系的内容是权利和义务。劳动法律关系是以法律上的权利和义务为纽带而形成的社会关系。运用劳动法的各种调整方式将劳动关系转化为劳动法律关系是劳动法对劳动关系的第一次调整,员工与企业按照法律规范享有一定的权利、承担一定的义务,从而使员工和企业之间的行为与要求具有法律意义。劳动关系转化为劳动法律关系后,若其运行出现障碍,如违约行为、侵权行为出现,则劳动法将对劳动法律关系继续进行调整,这是劳动法的第二次调整,其目的在于消除劳动法律关系运行的障碍,使其恢复顺利运行。符合法律规范的行为受到肯定的评价,违反法律规范的行为受到否定的评价,即承担由违反行为而造成的法律后果。

(3)劳动法律关系是双务关系。企业、员工在劳动法律关系之中既是权利主体,又是义务主体,互为对价关系。在通常情况下,任何一方在自己未履行义务的前提下无权要求对方履行义务,不能只要求对方履行义务而自己只享受权利,否则,就违背了劳动法律关系中主体地位平等的要求。

(4)劳动法律关系是以国家强制力作为保障手段的社会关系,是由观念抽象状态转化为现实秩序的一种状态。国家强制力是否立即发挥作用,取决于劳动法律关系主体行为的性质;有强制性规范形成的劳动法律关系内容,受国家法律强制力的直接保障。劳动法律关系具有法律的国家性、普遍性等特点。

第二节　劳动关系管理概述

一、劳动关系管理的含义

通过规范化、制度化的管理，使劳动关系双方（企业与员工）的行为得到规范，权益得到保障，维护稳定和谐的劳动关系，促使企业经营稳定运行。

企业劳动关系主要指企业所有者、经营管理者、普通员工和工会组织之间在企业生产经营活动中形成的各种责、权、利关系。

二、劳动关系管理的基本原则

劳动关系管理的基本原则如下：

(1)兼顾各方利益原则；

(2)协商解决争议原则；

(3)以法律为准绳原则；

(4)劳动争议以预防为主的原则。

三、劳动关系的调整方式及处理原则

劳动关系的调整方式依据调整手段的不同，主要分为通过劳动法律法规对劳动关系的调整，劳动合同规范的调整，集体合同规范的调整，民主管理制度（职工代表大会、职工大会）的调整，企业内部劳动规则（规章制度）的调整，劳动争议处理制度的调整和国家劳动监督检查制度的调整。

劳动关系的处理主要有以下原则：

(1)以法律为准绳，以事实为依据。法律既包括《劳动法》、《劳动合同法》，也包括宪法、基本法，还包括规章、制度；既有实体法，也有程序法。以法律为准绳，依法处理劳动关系。

(2)坚守原则，兼顾各方利益。劳动关系的特征决定了劳动关系是一种隶属关系，是一种领导与被领导、组织与被组织、管理与被管理的关系。在处理劳动关系的过程中，必须明确当事人在适用法律上一律平等和公正的原则，同时要兼顾各方利益。

(3)协商为主。协商是处理劳动争议的基本手段，且贯穿劳动争议处理的全过程。协商的前提是双方自愿，且自愿达成的协议必须合法。

(4)预防争议。预防争议可以防患于未然，控制争议的发生，保障劳动者的合法权益，协调、稳定劳动关系和社会秩序，从而促进企业和社会经济的发展。

四、改善劳动关系的途径

改善劳动关系的途径主要有以下几种：

(1)依法制定相应的劳动关系管理规章制度，进行法制宣传教育；明确全体员工各自的责、权、利。

(2)培训经营管理人员，提高其业务知识和法律知识，树立良好的管理作风，增强经营

管理人员的劳动关系管理意识,掌握相关的原则与技巧。

(3)提高员工的工作生活质量,进行员工职业生涯设计,使其价值观与企业的价值观重合,这是改善劳动关系的根本途径。

(4)员工参与民主管理。企业的重大决策,尤其涉及员工切身利益的决定,在员工的参与下,可以更好地兼顾员工利益。

(5)发挥工会或职代会及企业党组织的积极作用。通过这些组织协调企业与员工之间的关系,避免矛盾激化。

第三节 劳动合同管理

一、劳动合同概述

(一)劳动合同的含义

《中华人民共和国劳动合同法》是我国第一部较完整的调整劳动合同关系的法律。该法的实施,对我国的用工单位和劳动者依法保护自己的合法权益提供了更完整的法律依据。

劳动合同是劳动者与用人单位确立劳动关系,明确双方权利和义务的协议。建立劳动关系应当签订劳动合同。劳动合同是发生在劳动者和用人单位之间的法律事实,劳动合同一经当事人依法签订,即确立了劳动者与用人单位之间的劳动关系,双方当事人之间的劳动权利和义务也就明确化、具体化了。

订立劳动合同的目的是在劳动者与用人单位之间建立劳动法律关系,规定劳动合同双方当事人的权利和义务。劳动者和用人单位签订劳动合同的法律地位平等,但在劳动合同履行过程中,劳动者必须参加到用人单位的劳动组织中,担任一定职务或工种、岗位的工作,服从用人单位的领导和指挥,遵守用人单位的劳动纪律、内部劳动规则和各种规章制度,同时享受用人单位的工资、劳动保险和社会福利。

(二)劳动合同的特征

劳动合同是一种特殊的合同,除具有一般合同的特征外,还有其自身的特征。

1. 劳动合同的主体具有特定性

劳动合同的主体必须一方是企业、事业单位、国家机关、社会团体或个体经济组织,另一方必须是劳动者本人。只有上述双方主体签订的合同才是劳动合同。

2. 劳动合同属于双务合同

劳动合同的主体既是权利主体,又是义务主体,任何一方在自己未履行义务的条件下,无权要求对方履行义务。劳动合同主体的法律地位平等,但在组织管理上具有隶属关系。劳动合同一经签订,劳动者必须承担相应的权利和义务,服从用人单位的领导和工作安排。

3. 劳动合同属于法定要式合同

劳动合同应当采取书面形式。劳动合同的条款分为法定条款和协商条款。法定条款是指法律、法规规定必须遵守的条款;协商条款是根据工作岗位的不同特点,以合同双方当事人各自的具体情况,由双方选择约定的具体条款。上述法律规定使劳动合同成为法定要式合同。

4. 劳动合同当事人的法律地位平等，但在组织管理上具有隶属关系

劳动合同一经签订，劳动者必须承担相应的权利和义务，服从用人单位的领导和工作安排；同时，用人单位也有权利和义务对劳动者进行管理。劳动合同当事人的这种职责上的隶属关系是在双方当事人权利、义务对等的基础上，依照社会化大生产劳动过程的分工要求形成的，并不是一种人身附属关系。如果合同解除了，那么这种职责上的身份关系也自然解除。从另一方面看，这一特征也决定了劳动者在同一时间只能与一个用人单位签订劳动合同，而不能同时与两个以上用人单位发生劳动关系。

（三）劳动合同的内容

劳动合同的内容是当事人双方经过平等协商所达成的关于权利和义务的条款，包括法定条款和约定条款。企业为招聘员工、协商相互之间的权利和义务而提供的劳动合同文本必须依法具备法定条款。

1. 法定条款

法定条款是依据法律规定劳动合同双方当事人必须遵守的条款。《劳动法》和《劳动合同法》规定，劳动合同应当具备以下条款：

（1）用人单位的名称、住所和法定代表人或主要负责人姓名；劳动者的姓名、住所和居民身份证或其他有效身份证件号码。

（2）劳动合同期限。劳动合同期限是劳动合同规定的双方当事人权利和义务的有效时间。劳动合同期限分为三种：

①有固定期限的劳动合同。此种劳动合同是当事人订立劳动合同时明确约定合同生效和终止的时间。

②无固定期限的劳动合同。此种合同是没有明确约定合同终止日期的劳动合同，在正常履行劳动合同的情况下，劳动者一直工作到退休。

③以完成一定任务为期限的劳动合同。此种合同是一种特殊的定期劳动合同，双方当事人把完成某项工作或工程作为劳动合同的存续期限，约定工作或工程完成后合同就可以终止。

（3）工作内容。工作内容是劳动者应当为用人单位提供的劳动，即劳动者应当承担的何种工作或职务，包括具体的工种和岗位、工作地点和场所。关于工作的数量、质量标准，若不宜具体规定，作出原则性规定即可。

（4）工作地点。工作地点是指劳动合同的履行地，是劳动者从事劳动合同中所规定的工作内容的地点，它关系到劳动者的工作环境、生活环境以及劳动者的就业选择，劳动者有权在与用人单位建立劳动关系时知悉自己的工作地点，所以这也是劳动合同中必不可少的内容。

（5）工作时间和休息休假。工作时间是指劳动者在用人单位中，必须用来完成其所担负的工作任务的时间。休息休假的权利是每个公民都应享有的权利。

（6）劳动保护。劳动保护是用人单位为保障劳动者在劳动过程中的安全和健康，防止工伤事故和预防职业病的发生，所应采取的技术措施和组织措施。

（7）劳动条件。劳动条件是为完成工作任务而应由用人单位提供的、不得低于国家规定标准的必要条件，包括加班加点、工作班制、劳动工作条件、劳动工具、生产工艺流程、安全操作规程、健康检查、女工及未成年人特殊保护和伤亡事故处理制度等。

（8）劳动报酬。劳动报酬是指用人单位应该向劳动者支付的工资收入等。劳动报酬的主要支付形式是工资，此外还有津贴、奖金等。在劳动合同中应明确工资的数额，工资支付

标准、支付时间、支付周期、工资计算办法,奖金津贴获得条件和标准;如有必要,还可以明确加班加点工资的计算办法、支付时间以及下岗待遇等。

(9)社会保险。社会保险是国家通过立法建立的、对符合法定条件的劳动者在其生育、养老、疾病、死亡、伤残、失业以及发生其他生活困难时,给予物质帮助的制度。本项条款应明确双方当事人各自的社会保险缴纳项目、缴费标准和缴费办法等。由于社会保险由国家强制实施,因此成为劳动合同不可缺少的内容,一般包括养老保险、医疗保险、工伤保险、失业保险和生育保险等。

(10)劳动纪律和环境。劳动纪律是劳动者在劳动过程中必须遵守的规则和秩序,其包括国家法律、行政法规规定的规则和用人单位按照合法的程序制定的内部劳动规则。用人单位应为劳动者提供安全的生产场所,如劳动者的生产环境可能存在安全隐患或职业病因素,用人单位应在招用劳动者时如实告知。

(11)劳动合同的终止。劳动合同的终止是指劳动合同签订以后,没有履行完毕以前,由于某种原因导致双方提前终止合同效力的法律行为。发生以下情况时可终止合同:一是合同期限届满、约定义务完成,属于法定终止条件;二是双方当事人根据各自的实际情况,经与对方协商一致,将一定情形的发生作为合同终止的法律事实,当约定的事实出现时劳动合同自行终止。

(12)违反劳动合同的责任。劳动合同应当明确约定违反劳动合同的规定给予对方造成损失后应承担的法律后果。

2. 约定条款

劳动合同除以上法定条款外,双方当事人可以根据实际需要在协商一致的基础上,规定其他补充条款。约定条款的内容只要合法,就同法定条款一样,对当事人双方具有法律约束力。常见的约定条款有以下内容。

1)试用期限

试用期是用人单位与劳动者为相互了解、选择而约定的考察期,当事人分别用于考察劳动者是否符合录用条件,用人单位所介绍的劳动条件是否符合实际情况。依据《劳动法》的规定,试用期限最长不超过6个月。其中,劳动合同期限在3个月至1年的,试用期不超过1个月;1年至3年的,试用期不超过2个月;3年以上的,试用期不超过6个月。同一用人单位与同一劳动者只能约定一次试用期;以完成一定工作任务为期限的劳动合同和劳动合同期限不满3个月的,不得约定试用期。试用期包括在劳动合同期限之内。

2)培训

双方当事人可以约定培训的条件、培训期间的工资待遇、培训费用的支付方法、服务期限等。

3)保密事项

商业秘密是指不为公众所熟悉,能为用人单位带来经济利益,并经用人单位采取保密措施的技术信息和经济信息。这类条款不仅应当约定在合同期内保守商业秘密,而且最好约定在合同终止后一定期限内,劳动者不得到生产同类产品或经营同类业务且有竞争关系的企业单位任职,也不得自己生产同类产品或经营业务,但企业应当给予劳动者一定的经济补偿。劳动过程涉及用人单位商业秘密的,当事人应对有关保密事项加以明确规定,使之成为劳动者履行劳动合同的一项基本义务。

4)补充保险和福利待遇

根据法律法规的有关规定和企业的经营发展战略以及企业效益，选择协商确定补充养老、医疗等保险和适应企业特点的福利待遇。

5)当事人约定的其他事项

劳动合同当事人的具体要求千差万别，劳动合同的内容只要不违反法律和行政法规的规定，一经双方商定，均为合法有效并对当事人具有法律约束力。

(四)专项协议

所谓专项协议，是劳动关系当事人为明确劳动关系中的特定权利和义务，在平等自愿、协商一致的基础上所达成的契约。专项协议可以在订立劳动合同的同时协商确定，也可以在劳动合同履行期间因满足主客观情况变化的需要而订立。前者通常包括期限协议、培训协议、保守企业商业秘密协议、竞业禁止协议、补充保险协议、岗位协议书、聘任协议书等；后者通常适用于企业劳动制度改革过程中，因为劳动制度的变化、结构调整、企业拖欠劳动者工资、应报销的医疗费或其他债务，以及因企业或劳动者个人原因离岗或下岗而签订的有关社会保险缴纳、下岗津贴等内容的专项协议。此种专项协议书约定在特定条件下，劳动合同约定的权利和义务暂时中止执行。如果专项协议在订立劳动合同时订立，应在劳动合同的附件中注明，以保证其法律效力。

二、劳动合同的订立与变更

(一)订立劳动合同的原则

用人单位在订立劳动合同时，多数以法人的资格出现。在劳动关系双方当事人之间，法人凭借其完备的主体资格、足够的财力物力，在签订劳动合同后能够依据合同的约定，为劳动者提供劳动条件，按时足额支付劳动报酬，为劳动者缴纳社会保险费和提供生活福利。

劳动者订立劳动合同必须达到法定的劳动年龄。年满 18 周岁的劳动者达到了订立劳动合同的条件；年满 16 周岁不满 18 周岁的劳动者依照《劳动合同法》的有关规定及劳动合同的约定，在劳动合同约定的权利和义务关系不违背有关法律法规的前提下订立劳动合同。

根据法律的规定，订立和变更劳动合同应遵循以下原则。

1.公平原则

公平原则主要是指在合同订立中，任何一方都不能依仗自己的强势优势使合同出现显失公平的情况。在劳资双方力量不对等的情况下，公平原则对于保护处于弱势的劳动者，实现劳动关系的相对平衡，有着积极的意义。

2.自愿原则

自愿原则是指劳动合同的签订必须是合同双方主体的自愿行为，而这种自愿是在平等的基础上实现的。当事人签订合同出自内心意愿，用人单位和其他任何机关、团体和个人都无权强迫劳动者签订劳动合同；同理，用人单位也有权拒绝任何单位和个人在超出法律规定的情况下订立劳动合同的要求。

3.协商一致原则

协商一致原则要求双方当事人就劳动合同的条款达成一致意见，此劳动合同才能成立。如对具体条款意见不一致，劳动合同不能成立。

4. 诚实信用原则

诚实信用原则作为合同双方当事人的义务来进行规定。

5. 合法原则

合法原则是指劳动合同的订立不得违反法律、法规的规定。这里的法律、法规既包括现行的法律和行政法规，也包括今后可能颁布的法律和行政法规；既包括劳动法律和法规，也包括民事和经济方面的法律和法规。合同合法首先是其内容要合法，劳动合同的各项条款必须符合法律和行政法规的规定；其次是其程序要合法，是指劳动合同的订立过程，必须符合法律规定的程序要求。

（二）订立劳动合同的程序

1. 要约和承诺

劳动者或用人单位向对方提出订立劳动合同的建议称为要约，即一方向另一方提出订立劳动合同的要求。提出要求的一方为要约方，与之相对的一方为被要约方。这是劳动合同订立的一般程序。通常情况下，要约方包括工作岗位、工作任务、劳动报酬、劳动条件、保险福利等事项。

2. 相互协商

被要约方与要约方就订立劳动合同的建议和要求进行平等协商。通常情况下，以用人单位提供草拟的劳动合同文本作为双方协商的基础。草拟的劳动合同文本规定了双方的权利和义务，在双方对各自的权利和义务达成一致后协商即告结束。在协商时，应保证劳动者对劳动合同草案能充分表达自己的意见和要求。

3. 双方签约

劳动合同当事人双方在签约前应认真审阅劳动合同文本约定的内容是否真实，是否与约定的条件一致。经确认后，劳动者本人和用人单位法定代表人签字、盖章，并填写年、月、日。法定代表人可以书面委托有关人员代理签字。如果当事人双方要求的劳动合同的生效时间与最后一方签字盖章的时间不一致，应该注明劳动合同的生效时间。

4. 法人授权书

作为法人的用人单位，其权利能力和行为能力由法人的机关或代表实现，法人机关或代表的行为就是法人组织的行为，法人组织承担其法律后果。法人机关有权代表法人进行活动，法人机关是法人的权利能力和行为能力的行使者。法人机关通常分为以下几种：

意思机关，即法人的权力机关或决策机关。

（1）执行机关，执行意思机关的决策，具体实施法人对内进行管理，对外进行民事活动和招聘录用员工活动的功能。

（2）代表机关，是法人的意思表示机关，通常称为法人的法定代表人。

（3）监察机关，是对法人执行机关的活动实施监督的机关。用人单位的法定代表人与劳动者协商签订劳动合同的行为，并不是法定代表人个人的行为，而是法人组织的行为。用人单位的人力资源管理机构及其负责人具体实施的劳动合同及各类专项协议的协商、签订、解除、变更活动，是代理法人代表机关的活动，因此必须获得法人代表机关的授权方能进行。实施代理制度，是企业经营管理活动的复杂性和社会分工的要求。它可以充分地利用企业的资源，提高办事效率，降低交易成本。

企业人力资源部门的代理行为，是基于法定代表人的委托授权而发生的代理行为。在我国劳动法律适用中，委托代理权应当以书面形式授权。代理证书是委托授权的书面形式，是由法人代表委托代理人的代理权及其权限范围的证明，在劳动合同管理的实践中通常称为法人授权书。代理证书应包括代理人的姓名或名称、代理事项、权限范围、有效期限、被代理人的签名盖章。

(三)劳动合同的履行

1. 劳动合同的履行原则

劳动合同的履行是指劳动合同当事人按照劳动合同规定的条款，双方各自履行各自合同的义务和实现合同的权利的行为。劳动合同的履行应遵循以下原则。

1)实际履行原则

实际履行原则要求合同双方当事人应当按照合同规定的实际标的履行各自的义务、实现各自的权利，而不能用其他标的或方式代替。如果当事人一方不履行合同，另一方有权请求法院强制执行。如果在合同履行过程中发生不可抗力，合同约定的目的发生变化，实际履行已不可能或者无必要时，当事人可以不履行合同，但必须符合法律法规的规定。当事人不得任意借口情况变化而不实际履行劳动合同，否则违约方要承担相应的法律责任。

2)全面履行原则

全面履行原则是指劳动合同当事人双方按照劳动合同约定的标的及其数量、质量、时间、地点、方式等全面完成自己所承担的全部义务。当事人双方全部的权利和义务得到实现，合同的目的得到落实。因此，劳动合同的约定要求全面履行，不能只履行一部分。

3)亲自履行原则

合同当事人双方都必须亲自履行各自依据劳动合同所承担的义务，而不得由他人代理。

4)协作履行原则

劳动合同双方当事人的权利和义务是相对的，一方当事人的义务也是另一方当事人的权利。当事人应当帮助另一方履行义务，为另一方履行义务提供条件。劳动合同双方相互关心帮助，进行必要的相互检查与监督，对合同的履行提出合理化建议，使权利得以实现。如因各方原因使合同不能全面履行，双方应从大局出发，根据法律和合同的规定与实际情况及时协商解决。

在劳动合同履行过程中，为了保证劳动合同履行的顺利进行，在一定的条件下，还应遵守一些特殊的规则。

(1)履行不明确条款的规则。对劳动合同中内容不明确的条款，应当依法确定其具体的内容，然后予以履行。一般认为，用人单位内部劳动规则有明确规定的，就按照该规定履行；用人单位内部劳动规则没有明确规定的，就按照集体合同的规定履行；集体合同也没有明确规定的，就按照有关劳动政策和规定履行。

(2)向第三方履行的规则。劳动合同的任何一方当事人，一般都只能向对方当事人履行义务，并且要求对方当事人履行义务的请求一般不得转给第三方。只有在法律允许的特殊情况下，劳动者或用人单位才应当向第三人履行义务。只有在法律规定的场合，用人单位才可以将工资等劳动待遇向第三人按照法定标准支付一定数额。

(3)履行约定之外劳动给付的规则。劳动者履行劳动给付义务，以劳动合同约定范围为限，在劳动合同未变更时，用人单位一般不得指示劳动者从事劳动合同约定之外的劳动。但遇到紧急情况时，用人单位可指示劳动者临时从事劳动合同约定之外的劳动。

2. 无效劳动合同

劳动合同的效力是指劳动法律赋予依法订立的劳动合同具有约束劳动关系当事人双方乃至第三人的强制力。无效的劳动合同没有强制力和约束力。无效劳动合同从订立时就没有法律约束力;劳动合同的无效由劳动仲裁委员会或人民法院确认。

依据《劳动法》和《劳动合同法》的有关规定,具有以下情况的劳动合同无效:

(1)劳动者不具有劳动权利能力和行为能力,或者用人单位不具有用工权利能力和行为能力,劳动合同主体不合法;

(2)劳动合同的条款违反法律或行政法规强制性规定的;

(3)用人单位免除自己的法定责任,排除劳动者权利的;

(4)意思表述不真实,采取欺诈、胁迫,或乘人之危等手段订立的劳动合同等。

(四)劳动合同的续订

劳动合同的续订是指有固定期限的劳动合同到期,双方当事人就劳动合同的有效期限进行商谈,平等协商一致而续延劳动合同期限的法律行为。提出劳动合同续订的一方应在劳动合同到期前30日书面通知对方。依据《劳动法》和《劳动合同法》的规定:

(1)劳动者在同一用人单位连续工作满10年;

(2)连续订立2次有固定期限劳动合同,且劳动者没有《劳动合同法》第三十九条和第四十九条第1、2款规定情形的;

(3)用人单位自用工之日起满1年不与劳动者订立书面劳动合同等。

有上述三种情形出现,劳动者提出或同意订立无固定期限劳动合同的,用人单位应当与之订立无固定期限劳动合同。有固定期限的劳动合同期限届满既未终止又未续订,劳动者与用人单位仍存在劳动关系的,视为续延劳动合同。用人单位应当与劳动者续订劳动合同。

(五)劳动合同的变更

劳动合同的变更是指劳动合同双方当事人就已经订立的合同条款达成修改或补充的法律行为。通过权利义务关系的调整,使劳动合同适应变化的新情况,从而保证合同的继续履行。根据《劳动法》和《劳动合同法》的规定,变更劳动合同应当遵循平等自愿、协商一致、合法的原则,达成一致意见后,才能变更、签订书面协议。变更劳动合同必须在原劳动合同的有效期限内进行。变更劳动合同的原则与订立劳动合同的原则相同,当一些新的情况出现时,应及时变更合同内容,同时要保证变更后的劳动合同内容的合法性。提出劳动合同变更的一方应提前书面通知对方,并要平等协商一致,方能变更合同。

劳动合同变更时,如果在协商过程中达不成一致意见发生争议,任何一方都可以向当地劳动仲裁委员会申请仲裁。

变更劳动合同的情形一般有:

(1)双方当事人经协商达成一致的,可以变更劳动合同。

(2)订立劳动合同所依据的法律、行政法规、规章制度发生变化,应变更相关内容。

(3)企业受到相关产业政策影响或根据市场变化决定转产或调整生产任务的,可以变更劳动合同。

(4)订立劳动合同所依据的客观情况发生重大变化,致使劳动合同无法履行,应变更相关的内容。包括:发生自然灾害或企业事故,企业分立、合并、迁移厂址等。

(5)法律法规规定的其他情形。

三、劳动合同的解除和终止

(一)劳动合同的解除

劳动合同的解除是指劳动合同签订以后,尚未全部履行之前,由于一定事由的出现,提前终止劳动合同的法律行为。

1. 双方协商解除劳动关系

依据《劳动法》和《劳动合同法》的规定,当事人协商一致,劳动合同可以解除。双方协议解除劳动合同时,应书面通知对方。由用人单位提出解除劳动合同的,用人单位应根据劳动者在本单位的工作年限,每满1年发给相当于1个月的工资作为经济补偿金,6个月至1年的,按1年计算;不满6个月的,支付半个月工资的经济补偿金。劳动者月工资高于用人单位所在地上年度职工月平均工资3倍的,向其支付用人单位所在地上年度职工月平均工资3倍的补偿,但最高不超过12个月的工资。

2. 用人单位单方面解除劳动合同

1)随时提出解除劳动合同、不承担经济补偿的条件

(1)劳动者在试用期间被证明不符合录用条件的,此种情况在试用期满后不再适用;

(2)劳动者严重违反劳动纪律或用人单位规章制度的;

(3)劳动者严重失职、营私舞弊,对用人单位利益造成重大损失的;

(4)劳动者同时与其他用人单位建立劳动关系,给完成本单位的工作任务造成严重影响,或者经用人单位提出,拒不改正的;

(5)劳动合同是在欺诈、胁迫或乘人之危,违背当事人的真实意思的情况下订立而无效的;

(6)劳动者被追究刑事责任的。

2)提前30天通知,承担经济补偿责任的条件

(1)劳动者因病,或非因工负伤,医疗期满后不能从事原工作,也不能从事用人单位另行安排的工作。其中的医疗期是指劳动者患病或非因工负伤停止工作治疗休息不得解除劳动合同的期限。医疗期长度根据劳动者的实际工作年限和在本单位的工作年限确定,医疗期应从病休的第一天开始,累计计算,病休期间的公休假日和法定假日包括在内。

在本单位工作年限5年以上的,医疗期累计计算则分别延长6个月。此项规定的医疗期与社会保险中的工伤保险规定的医疗期不是一个概念。工伤医疗期确定的法律依据、时间长度确定的原则、工伤医疗期的待遇等,与劳动者患病或非因工负伤的医疗期不同。

(2)劳动者不能胜任工作,经过培训或调整工作岗位,仍不能胜任工作的。

(3)劳动合同订立时所依据的客观情况发生重大变化,致使原劳动合同无法履行,经当事人协商不能达成一致协议的。

上述条件出现时,用人单位解除劳动合同应提前通知,支付经济补偿金。劳动者非因工致残和经医生或医疗机构认定患有难以治疗的疾病,医疗期满,应当由劳动鉴定委员会参照工伤与职业病致残程度标准进行劳动能力鉴定,被鉴定一至四级的,应当退出劳动岗位,解除劳动关系,并办理退休、退职手续,享受退休、退职待遇。

3)经济性裁员

经济性裁员是指一种特殊的用人单位单方面解除劳动合同的情况。经济性裁员企业须

按照规定向劳动者支付经济补偿金的条件：

(1)用人单位濒临破产进行法定整顿期间。

(2)用人单位生产经营发生严重困难确需裁减人员的。

(3)企业重新调整，经变更劳动合同后，仍需裁减人员的；裁减人员时，应向工会或全体职工说明情况，听取工会或职工的意见，并向劳动行政部门报告；裁减人员时，应当优先考虑留用与本单位订立长期期限的固定期限劳动合同的人员；与本单位订立无固定期限劳动合同的人员；家庭无其他经济收入，有需要抚养的老人或未成年人的。

4)用人单位不得解除劳动合同的情况

为了保护劳动者的合法权益，防止不公正的解雇，《劳动合同法》除规定用人单位可以解除劳动合同的情况外，还规定了用人单位不得解除劳动合同的情形。劳动者有下列情形之一的，用人单位不得解除合同：

(1)患职业病或因工负伤，在规定的医疗期内的；

(2)患职业病或因工负伤，并被确认丧失或部分丧失劳动能力的；

(3)在本单位连续工作满 15 年，且距法定退休年龄不足 5 年的；

(4)女职工在孕期、产期、哺乳期内的；

(5)法律法规规定的其他情形的。

3. 劳动者单方面解除劳动合同

1)劳动者随时单方面解除劳动合同的情况

(1)在试用期内，劳动者可以提出解除劳动合同，并无须说明理由或者承担赔偿责任；

(2)用人单位未按照劳动合同的约定支付劳动报酬或者提供劳动条件；

(3)用人单位以暴力、威胁、非法限制人身自由的手段强迫劳动的；

(4)用人单位的规章制度违反法律法规规定，损害劳动者利益的；

(5)法律、行政法规规定劳动者可以解除劳动合同的其他情形。

2)提前通知解除

劳动者提前 30 日以书面形式通知用人单位，可以解除劳动合同。劳动者在试用期内提前 30 日通知用人单位，可以解除劳动合同。劳动者如果违反劳动合同的约定解除劳动合同，对用人单位造成损失的，应承担赔偿用人单位的下列损失：

(1)用人单位招收录用所支付的费用和培训费用；

(2)对生产经营和工作造成的直接经济损失；

(3)劳动合同约定的其他赔偿费用。

(二)劳动合同的终止

劳动合同的终止是指劳动合同期限届满或劳动合同中约定的终止条件出现，从而使劳动合同效力终止，当事人双方不再履行的情况。具有下列情形之一的，劳动合同终止：

(1)劳动合同期满的；

(2)劳动者已开始依法享受基本养老保险待遇的；

(3)劳动者死亡或被人民法院宣告死亡或宣告失踪的；

(4)用人单位被依法宣告破产的；

(5)用人单位被吊销营业执照，责令关闭、撤销的；

(6)法律、行政法规规定的其他情形的。

【案例】 某国有改制建筑施工企业《劳动合同管理办法》

第一章 总 则

第一条 为加强劳动合同管理,明确企业和职工双方的权利和义务,保护职工的合法权益,充分调动职工的积极性、主动性、创造性,现根据《中华人民共和国劳动法》、《中华人民共和国劳动合同法》以及有关劳动法律法规,特制定本管理办法。

第二条 劳动合同是劳动者(职工)与用人单位(企业)根据国家有关法律法规,在平等自愿,协商一致的基础上确立劳动关系,明确双方权利和义务的协议。

第三条 签订劳动合同人员范围。凡集团公司(以下简称公司)现在册员工以及本管理办法实施后的新进员工,均应遵守本管理办法,并与公司法定代表人签订劳动合同。

第四条 公司全资子公司和控股子公司(以下简称子公司)员工的劳动合同管理,按照"老人老办法,新人新办法"的原则进行管理,即本办法实施前已与公司签订劳动合同的员工,其劳动合同依据本办法进行管理;本办法实施后新进子公司员工,子公司应根据国家有关法律法规规定,并结合子公司的实际情况与其签订劳动合同。

第五条 子公司应根据与新进员工签订劳动合同情况,制定员工花名册,并报公司备案。

第二章 劳动合同的签订

第六条 劳动合同是企业与劳动者连接的纽带,是确定劳动关系的凭证。

(1)本管理办法实施前已与公司签订劳动合同的,公司应在劳动合同终止前1个月内决定是否与职工续签劳动合同,并应自劳动合同终止之日起1个月内与职工续订书面劳动合同。

(2)本管理办法实施后新进公司员工,公司应在1个月内与其签订书面劳动合同。

第七条 企业与职工签订劳动合同时,必须遵守国家政策、法律、法规和本办法。劳动合同一经签订即具有法律效力,双方必须严格遵照执行。

第八条 劳动合同的内容包括:

(一)必备条款:

(1)单位名称、住所和法定代表人或委托代理人;

(2)职工姓名、住址和居民身份证或其他有效身份证件号码;

(3)劳动合同期限;

(4)工作内容和工作地点;

(5)工作时间和休息休假;

(6)劳动报酬;

(7)社会保险;

(8)劳动保护,劳动条件和职业危害防护。

(二)协议条款:

(1)试用期限;

(2)培训;

(3)保密;

(4)双方认为需要规定的其他事项。

第九条 劳动合同期限由企业根据生产、工作需要及职工本人情况，在协商一致的基础上确定。合同期限分为有固定期限、以完成一定的工作任务为期限和无固定期限。具体规定如下：

(一)下列员工签订有固定期限劳动合同：

(1)新进公司员工，公司引进的大中专毕业生的劳动合同期限一般应为5年；

(2)第一次与公司续订劳动合同的在公司连续工作不满10年的员工；

(3)根据工作需要和员工本人要求需要签订有固定期限合同的；

(4)其他情况。

(二)下列人员可签订无固定期限合同：

(1)在公司连续工作满10年以上，并且工作表现好的员工；

(2)公司改制时内退人员以及享受内退待遇的人员；

(3)已连续订立二次固定期限劳动合同，且没有《中华人民共和国劳动合同法》规定解除劳动合同情形时，员工同意续订劳动合同的；

(4)公司高级管理(或高级技术)人员；

(5)特招、特聘人员。

(三)下列人员可签订以完成一定工作任务为期限的劳动合同：

(1)招用的工程项目一线施工工人、二线辅助人员；

(2)招用的公司两级机关非管理人员。

第十条 新进公司员工在签订劳动合同时，一律实行试用期，试用期包含在劳动合同期内。具体试用期限如下：

(1)合同期限3个月不满1年的，试用期为1个月；

(2)合同期限1年以上不满3年的，试用期为2个月；

(3)3年以上固定期限和无固定期限的劳动合同，试用期为6个月；以完成一定工作任务为期限的劳动合同或者劳动合同期限不满3个月的，不约定试用期。

第十一条 公司为员工提供专项技术(业务)培训的，应在其劳动合同中设立培训条款，或者在提供专项技术(业务)培训时与其订立技术(业务)协议，该协议为劳动合同附件。

第十二条 对特殊工作岗位的员工和企业高级管理(或高级技术)员工，应在其劳动合同中设立保密条款。

第十三条 劳动合同签订办法：

(1)公司员工都应当与公司法定代表人或其委托代理人签订劳动合同。公司董事长是公司法定代表人。合同签订后，在合同有效期内，不受法定代表人或法定代表人委托人的变更而变更。

(2)第一次签订劳动合同：应由本人申请，并填写《签订劳动合同申请表》，报公司劳动合同主管部门批准，由所在基层单位登记后，与法定代表人委托代理人签订劳动合同。

(3)续订劳动合同：所在基层单位应在劳动合同期满前一个月内对员工进行考核，根据考核结果提出是否续订劳动合同意见，报公司劳动合同主管部门批准后，向员工送达续订劳动合同通知书。

续订劳动合同应自劳动合同终止之日起1个月内签订。

(4)公司中层副职以上和高级专业技术职称人员与企业法定代表人签订劳动合同。

第十四条　劳动合同期满即行终止,在双方协商同意的情况下,可续签劳动合同。

第十五条　对在续签劳动合同通知书规定时间内不签订劳动合同的员工,应按终止劳动合同处理。

第十六条　劳动合同期内,在公司患职业病,或者因工负伤并被确认丧失或部分丧失劳动能力的,按照国家、省、市工伤保险的有关规定执行。

第十七条　劳动合同期满,对女职工在孕期、哺乳期和产假期的,原签订劳动合同期限可延长至法律所规定的哺乳期结束。

第十八条　劳动合同期满,对因病正在治疗,但按法律法规规定的医疗期未满的职工,其劳动合同期限可延长到医疗期满为止。

第十九条　在劳动合同期内,涉及培训和住房(由企业支付费用)等的职工,其签订的劳动合同期限短于因培训或住房签订协议所规定的服务年限时,必须变更劳动合同期限,变更期限至少等于因培训或住房签订协议所规定的服务年限。

第三章　劳动合同的变更

第二十条　公司或职工在劳动合同期内,因客观情况发生变化,无法履行劳动合同有关内容时(如岗位或职务变更等),经双方协商同意,可变更劳动合同的相应内容,并办理变更手续。协商不成的,公司根据国家有关规定,可以单方面解除劳动合同。

第二十一条　劳动合同的变更应采用书面形式。

第四章　劳动合同的解除和终止

第二十二条　公司与职工协商一致,可以解除双方的劳动合同。

第二十三条　职工提前30日以书面形式通知公司,可以解除劳动合同。职工在试用期内提前三日通知公司,可以解除劳动合同。

第二十四条　有下列情况之一的,职工可以提出解除劳动合同:

(1)经国家有关部门确认,劳动安全、卫生条件严重危害职工身体健康的;

(2)公司不能按照劳动合同规定支付劳动报酬的;

(3)本人要求调离公司,并经公司同意的;

(4)企业不履行劳动合同,或者违反国家政策、法律,侵犯职工合法权益的;

(5)未依法为职工缴纳社会保险费的;

(6)其他符合国家规定的。

第二十五条　职工有下列情况之一者,公司随时可以解除劳动合同:

(1)在试用期间被证明不符合公司录用条件的;

(2)职工同时与其他用人单位建立劳动关系,对完成本公司的工作任务造成严重影响,或者经公司提出,拒不改正的;

(3)停、窝工期间,职工无正当理由不服从上岗分配的;

(4)在劳动合同有效期间,经所在单位两次考核不合格未被聘用上岗的;

(5)因职工本人劳动态度、劳动技能等原因,不能胜任工作,经过培训或者经所在单位劳动人事部门调整工作岗位后,仍被考核不合格未被聘用上岗的人员;

(6)未经单位同意而自动离职长达1个月以上的；

(7)受到开除处分的；

(8)被依法追究刑事责任的；

(9)职工以欺诈手段与公司签订劳动合同的。

第二十六条　职工有下列情况之一的，属于严重违反公司规章制度的行为，公司可以随时解除劳动合同：

(1)未履行请事(病)假手续，连续旷工15天，或者年累计旷工30天及以上者；

(2)停、窝工期间，经所在单位通知，超过通知规定时间3天及以上仍不到单位报到上班者；

(3)不服从分配，消极怠工，经所在单位(部门)批评教育后，仍消极怠工，影响生产(工作)者；

(4)损坏公司财物或机械设备，影响生产或造成经济损失达5 000元及以上者；

(5)凡行窃公司物品两次及以上者；

(6)个人盗窃公司财物，或者两人及以上合伙行窃公司财物达100元及以上者；

(7)盗窃行为属监守自盗性质的；

(8)其他严重违反公司规章制度行为的。

第二十七条　职工有下列情况之一的，属于严重失职、营私舞弊，给公司造成重大损害行为，公司可以随时解除劳动合同：

(1)擅离工作岗位，造成工作损失达10 000元及以上者；

(2)不服从上级组织、领导人的工作指令，以致贻误时机，致使公司遭受损失达10 000元及以上者；

(3)严重违反职业道德，在对外交往中发生态度蛮横，甚至故意刁难、勒索用户等不良行为，败坏企业信誉，且情节严重者；

(4)未经批准，私自利用公司名誉、物资技术条件(机械设备、材料、工机具等)谋取个人收入达5 000元及以上，或者造成公司损失达10 000元及以上者；

(5)未经批准，私自出借公司财物、证件(含营业执照、资质证书、法人证书等)、印章、账号等，给公司造成经济损失达5 000元以上者。

第二十八条　职工有下列情况之一的，公司提前30日以书面形式通知职工本人，或者额外支付职工1个月工资后，可以解除劳动合同：

(1)职工患病或非因工负伤，在规定的医疗期满后不能从事原工作，也不能从事所在单位另行安排的工作的；

(2)职工不能胜任工作，经过培训或者调整工作岗位，仍不能胜任工作的；

(3)劳动合同订立时所依据的客观情况发生重大变化，致使劳动合同无法履行，经公司与职工协商，未能就变更劳动合同内容达成协议的。

第二十九条　有下列情况之一，需要裁减人员20人以上的，公司提前30日向工会说明情况，听取工会意见后，裁减人员方案经向市级劳动行政主管部门报告，可以裁减人员：

(1)生产经营发生严重困难的；

(2)依照企业破产法规定进行重整的；

(3)因劳动合同订立时所依据的客观经济情况发生重大变化，致使劳动合同无法履行的；

(4)公司转产,或者经营方式调整,经变更劳动合同后,仍需裁减人员的。

第三十条 下列情况之一者,公司不得解除合同:

(1)职工在本单位患有职业病或因工负伤,经市级劳动医务鉴定委员会鉴定,确认丧失或部分丧失劳动能力的;

(2)职工患病或非因工负伤,在规定的医疗期内的;

(3)女职工在孕期、产假和哺乳假期的;

(4)在本公司连续工作15年,并且距法定退休年龄不足5年的;

(5)法律、法规规定的其他情形。

第三十一条 有下列情况之一的,劳动合同终止:

(1)劳动合同期满的;

(2)职工开始依法享受基本养老保险待遇的;

(3)职工死亡,或者被人民法院宣告死亡或者宣告失踪的;

(4)法律、法规规定的其他情形。

第三十二条 解除劳动合同的程序:

(1)公司解除职工劳动合同,首先应由所在基层单位对照解除合同类型,收集相关证据材料,填写《解除劳动合同情况表》,写明解除劳动合同的理由和依据,然后报公司劳动合同主管部门,由公司劳动合同主管部门按有关规定报经公司批准,最后由所在单位具体负责执行。

(2)职工提出解除劳动合同的,由本人写出书面报告(写明理由),交基层单位签署意见,报公司主管部门审批后办理解除合同手续。

第三十三条 公司向职工支付经济补偿金的范围包括:

(1)职工依据本规定第二十四条第(1)、(2)、(4)、(5)款规定解除劳动合同的;

(2)公司依据本规定第二十二条规定向职工提出解除劳动合同,并与职工协商一致解除劳动合同的;

(3)公司依据本规定第二十八条规定解除劳动合同的;

(4)除公司维持或者提高劳动合同约定条件续订劳动合同,职工不同意续订的情形外,依据本规定第三十一条第(1)款终止劳动合同的;

(5)法律、法规规定的其他情形。

第三十四条 经济补偿金按职工在本公司工作的年限,每满1年支付1个月工资的标准向职工支付。6个月以上不满1年的,按1年计算;不满6个月的,支付半个月工资的经济补偿金。

支付经济补偿金的年限最高不超过12年。

本条所称月工资是指职工在劳动合同解除或终止前12个月的平均工资。

第三十五条 公司在解除或终止劳动合同后,按照省、市有关劳动政策为职工办理享受失业待遇和社会保险关系转移手续。

第三十六条 职工在解除劳动合同后,应按照公司的有关规定办理工作交接手续。

第五章 工资福利保险待遇

第三十七条 职工的劳动报酬、工资标准等均按公司的有关规定执行。

第三十八条 劳动合同期内,职工可根据国家有关规定享有公休假、探亲假、婚丧假。

第三十九条　职工患有职业病或因工负伤，以及女职工孕期、产假期和哺乳期间的待遇，按国家、省、市的有关规定执行。

第四十条　在劳动合同期内，职工因病或非因工负伤，按其在本公司工作时间长短，可享受3～24个月的停工医疗期（累计计算）：

（1）实际工作年限10年以下的，在本单位工作年限5年以下的为3个月；5年以上的为6个月。

（2）实际工作年限10年以上的，在本单位工作年限5年以下的为6个月；5年以上10年以下的为9个月；10年以上15年以下的为12个月；15年以上20年以下的为18个月；20年以上的为24个月。

（3）医疗期3个月的按6个月内累计病休时间计算；6个月的按12个月内累计病休时间计算；9个月的按15个月内累计病休时间计算；18个月的按24个月内累计病休时间计算；24个月的按30个月内累计病休时间计算。

第四十一条　职工因工或因病死亡后的丧葬补助费、供养直系亲属抚恤金、救济费按国家有关政策执行。

第四十二条　凡在病休假和工伤假期间从事经济活动，取得额外收入的，一经查实，即按停工医疗期满解除劳动合同处理。

第四十三条　职工退休年龄和退休待遇，按国家、省、市有关政策规定执行。

第六章　费用的赔偿

第四十四条　由公司支付费用进行过培训的职工，因个人原因，提出解除劳动合同离开公司，而为本公司工作的规定年限未满人员，必须按服务年限尚未履行部分所应分摊的培训费标准，向公司支付违约金。

第四十五条　任何一方违反劳动合同，给对方造成经济损失的，应根据损失情况和责任大小向对方支付赔偿金。

第七章　劳动争议的调解和仲裁

第四十六条　公司成立由职工代表、工会、监察室、法律顾问、劳动人事等部门组成的劳动争议调解委员会，行使劳动争议调解职能，办事机构设在公司工会。

第四十七条　劳动合同发生争议，当事人应在发生争议之日起10日内，向公司劳动争议调解委员会提出书面调解申请。

调解委员会受理的劳动争议，应在自受理之日起30天内终结，到期未能终结的视为调解无效。

第四十八条　因开除、除名劳动合同自行解除的劳动争议，当事人可以从争议发生之日起，一年内向劳动争议仲裁部门提出劳动仲裁。

第八章　其　他

第四十九条　劳动合同实行公司和分公司（厂、所）两级管理。

（一）公司管理。

（1）劳动合同书的签订、变更、终止、解除及存档保管，《劳动手册》的填写；

(2)劳动争议的调解。

(二)分公司(厂、所)管理。

(1)劳动合同的贯彻落实和考核;

(2)职工考核、劳动合同签订和解除等手续。

第五十条 公司规章制度与本管理办法规定抵触的,以本办法为准。本管理办法规定与国家、省、市有关政策、法律法规相抵触的,以国家、省、市有关政策、法律法规为准。

第五十一条 本管理办法经公司职代会审议通过后实施。

第四节 集体合同

一、集体合同的含义及特征

集体合同是集体协商双方代表根据劳动法律、法规的规定,就劳动报酬、工作时间、休息休假、劳动安全卫生、保险福利等事项,在平等协商一致的基础上签订的书面协议。根据《劳动合同法》的规定,集体合同由工会代表职工与企业签订,没有成立工会组织的,由职工代表与企业签订。主要有基层集体合同、行业集体合同、地区集体合同等。

集体合同主要有以下特征:

(1)集体合同具有一般协议的主体平等性、意思表示一致性、合法性和法律约束力。

(2)集体合同文本须提交政府劳动行政部门审核,经审核通过的集体合同才具有法律效力。

(3)集体合同反映的是以劳动条件为实质内容的关系,整体性地规定劳动者与企业之间的劳动权利和义务的关系。

(4)工会或劳动者代表代表职工一方与企业签订。集体合同的当事人一方是企业,另一方不能是劳动者个人或劳动者中的其他团体或组织,而只能是工会组织或是按一定的程序推举的职工代表。

(5)集体合同为法定要式合同,应当以书面形式订立,口头形式的集体合同不具有法律效力。集体合同的形式可分为主件和附件。主件是综合性集体合同,其内容涵盖劳动关系的各个方面;附件是专项集体合同,是就劳动关系的某一特定方面的事项签订的专项协议。

(6)集体合同均为定期集体合同。《劳动合同法》规定,集体合同的期限为1~3年。企业订立集体合同可以在1~3年中确立适应本企业的集体合同期限。期限过短,不利于劳动关系的稳定,加大集体协商的成本;期限过长,不利于适应变化了的实际情况及保障劳动者的权益。

二、集体合同的内容

通常情况下,集体合同一般包括以下内容。

(一)劳动条件标准

劳动条件标准包括劳动报酬、工作时间和休息休假、保险福利、劳动安全卫生等项条款。劳动条件标准条款在集体合同内容的构成中处于核心地位,是劳动合同内容的基础和核心,指导劳动合同的协商与订立。上述标准不得低于法律、法规规定的最低标准。

（二）规定要求

一般性规定是指员工录用规则，劳动合同的变更、续订规则，辞职、辞退规则，集体合同的有效期限，集体合同条款的解释、变更、解除与终止等事项；过渡性规定是指集体合同的监督、检查、争议处理、违约责任等项规定；补充条款规定在集体合同的有效期间应当达到的具体目标和实现目标的主要措施。此类规定一般不能作为劳动合同的内容，只是作为签约方的义务而存在，在集体合同的有效期内，随着设定目标的实现而终止。

由于《劳动法》对集体合同的内容没有具体要求，所以劳动行政管理部门没有推行集体合同的标准文本。目前，在我国集体合同的实践中存在着不同的意见。

三、工资集体协商

（一）工资集体协商的含义

工资集体协商是指企业工会代表与企业代表依法就企业内部工资分配制度、工资分配形式、工资收入水平等事项进行平等协商，在协商一致的基础上签订工资协议的行为。

（二）工资集体协商的内容

工资集体协商的内容主要包括：

（1）工资协议的期限、工资分配制度、工资标准、工资分配形式以及职工年度平均工资水平及其调整幅度。

（2）奖金、津贴、补贴等分配办法及工资支付办法。

（3）变更、解除工资协议的程序。

（4）工资协议的终止条件及违约责任。

（三）工资指导线制度

1. 含义

工资指导线是指在市场经济体制下，政府宏观调控工资总量和水平，调节工资分配关系，指导工资增长和企业工资分配办法、规定的总称。其主要目的是调整、规范工资分配关系，逐步提高工资水平。

2. 工资指导线制定原则

（1）工资指导线的制定应符合国家宏观经济政策和对工资增长的总体要求，坚持企业工资总额的增长低于企业经济效益的增长，平均工资的增长低于劳动生产率的增长的原则。

（2）工资指导线水平制定应密切结合当地的宏观经济状况，综合考虑地区年度经济增长率、社会劳动生产率、城镇居民消费价格指数、城镇就业状况、劳动力市场价格、人工成本水平和对外贸易状况等相关因素。

（3）制定工资指导线实行协商原则，由省、自治区、直辖市人民政府劳动保障行政主管部门会同同级工会、企业家协会研究制定。

3. 工资指导线的主要内容

1）经济形势分析

经济形势分析包括国家宏观经济形势和宏观政策分析，本地区上一年度经济增长、企业工资增长分析，本年度经济增长预测以及周边地区的比较分析。

2）工资指导线意见

工资指导线有三条：上线（预警线）、基准线、下线。

工资指导线上线又称预警线,是对工资增长较快、工资水平较高企业提出的预警和提示。基准线是年度货币工资平均增长目标,是生产经营正常、有经济效益的企业合理工资增长水平。工资指导线下线主要适用于经济效益较差或亏损企业,这类企业的货币工资平均增长在工资指导线适用的年度内允许零增长或负增长。

四、签订集体合同的主体

(一)集体合同的主体

集体合同的主体,劳动者一方的签约人,法定为基层工会委员会;没有建立工会组织的企业,由企业职工民主推荐,并须得到半数职工同意的代表为集体合同的签约人。用人单位一方的签约人法定为用人单位行政机关,即法定代表人。

(二)集体合同的协商

集体合同的协商是签约代表为签订集体合同进行商谈的法律行为。其主要步骤为:

(1)协商准备。双方签约人为集体协商进行各项准备工作,包括确定协商代表,拟订协商方案,预约协商内容、日期、地点。

(2)讨论。工会组织全体职工讨论集体合同草案并进行修订。

(3)审议。修订的集体合同草案经集体职工代表大会或职工会议审议通过。

(4)签字。双方首席代表在经过审议通过的集体合同文本上签字。

(三)政府劳动行政部门审核

(1)由企业方将签字的集体合同文本一式三份及说明材料,在集体合同签订后的 7 天内报送县级以上政府劳动行政部门审查。说明材料应包括企业的营业执照、工会的社团法人证明材料、双方代表的身份证(均为复印件)。

(2)委托授权书、职工代表的劳动合同书、相关审议会议通过的集体合同的决议、集体合同条款的必要说明等;劳动行政部门在收到集体合同后的 15 天内将《审核意见书》送达;集体合同的生效日期以《审核意见书》确认的日期为生效日期。

(四)集体合同的公布

经审核确认生效的集体合同或自行生效的集体合同,签约双方自行以适当的方式向各自代表的成员公布。

五、集体合同的履行、监督及责任

集体合同的履行应遵循实际履行和协作履行的原则。集体合同只要符合主题、内容、形式、程序合法,意思表示真实,就具有法律效力,集体合同当事人和关系人就应履行集体合同所规定的义务。

(1)劳动标准性条款的履行,应在合同的有效期内按照集体合同规定的各项标准执行,确保劳动者利益的实现。

(2)目标性条款的履行,应将所约定的项目列入并落实在企业计划和工会工作计划之中。

集体合同在履行过程中,企业工会应承担更多的监督检查的责任;也可以与企业协商,建立集体合同履行的联合监督检查制度,发现问题,及时与企业协商解决。

违反集体合同的规定:工会不履行或不适当履行集体合同规定的义务,应承担道义上的责任。个人劳动者不履行集体合同规定的义务,按照劳动合同的规定承担责任。

第十四章　劳动争议处理

第一节　劳动争议处理概述

一、劳动争议的含义

劳动争议亦称劳动纠纷,是指劳动关系双方当事人之间劳动权利和劳动义务的认定与实现所发生的纠纷。劳动争议实质上是劳动关系当事人之间利益矛盾、利益冲突的表现。随着社会的不断发展和劳动法制的健全,劳动争议处理已经成为一项法律制度,在劳动法律制度中占有重要地位。

二、劳动争议分类

(1)按照劳动争议主体,划分为个别争议、集体争议、团体争议三种。其中,个别争议是指职工一方当事人人数为2人以下,有共同争议理由的;集体争议是指职工一方当事人人数为3人以上,有共同争议理由的;团体争议是指工会与用人单位因签订或履行集体合同发生的争议。

(2)按照劳动争议的性质,划分为权利争议、利益争议两种。其中,权利争议是指劳动关系当事人基于劳动法律、法规的规定,或集体合同、劳动合同约定的权利和义务所发生的争议;而利益争议是指当事人因主张有待确定的权利和义务所发生的争议,在劳动关系当事人的权利和义务尚未确定的情况下,双方对权利和义务有不同的主张,即当事人的利益未来如何分配而发生的争议。

(3)按照劳动争议的标的,划分为劳动合同争议,关于劳动安全卫生、工作时间休息休假、保险福利而发生的争议,关于劳动报酬、培训、奖罚等因适用条件的不同理解与实施不同而发生的争议。

三、劳动争议产生的原因及特征

(一)劳动争议产生的原因

劳动争议产生的直接原因是没有遵循法律规范和合同规范。劳动权利和义务的内容涉及就业、工资 、工时、劳动保护、保险福利、培训、民生管理、奖励惩罚等各个方面,内容十分复杂。

市场经济的物质利益原则的作用,使得劳动关系当事人之间,既有共同的利益合作的基础,又有利益的差别和冲突。劳动争议的实质是劳动关系主体的利益差别而导致的利益冲突,只要劳动关系当事人存在相对独立的物质利益,就必然产生劳动争议。

(二)劳动争议具有的特征

(1)劳动争议的当事人和内容是特定的。劳动争议的当事人就是劳动关系的当事人,即一方为企业，另一方为劳动者或其团体，并且只有存在劳动关系的企业和劳动者或其团体才有可能成为劳动争议的当事人；劳动争议标的是劳动权利和劳动义务。劳动权利和劳动义务是依照劳动法律法规、劳动合同和集体合同等确定的。

(2)劳动争议具有特定的表现形式。一般的社会关系纠纷表现为争议主体之间的利益冲突，其通常局限于争议主体之间，而重大劳动争议可表现为一般劳动关系纠纷的形式，也可以以罢工、示威等形式出现。

第二节　劳动争议处理的原则及程序

一、劳动争议处理的原则

劳动争议处理的原则是指劳动争议处理机构在解决劳动争议过程中应当遵循的行为原则。解决劳动争议，应依据合法、公正、及时处理、调解为主的原则，依法维护劳动争议当事人的合法权益。

(1)合法原则。合法原则是指劳动争议处理机构在处理劳动争议案件过程中应当坚持以事实为依据，以法律为准绳，依法处理劳动争议。

合法原则要求劳动争议处理机构要查清案件事实，并在此基础上正确运用法律，还要求劳动争议的处理程序、处理方法、处理结果要合法。

(2)公正原则。劳动争议处理机构在处理劳动争议时，必须保证争议双方当事人处于平等的法律地位，具有平等的权利和义务，不得偏向任何一方。

(3)及时处理原则。及时处理原则是指劳动争议案件处理中，当事人要及时申请调解或仲裁，超过法定期限将不予处理。劳动争议处理机构要在规定时间内完成劳动争议案件的处理，及时保护当事人合法权益，防止矛盾激化，否则要承担相应的责任。

(4)调解为主的原则。调解是指在第三方的主持下，依法劝说争议双方当事人进行协商，在互谅互让的基础上达成协议，从而解决争议的一种方法。

二、劳动争议处理程序

我国现行的劳动争议处理程序为：协商、调解、仲裁和人民法院诉讼。

(1)根据我国劳动立法的有关规定，当发生劳动争议时争议双方应协商解决。

(2)不愿协商或协商不成，当事人可以申请企业劳动争议调解委员会调解。

(3)调解不成或不愿调解，当事人申请劳动争议仲裁机构仲裁。

(4)当事人一方或双方不服仲裁，则申诉到人民法院。

第三节　劳动争议的调解、仲裁及诉讼

一、劳动争议调解

(一)劳动争议调解的含义

劳动争议调解是指企业调解委员会对企业一方与劳动者一方发生的劳动争议，以国家

的劳动法律、法规为准绳，以民主协商的形式使双方当事人达成协议，消除劳动纠纷。

（二）劳动争议调解的组织形式

在用人单位内，可以设立劳动争议调解委员会，调解委员会的组成及职责如下：

（1）职工代表，由职工代表大会或职工大会推荐产生。

（2）用人单位代表，由用人单位法定代表人指定。

（3）工会代表，由用人单位工会委员会指定，担任劳动争议调解委员会主任。

调解委员会的职责是按照法律规定的原则和程序处理本单位的劳动争议，回访检查当事人执行调解协议情况，做好调解登记、档案管理和分析统计工作。

（三）劳动争议调解的基本程序

1. 申请和处理

劳动争议发生后，当事人双方都可在知道其权利被侵害之日起的30日内，以口头或书面的形式向调解委员会提出申请，并填写《劳动争议调解申请书》。如果是劳动者在3人以上并具有共同申请理由的劳动争议案件，劳动者当事人一方应当推举代表参加调解活动。调解委员会对此进行审查并作出是否受理的决定。

2. 调解

调解委员会主任或调解员主持调解会议，在查明事实、分清是非的基础上，依照法律法规及依法制定的企业规章制度和劳动合同公正调解。在调查和调解时，应做相应的笔录。

3. 制作协调协议书或调解意见书

调解达成协议，制作协调协议书，写明争议双方当事人的姓名、职务、争议事项、协调结果及其他应说明的事项。协议书是劳动争议当事人双方的意思表示，一经当事人签字，就应自觉履行，具有一定的约束力。若遇到双方达不成协议、调解期限届满而不能结案或调解协议送达后当事人反悔三种情况，则制作调解意见书。调解意见书是调解委员会单方的意思表示，仅是一种建议性的文书，对争议双方没有约束力。

调解委员会调解劳动争议的期限为30日，即调解委员会应当自当事人申请调解之日起的30日内结束，双方协商未果或者达成协议后悔不履行协议的，双方当事人在法定期限内，可以向劳动争议仲裁委员会申请仲裁。

二、劳动争议仲裁

（一）劳动争议仲裁的含义

劳动争议仲裁是劳动争议仲裁机构根据劳动争议当事人一方或双方的申请，依法就劳动争议的事实和当事人应承担的责任作出判断与裁决的活动。

按法律规定，仲裁程序是处理劳动争议法定的必经程序，劳动争议当事人只有在仲裁委员会裁决后，对裁决不服时才能向人民法院申诉，否则法院不予受理。

（二）劳动争议仲裁的主要特征

（1）仲裁主体和仲裁对象的具体特定性。

（2）一次裁决原则。劳动争议仲裁实行一次裁决制度，一次裁决即为终局裁决。当事人不服仲裁裁决，只能向法院提起申诉。

（3）实行少数服从多数原则，保证仲裁裁决的公正性。

（4）强制原则。只要劳动争议当事人一方提出仲裁申请即能引起劳动争议仲裁程序的开始,并且实行仲裁前置、裁审衔接制。

(5)回避原则。仲裁委员会委员、仲裁人员及其相关工作人员与劳动争议有利害关系的、与当事人有亲属关系的,以及其他关系可能影响公正裁决的人员应当回避。

(6)谁主张谁举证的原则。反映隶属性关系的争议事项,遵循谁主张谁举证的原则。

(三)劳动争议仲裁委员会的构成

劳动争议仲裁委员会是国家授权、依法独立处理劳动争议案件的专门机构,是劳动行政范畴内的一种特殊的执法机构,其由劳动行政部门代表、同级工会代表、用人单位方面的代表、仲裁委员会的办事机构构成。劳动争议仲裁委员会组成人员应该是单数。

(四)劳动仲裁的适用范围

(1)因确认劳动关系发生的争议;

(2)因订立、履行、变更、解除和终止劳动合同发生的争议;

(3)因除名、辞退和辞职、离职发生的争议;

(4)因工作时间、休息休假、社会保险、福利、培训以及劳动保护发生的争议;

(5)因劳动报酬、工伤医疗费、经济补偿或者赔偿金等发生的争议;

(6)法律、法规规定的其他劳动争议。

(五)劳动仲裁的管辖

劳动争议由劳动合同履行地或者用人单位所在地的劳动争议仲裁委员会管辖。双方当事人分别向劳动合同履行地和用人单位所在地的劳动争议仲裁委员会申请仲裁的,由劳动合同履行地的劳动争议仲裁委员会管辖。

(六)劳动争议仲裁基本程序

1. 申请仲裁的期限

按法律规定:劳动争议当事人申请仲裁的,应当从知道或应当知道其权利被侵害之日起1年内,以书面形式向劳动争议仲裁委员会申请仲裁。如果超过这一期限,就丧失请求保护其权利的申诉权,劳动争议仲裁委员会对其仲裁申请不予受理。

前款规定的仲裁时效,因当事人一方向另一方当事人主张权利,或者向有关部门请求权利救济,或者对方当事人同意履行义务而中断。从中断时起,仲裁时效期间重新计算。

因不可抗力或者有其他正当理由,当事人不能在本条第一款规定的仲裁时效期间申请仲裁的,仲裁时效中止。从中止时效的原因消除之日起,仲裁时效期间继续计算。

劳动关系存续期间因拖欠劳动报酬发生争议的,劳动者申请仲裁不受本条第一款规定的仲裁时效期间的限制;但是,劳动关系终止的,应当自劳动关系终止之日起一年内提出。

2. 书面申请和受理

劳动争议当事人向劳动争议仲裁委员会申请仲裁应当提出书面申请。劳动争议当事人提出申诉书时应当载明:员工当事人的姓名、职业、住址和工作单位;用人单位的名称、地址;法定代表人的姓名、职务;仲裁请求、事实和理由;证据,证人的姓名、住址。经审查符合受理条件的案件,填写《立案审批表》报仲裁委员会负责人审批,应在填表7日内作出决定。决定立案的,应在决定立案的7日内向申诉人发出书面通知,将申诉书副本送达被诉人,并要求在15日内提交答辩书和证据。决定不予立案的,应在7日内制作不予受理通知书,说明不予立案的理由并送达申诉人。

3. 案件仲裁准备

组成仲裁庭或指定仲裁员审阅案件材料、进行必要的调查取证、庭审前进行调解。仲裁庭应当于开庭的 4 日前,将开庭时间、地点的书面通知送达当事人,当事人接到书面通知,没有正当理由拒不到庭或者未经仲裁庭同意中途退庭的,对申诉人按照撤诉处理,被诉人可以缺席裁决。

4. 开庭审理和裁决

开庭审理和裁决应按照送达开庭通知、开庭审理、申请人和被诉人答辩、当庭再行调解、休庭合议作出裁决、复庭并宣布仲裁裁决的步骤进行。劳动争议当事人应当亲自参加劳动争议仲裁活动。具有法人资格的用人单位由其法定代表人参加仲裁活动,依法成立的不具有法人资格的用人单位由其主要负责人参加仲裁活动。当事人可以委托其他公民代理参加仲裁活动,但必须向仲裁委员会提交有委托人签名或盖章的授权委托书,委托书应当明确委托事项和权限。

5. 作出仲裁的期限与效力

劳动争议仲裁委员会受理劳动争议案件,仲裁裁决一般应在收到仲裁申请的 60 日内作出裁决。如果案件复杂需要延期的,经仲裁委员会批准可以适当延期,但延期不得超过 30 日。

下列劳动争议,除法律另有规定的外,仲裁裁决为终局裁决,裁决书自作出之日起发生法律效力:

(1)追索劳动报酬、工伤医疗费、经济补偿或者赔偿金,不超过当地月最低工资标准 12 个月金额的争议;

(2)因执行国家的劳动标准在工作时间、休息休假、社会保险等方面发生的争议。

当事人对仲裁裁决不服的,自收到裁决书 15 日内,可以向人民法院起诉。若当事人对仲裁裁决无异议,或者对仲裁裁决不服但在法定期限内不起诉的,裁决书即发生法律效力。

三、劳动争议诉讼

(一)劳动争议诉讼的含义

劳动争议诉讼是指劳动争议当事人不服劳动争议仲裁委员会裁决,在规定的期限内向人民法院起诉,人民法院依法受理后,对劳动争议案件进行审理的活动。劳动争议的诉讼是解决劳动争议的最终程序。

(二)劳动争议诉讼的特征

(1)起诉人必须是劳动争议的当事人。当事人因故不能亲自起诉时,可以委托代理人代其起诉,但必须提交委托人签名或盖章的授权委托书。委托书应明确委托事项和权限,其他人未经委托授权的无权起诉。

(2)仲裁是劳动争议处理的必要程序,只有不服仲裁裁决的,才可以向法院提出诉讼,不能未经仲裁程序直接向人民法院起诉。

(3)必须有明确的被告、具体的起诉请求和事实依据,起诉不得超过起诉时效,即自收到仲裁裁决书之日起 15 日内起诉,否则法院可以不予处理。

(4)应依法向有管辖权的法院起诉,一般应向仲裁委员会所在地的人民法院起诉。

(5)劳动争议案件的诉讼由人民法院的民事审判庭按照《民事诉讼法》规定的普通诉讼

程序进行审理。

四、集体劳动与团体劳动争议处理的程序

（一）集体劳动争议处理程序

集体劳动争议是劳动者一方当事人在3人以上的劳动争议。根据国家劳动法律法规的规定，劳动者一方当事人在30人以上的集体劳动争议适用劳动争议处理的特别程序，其程序如下：

（1）劳动者一方当事人应当推举代表参加仲裁活动，代表人数由仲裁委员会确定。

（2）影响范围重大的集体劳动争议案件由省级劳动争议委员会管辖；劳动争议仲裁庭为特别合议仲裁庭，由3人以上的单数仲裁员组成；仲裁庭应按照就地、就近的原则进行处理，开庭场所可设在发生争议的企业或其他便于及时办案的地方；劳动争议仲裁委员会对受理的劳动争议及其处理结果应及时向当地政府报告等。

（3）集体劳动争议应自组成仲裁庭之日起的15日内结束。需要延期的，延长的期限不得超过15日。

（二）团体劳动争议的特点及处理程序

团体劳动争议是指集体合同双方当事人因签订集体合同所发生的争议。

1. 团体劳动争议的特点

团体劳动争议具有以下特点：

（1）争议主体的团体性和争议内容的特定性。团体劳动争议的主体一方是企业，但另一方则是劳动者团体，而不是劳动者个人。团体劳动争议的内容涉及企业的一般劳动条件等事项，内容具有广泛性和整体性。

（2）广泛影响性。团体劳动争议若处理不及时或不妥当，极易导致矛盾的激化，造成极大的影响。

2. 团体劳动争议的处理程序

团体劳动争议的处理程序如下：

（1）双方当事人协商。

（2）向劳动争议协调处理机构申请协调处理。

（3）协调处理。劳动争议协调处理机构组织同级工会代表、企业方面代表及团体争议当事人共同进行协调。

（4）制作《协调处理协议书》。协调处理结束后，由劳动保障行政部门制作《协调处理协议书》，双方首席代表和协调书里代表人共同签字，并且成为集体合同的有效组成部分，对集体合同的双方当事人具有约束力。

（5）争议应自决定受理的30日内结束，争议较复杂需要延期的，延期最长不得超过15日。

此外，发生团体劳动争议时，当事人应当进行平等协商，即使不能协商解决，也应通过正常程序向劳动行政部门申请协调处理，不得自行采取过激行为；在申请和协调处理之间，也不得采取过激行为，同时企业不得解除职工的劳动关系。

（三）集体劳动争议与团体劳动争议的区别

（1）劳动者一方当事人不同。集体劳动争议的当事人是达到法定人数以上的部分职

工;团体劳动争议的当事人是工会或劳动者的代表。

(2)争议标的不同。集体劳动争议的各个当事人具有同样的事实和要求,只反映特定部分劳动者各自的具体利益;团体劳动争议则以全体劳动者的整体利益为争议标的。

(3)法律意义不同。集体劳动争议的当事人推举代表参加争议程序,其行为只代表卷入争议的部分劳动者的利益和意志,对未卷入的劳动者不具有法律意义;团体劳动争议的当事人是工会。没有成立工会组织的,则是劳动者民主推举的职工代表,其行为涉及全体劳动者的利益,对全体劳动者具有法律意义。

【案例一】 员工职务任免引起的劳动争议案件

林某于2000年8月到某建筑施工企业工作,双方于2006年3月31日签订了无固定期限劳动合同,劳动合同约定林某担任企业综合部部长,月工资为3 300元。2007年8月11日,该企业经研究,任命林某为企划部部长。同年11月12日公司决定免除林某企划部部长职务,调其到下属分公司工作,并随即通知其交接工作,但林某未按该企业的有关规定办理交接手续。对于未交接工作的职工,该企业规定暂不安排工作,只支付待岗工资,标准为当地最低工资标准。林某认为不公,遂向劳动争议仲裁委提出申诉,要求该企业向其支付2007年12月工资7 122元及2008年1、2月工资;按规定支付解除劳动合同经济补偿金1 696元。仲裁委经审理,作出了驳回林某的申诉请求的裁决。

林某不服,起诉至法院, 要求法院判决撤销某建筑施工企业对其作出的免职决定,同时支付2007年12月至次年1、2月工资及经济补偿金。

一审法院经审理认为,林某与某建筑施工企业签订的劳动合同未违反国家法律规定,应属有效劳动合同,双方当事人均应严格履行各自义务。经庭审查明, 企业对林某作出的免职决定没有事实及法律依据,该决定应予撤销。法院判决如下:

(1)撤销某建筑施工企业于2007年11月针对林某作出的免职决定。

(2)某建筑施工企业补发林某2007年12月至次年1、2月的工资。

一、本案例的焦点

某建筑施工企业的职务任免决定是否属岗位调整?

二、案例分析

对于企业内部管理人员的职务任免是否属于企业的自主权, 企业可否随意免除劳动者职务的问题,一直存在不同意见。自1995年我国推行劳动合同制度以来,特别是《劳动法》施行之后, 企业和劳动者通过签订劳动合同的方式明确双方的权利和义务。《劳动法》和《劳动合同法》所称的劳动者不仅指企业中的普通员工,也包括企业的管理人员。因此,劳动合同中关于工作内容的约定,不仅包括普通岗位,也包括管理岗位,企业对劳动者职务的聘任(或任命),即是双方对劳动者劳动岗位的约定, 属于《劳动法》调整范围。当然,企业有权自主决定内部管理人员的聘任和解聘, 但是这种聘任和解聘, 应视为对劳动者工作岗位的约定、调整和变更。企业应当在不违反劳动法律、法规的前提下,行使管理权,而不可滥用权利。如果企业不按劳动法的规定调整、变更劳动者的工作内容,影响了劳动者的切身利益,由此引发的纠纷,应当属于劳动争议案件受理范围,仲裁委和法院有权处理。

企业的生产经营状况是随着市场竞争的形势和企业自身的情况而不断变化的，根据自身生产经营需要调整员工的工作岗位及薪酬标准是企业用人自主权的重要内容，对企业的正常生产经营不可或缺。由此，企业固然有权对员工调岗调薪，但企业不可滥用此权利而想当然地享有单方变更合同的权利。为防止权利滥用，企业应对其调岗调薪行为举证说明其具有“充分合理性”。那么，用人单位调整职工的职务、工作岗位、工资等事项应当遵循哪些原则呢？劳动部办公厅在1996年发布的《关于职工岗位变更与企业发生争议等有关问题的复函》（劳办发〔1996〕100号）指出，关于用人单位能否变更职工岗位问题，按《劳动法》第十七条、第二十六条、第三十一条的规定精神，因劳动合同订立时所依据的客观情况发生重大变化，致使原劳动合同无法履行而变更劳动合同，须经双方当事人协商一致，若不能达成协议，则可按法定程序解除劳动合同；因劳动者不能胜任工作而变更、调整职工工作岗位，则属于用人单位的自主权。对于因劳动者岗位变更引起的劳动争议应依据上述规定精神处理。

据此，在以下三种情况下企业可变更职工岗位：第一是协商。依据《劳动法》和《劳动合同法》的有关规定，双方协商一致可以变更劳动合同的内容。第二是职工本人不能胜任所从事的工作，用人单位可以进行必要的调整。这属于用人单位的自主权，职工应服从单位的安排，如果双方就调整岗位无法达成一致，企业有权解除劳动合同。这里企业须充分举证证明职工不能胜任工作的事实，这是企业调整职工岗位的前提。第三是劳动合同订立时所依据的客观情况发生重大变化，致使原劳动合同无法履行而变更劳动合同内容。何为“客观情况发生重大变化”，由仲裁委员会和法院认定。除上述三种情况外，企业不能随意变更职工的工作岗位。

具体到本案，企业调整林某岗位未与林某协商，也未能充分举证说明林某不能胜任工作；企业改聘任制，实行任命制不属于“客观情况发生重大变化”的情形。因此，企业免除林某职务的行为，违反了《劳动法》和《劳动合同法》的有关规定，应属无效，对林某造成的工资损失，企业应予补偿。

实践中，常有一些用人单位与劳动者签订的劳动合同没有明确约定职务，在这种情况下，因企业调整劳动者工作岗位或职务而引发纠纷，如何处理？在处理这类纠纷时，应以劳动者实际担任的职务视为双方的约定，同时依据《劳动法》的相关规定，审查调岗调薪是否符合法律规定。而不能以劳动合同没有约定为由，认可企业随意调岗调薪的行为。

【案例二】　劳动关系与劳务关系的劳动争议案件

陈某原系一房地产公司职工。在未与房地产公司解除或终止劳动关系的情况下，陈某于2004年9月到宁夏某建筑企业工作。2005年1月，该民营建筑企业与陈某签订《聘用协议书》，约定聘期为2005年1月1日至2007年12月31日，月工资2 500元，并聘任陈某为该公司办公室主任。2006年5月，由于经营不善，该建筑公司决定裁员，同年6月20日，该企业在全体职工大会上宣布，免去陈某公司办公室主任职务。陈某不服，多次交涉无果，同年10月以后再没到公司上班，该建筑公司将其按自动离职处理，并停发其工资，但没有将此决定送达陈某本人。

陈某不服处理，2006年11月向市劳动争议仲裁委员会申请仲裁。2007年2月2日，某建筑公司增加提出解除劳动关系的请求。市劳动争议仲裁委员会于2007年3月27日裁决被诉方与申诉方解除劳动关系,被诉方支付申诉方2006年6月至2007年3月期间的生活费;被诉方为申诉方补办在职期间的社会保险。

仲裁裁决送达后,某建筑公司不服,遂向区法院提起诉讼。

一、本案例的焦点

此案的申诉方与被诉方之间是劳动关系,还是劳务关系?

二、案例分析

本案中,申诉方不具有签订劳动合同的主体资格,申诉方系未与原用人单位房地产公司解除劳动关系的劳务工,与被诉方形成属于申诉方从事第二职业的劳务关系。在仲裁过程中,申诉方辩称双方存在事实劳动关系,被诉方应为申诉方补办社会保险。

事实劳动关系是《劳动合同法》实施之前未按《劳动法》签订劳动合同而确立劳动关系的现象。但在《劳动合同法》实施之后,不应该再存在事实劳动关系之说了,但在现实生活中,事实劳动关系却依然大量存在。

那么,什么是事实劳动关系呢?它是雇主与雇员双方之间未签订书面劳动合同,却实际存在具有劳动关系内容且未产生劳动法律关系的一种社会劳动关系。劳动法律关系则是劳动关系为劳动法律规范所确认和调整而形成的劳动权利义务关系。事实劳动关系与劳动法律关系的区别主要表现在:一是事实劳动关系是生产关系的组成部分,属于经济基础范畴。劳动法律关系则是思想意志关系,属于上层建筑范畴;二是事实劳动关系的形成是以劳动者提供劳动力为前提。劳动法律关系的形成则是以劳动法律规范的存在为前提;三是事实劳动关系的内容是劳动,劳动法律关系内容则是劳动权利义务关系。可见,事实劳动关系并非是劳动法律关系。

形成事实劳动关系的劳动者,必须处于下列5种情况:

(1)必须同时具有劳动权利能力和劳动行为能力;

(2)成为用人单位一名员工;

(3)按照国家规定或合同约定持续地、定期领取工资;

(4)未与用人单位建立劳动合同关系;

(5)与其他用人单位不存在劳动合同关系。

本案申诉方陈某在被诉方工作期间虽有书面或口头聘用协议,但双方未建立劳动合同关系,且在较长时间内与其原用人单位房地产公司存在劳动关系,不具有充当劳动法律关系主体的资格,因而申诉方与被诉方之间不存在事实劳动关系。根据《劳动法》和《劳动合同法》的有关用人单位不得招用尚未解除劳动合同的劳动者的规定,可以证明申诉方在2007年3月前系房地产公司职工,是没有与原用人单位解除劳动合同的劳务工。因此,本案是基于劳务关系发生的争议,不属于《劳动法》调整范围。该劳动争议仲裁委员会按劳动争议案件受理此案,并按事实劳动关系处理是不当的。

劳动关系与劳务关系有何异同呢?劳动法调整的劳动关系是狭义劳动关系,即调整劳动者与用人单位在劳动过程中发生的社会关系。它是劳动者在运用劳动能力、实现劳动过程中与劳动力使用者发生的社会关系。劳务关系则是平等主体自然人、法人、其他组织相互间,以提供劳务而发生的社会关系。劳动关系与劳务关系都是当事人一方提供劳动力给他方使用，他方给付劳动报酬。但是，它们之间有着本质的区别，主要表现在：

一是双方当事人及其关系不同。劳动关系当事人一方劳动者是自然人，另一方是用人单位；劳动者必须是用人单位一员，并且遵守用人单位内部劳动规则和其他规章制度，双方之间既存在平等关系又存在隶属关系，劳动者接受用人单位的领导和管理，反映的是一种生产要素劳动力与生产资料相结合的关系。劳务关系当事人一方或双方既可以是自然人，也可以是法人，还可以是其他组织；劳务提供者无须加入另一方，双方法律地位平等，不存在领导与被领导的关系，反映的是一次性使用劳动力的商品交换关系。

二是组织劳动和劳动风险责任承担不同。作为劳动关系当事人一方的用人单位组织劳动，享有劳动支配权，因而有义务承担劳动过程中发生的劳动风险责任；作为劳务关系当事人一方的劳务提供者自行安排劳动，自己承担劳动过程中发生的劳动风险责任。

三是劳动报酬的性质和支付方式不同。基于劳动关系发生的劳动报酬是工资，其支付方式特定化为一种持续的、定期的工资支付；基于劳务关系发生的劳动报酬是劳务费，具有劳务市场价格属性，其支付方式为一次性劳务价格支付。

四是适用法律不同。劳动关系适用劳动法，由劳动法调整；劳务关系适用民法，由民法调整。

综上所述，就申诉方与被诉方而言，从双方约定来看，申诉方名为被诉方一员，服从被诉方领导，按协议领取工资，但实际上名为工资实则为劳务费，医疗费、养老待遇理应由原单位房地产公司负担，而且房地产公司已为其投保养老保险，申诉方已享受养老保险待遇，因而不能认定申诉方、被诉方之间存在为劳动法律所确认和调整的劳动关系。

【案例三】 利用业余时间替妻子工作引起的劳动争议案件

归某与某机械制造公司于2001年1月1日签订了3年期劳动合同，劳动合同中特别约定，归某不得在外兼职，否则解除合同，并赔偿厂方经济损失。2002年10月，厂方得知归某经常到另外一机械制造公司操作压力设备，在外兼职，于是找归某谈话，归某辩称自己在业余时间帮妻子工作，不影响本职工作。经多次劝阻无效，公司于2002年7月25日解除了与归某的劳动合同，制作了《解除劳动合同决定书》（以下简称《决定书》），并送达归某。在办理手续过程中，公司人事部经理认为如果按违纪解除的方式解除与归某的合同，归某将拿不到失业保险金，因此与归某商量按劳动局示范文本，另签一份《解除劳动合同协议书》（以下简称《协议书》），归某表示同意，并在这份协议的经济补偿一栏中填为“无”，归某按这份协议领取了失业保险金。2003年8月，归某认为自己没有违约在外兼职，厂方单方面解除合同错误，向劳动争议仲裁委提起仲裁请求，要求厂方支付经济补偿金和给付违约金。

案例分析

仲裁过程中，归某认为自己只是在业余时间帮助妻子干一些工作，没有领取报酬，不算对外兼职，而且自己与公司签订《协议书》是在受欺诈的情况下签的，应认定为无效。公司辩称，归某对外兼职是事实，违反了合同约定，解除与归某的合同是合法的。公司出于好心与归某再签了一份协议，归某明确表示同意，因此这份《协议书》是有效的，在经济补偿金一栏中明确约定为“无”，表示归某放弃了要求经济补偿的权利，因此应当驳回归某的仲裁请求。

结合本案而言，公司人事部经理由于业务不熟悉而告知了归某虚假情况，其主观上不存在欺诈的故意，因此不能据此认为双方签订的《协议书》无效。但是双方签订协议的主观目的是骗取失业保险金，双方采取签订协议的形式解除劳动合同的行为显然是以合法的形式掩盖非法的目的。虽然由于认识的错误，并没有影响行为的结果，但由于双方意思表示不真实，应当认定该《协议书》无效，通知失业保险经办机构按解除决定书重新办理失业保险金领取手续。归某利用业余时间替妻子操作压力设备，虽然没有领取劳动报酬，但是由于劳动关系具有专属性和不可替代性的特点，归某替妻子操作设备表明了归某与该公司也存在劳动关系，刘某妻子的劳动报酬中的一部分应为归某的劳动所得，因此可以认定归某从事了兼职行为。鉴于归某从事的是高度危险作业，适当地休息相当重要，因此合同约定其不得兼职是合法的。厂方公司按照合同约定解除劳动合同并无不妥，应当予以支持。

【案例四】 "设立中公司"的用工行为是否有效的劳动争议案件?

张某自2005年开始筹办个人独资企业某纸品包装厂。2005年10月10日，张某以某纸品包装厂的名义与李某签订了一份劳动合同，约定"如有一方违约，另一方有权追究其相关法律责任，并追究对方违约金10万元"。12月19日，李某向张某递交辞职书，以工作不称心为由提出辞职，离开张某所办工厂。2006年1月19日，张某就双方纠纷向劳动争议仲裁委申请仲裁，要求李某支付违约金10万元。仲裁委员会于当日作出《不予受理案件通知书》，以张某、李某双方系自然人，张某不具备合法用工单位主体资格为由对张某的申诉请求不予受理。张某不服，遂诉至法院。

某纸品包装厂在一审法庭辩论终结后注册登记成立。

法院最终认为，双方争议焦点是双方之间的法律关系是劳动合同关系还是雇用合同关系?《劳动法》第二条规定:"在中华人民共和国境内的企业、个体经济组织(以下统称用人单位)和与之形成劳动关系的劳动者，适用本法。"根据此规定，劳动关系中的用人单位必须是在中华人民共和国境内的企业和个体经济组织。然而与李某签订合同的某纸品包装厂尚未成立，直至本案审理期间这个厂才成立，故与李某签订劳动合同的实为张某。因张某不具备《劳动法》第二条规定的用人单位主体资格，故其与李某之间是雇用关系而不是劳动关系。雇用关系应适用《合同法》的有关规定，因张某并未举证证明损失的具体数额，双方约定的违约金10万元过高，根据《合同法》第一百一十三条第一款、第一百一十四条第二款的规定，本院予以酌情降低。鉴于李某实际工作时间才两个多月，且张某以当时并未注册登记的某纸品包装厂名义与李某签订劳动合同，具有一定的过错，故法院酌情将违约金数额调整为2 000元。

一、本案例的焦点

"设立中公司"的用工行为是否有效，双方之间的法律关系是劳动合同关系还是雇用合同关系?

二、案例分析

本案主要涉及"设立中公司"用工行为的性质及合同效力的问题。根据我国《公司法》第七条、《个人独资企业法》第十三条、《合伙企业法》第十七条的规定，有限责任公司、股份有限公司、个人独资企业、合伙企业营业执照签发之日才是公司成立日期。因此,公司章程签订之日或合伙协议签订之日至公司营业执照签发之日的期间,即为公司设立阶段,在此阶段的一个经济体就称之为“设立中公司”。在此过程中,“设立中公司”可能会与他人发生各种经济往来(如支付房租、缴纳水电费),也可能需要用工,由此可能发生各种债权债务行为,如果债权人要主张债权,员工要主张劳动报酬,如何主张,向谁主张,其从事的民事行为是否有效就成为司法实践中必须解决的问题。

具体本案,应赋予“设立中公司”权利能力,但应限制其权利能力。“设立中公司”的权利能力范围应该局限在公司组织体的形成,即组织法上的行为,而不能扩及交易法上的行为。一旦公司注册登记成立,则其所从事的民事行为产生的债权债务原则上都由设立后的公司来承担,除非设立后的公司能够证明设立人滥用“设立中公司”名义为其自己谋利。如果公司设立失败,则“设立中公司”从事的民事行为产生的债权债务都由设立人连带承担。虽然我国《企业法人登记管理条例》第三条、《公司登记管理条例》第三条均规定未经登记不得以公司名义从事经营活动,但是这两个条例均未明确规定以公司名义从事的经营活动和签订的合同无效。该规定实际是取缔性规定,而不是效力性规定,并不能以此认定“设立中公司”从事的行为无效。

本案的情况较为特殊,至李某离开个人独资企业时,该个人独资企业尚未成立,故能否追认其成立之前的民事行为值得讨论。对于这种情况,我国法律没有明确规定。因此可认为,因为李某离开公司时,个人独资企业并没有成立,直至一审法庭辩论结束后才成立,故与李某形成法律关系的实为张某,个人独资企业不能追认其成立前已终止的民事行为,故本案应参照公司设立失败的处理原则,由个人独资企业的投资人承担民事责任。因张某不具《劳动法》第二条规定的用人单位主体资格,故其与李某之间是雇用关系而不是劳动关系。雇用关系应适用《合同法》的有关规定,由于张某并未举证证明损失的具体数额,故法院依照公平原则对违约金数额予以降低为2 000元。

综上,对于“设立中公司”用工的行为性质及合同效力的认定可以参照以下处理原则:发生争议时,公司已成立的,认定从员工入公司时就形成劳动关系,双方的法律关系适用劳动法的有关规定;发生争议时,公司设立失败,认定员工与发起人、投资人或全体合伙人形成雇用合同关系或劳动关系(视发起人是否符合劳动法所规定的用人单位而定),双方的法律关系适用民法及合同法或劳动法的有关规定;发生争议时,公司尚不能确定设立成功或失败的,如果至一审法庭辩论终结时仍未设立成功的,则视为设立失败,即使在一审法庭辩论结束后才成立的,也不能追认“设立中公司”的行为。

还需注意区别“设立中公司”用工行为与非法用工的区别。“设立中公司”用工是一种客观需要,是无法避免的,否则没有筹备人员,公司永远无法成立。如果一概将“设立中公司”用工行为认定为雇用关系或非法用工关系是不利于保护劳动者的权益的。如认定为雇用关系,则劳动者无法主张解除劳动合同经济补偿金及拖欠工资的25%经济补偿金。但“设立中公司”用工行为与非法用工行为不好区别,实践中很容易混淆,其根本区别在于非法用工虽以企业的名义对外从事民事行为,但该企业并未打算注册登记成立,而“设立中公司”在积极筹备企业成立。另一个区别是看劳动者从事的工作是公司开业的准备行为,还是产品生产行为。如果劳动者从事的是筹备公司开业的准备行为,则属于“设立中公司”从事的用工行为,一般应认定为劳动关系。但如果至一审法庭辩论终结时仍无法确认公司能否成立的，则根据设立人的性质(是否为劳动法规定的用人单位) 认定为劳动者与设立人之间存在劳动关系或雇用关系。如果劳动者从事的是产品生产行为，而公司又没有提交证据证明其在积极登记注册公司，则应认定为非法用工行为。

值得研究的另一个问题是，《劳动合同法》是否已认可非法用工单位与劳动者也可形成劳动关系？《劳动合同法》第二条规定："中华人民共和国境内的企业、个体经济组织、民办非企业单位等组织(以下称用人单位)与劳动者建立劳动关系，订立、履行、变更、解除或者终止劳动合同，适用本法。"第九十三条规定："对不具备合法经营资格的用人单位的违法犯罪行为，依法追究法律责任；劳动者已经付出劳动的，该单位或者其出资人应当依照本法有关规定向劳动者支付劳动报酬、经济补偿、赔偿金；给劳动者造成损害的，应当承担赔偿责任。"在《劳动合同法》实施之前，根据《非法用工单位伤亡人员一次性赔偿办法》(劳动和社会保障部令第19号)的规定，仅对于非法用工造成的伤亡案件作为劳动争议案件处理，而对于其他如劳动报酬等争议是作为雇用合同案件处理，并不适用劳动争议前置程序。结合《劳动合同法》第二条和第九十三条理解，似乎可以认为第二条中所规定的"等组织"包括第九十三条的"非法用工组织"，从而非法用工劳动报酬等争议作为劳动争议案件处理，适用劳动争议仲裁前置程序，适用劳动法律法规。关于非法用工劳动报酬等争议是适用劳动争议前置程序，适用劳动法律法规处理，还是仍认定为雇用关系，不适用劳动争议仲裁前置程序，如适用《劳动合同法》第九十三条的规定处理，亟须有关机关予以明确规定。对于"设立中公司"与员工的劳动争议以及非法用工组织与员工的劳动争议应属劳动争议仲裁受案范围。

本案主要涉及某纸品包装厂与李某之间是否存在劳动关系，李某是否要承担相应的违约责任。可以说劳动关系存在与否的确认是劳动权利义务确认和劳动争议处理的前提，但何为劳动关系，《劳动法》并未明确，仅规定了"建立劳动关系应当订立劳动合同"。《劳动合同法》仍然没有就劳动关系进行定义，但明确"用人单位自用工之日起即与劳动者建立劳动关系"，也即用人单位招用劳动者，劳动者提供劳动的，形成实际用工，则建立劳动关系。结合《劳动法》、《劳动合同法》的适用范围，劳动合同订立履行的有关条款，以及劳动和社会保障部《关于确立劳动关系有关事项的通知》(劳社部发〔2005〕12号)的规定，笔者认为，劳动合同仅仅属于建立劳动关系所应当具备的形式要件，不能简单认为只要订立劳动合同，劳动关系即成立；未订立劳动合同的，劳动关系即不存在。对劳动关系是否存在应当通过三方面进行认定：第一，用人单位和劳动者具备符合法律、法规规定的主体资格。第二，用人单位依法制定的各项劳动规章制度适用于劳动者，劳动者受用人单位的劳动管理，从事用人单位安排的有报酬的劳动。第三，劳动者提供的劳动是用人单位业务的组成部分。

"设立中公司"属于一种特殊的形态，尚处于发起人、投资人或者合伙人等进行创设的过程，甚至于尚不具有单位的形态，如相对固定的工作场所、一定的经营行为等。因此，不能将"设立中公司"简单认定为非法用工单位。根据劳动和社会保障部《非法用工单位伤亡人员一次性赔偿办法》的规定，非法用工单位应当是无营业执照或者未经依法登记、备案的单位以及被依法吊销营业执照或者撤销登记、备案的单位。也就是说，首先，虽然未具备法律主体资格但应当具有单位的形态。而这一点在不少"设立中公司"中并不具备。其次，"设立中公司"(依法设立前)招用劳动者的行为，不能简单认定为非法用工行为。非法用工行为在于他的用工行为非法，而不在于他是否具有用工权，而"设立中公司"既不具备

《劳动法》的主体资格，又未具备可以承担民事权利义务的主体资格。

“设立中公司”与劳动者之间的法律关系的确认，既不能简单以订立劳动合同的，劳动关系即成立进行认定，也不能简单以未订立劳动合同的，劳动关系即不存在进行认定。而应当依据相应事实进行处理。“设立中公司”既不具备可以承担劳动合同权利义务的主体资格，又不具备可以承担民事合同权利义务的主体资格。因此，无论是仲裁还是诉讼处理阶段，“设立中公司”均不属于适格的当事人一方，也因此不存在“设立中公司招用劳动者”以及“设立中公司和劳动者形成劳动或民事劳务关系”的问题，而是应当审查出这个“虚拟”主体背后的“实际”主体来，审查出劳动者的实际招用方，如发起人、投资人，并确认劳动者与实际招用方的关系，确定之间的权利义务。如符合劳动关系确认三要素，则可以认定为与实际招用方建立劳动关系。除此之外的，均应当认定为民事劳务关系。民事劳务关系的权利义务在《劳动合同法》实施之前应当按照民事争议的处理规则处理，依据约定、损害赔偿等进行处理。在《劳动合同法》实施后，应当按照第九十三条、九十四条的规定进行处理，由发起人依照《劳动合同法》的规定，向劳动者支付劳动报酬、经济补偿、赔偿金及承担损害赔偿责任。

本案中仲裁委员会不受理，法院受理，在于法院不仅处理劳动争议，而且处理其他劳务纠纷、侵犯纠纷等民事纠纷，对超过时效而仲裁委员会不予受理的劳动争议，法院也必须采取先受理再驳回的做法。因此，本案中，张某不服仲裁处理，诉至法院，法院进行受理并无不当。但法院按《合同法》却基于劳动合同约定对本案作出的实体判决值得商榷。首先，劳动合同和一般民事合同具有不同的特性和法律适用。劳动合同应当适用《劳动法》(2008 年 1 月 1 日后则应当包括《劳动合同法》)，其他各类合同一般应当适用《合同法》。用人单位因劳动者辞职而要求劳动者承担违约金的约定显然不符合法律规定，属于非法约定条款，理应不予支持。其次，某纸品包装厂并未依法设立，无论是按《劳动法》，还是《合同法》的规定，均不具有订立合同的合法主体资格，因此无论是视为劳动合同还是视为民事合同均应当认定为无效。既然合同无效，自然也就不能依据无效合同的条款来确定当事人的权利义务。最后，载有违约条款的劳动合同系某纸品包装厂和李某订立的，并非张某和李某订立。既然张某不是该合同的一方主体，自然无权直接行使合同当事人基于合同约定的依据，提出权利诉请，即使是间接行使权利诉请也缺乏相应的法定依据和程序。

综上，法院将某纸品包装厂和李某签订的劳动合同认定为张某和李某签订，并认定为属于雇用关系，应适用《合同法》有关规定，要求李某向张某支付违约金 2 000 元的判决值得商榷。考虑到依法设立是用人单位的法定义务，招用劳动者的一方掌握用人单位是否依法设立的充分信息，而劳动者一般难以知晓招用自己的单位是否已依法设立。在同样的情形下，单位依法设立，李某无须承担违约责任，单位未依法设立，李某却应当承担违约责任。这显然也缺乏公平合理性。

【案例五】 劳动关系的连续性及仲裁时效方面的劳动争议案件

赵某 1993 年 3 月到某建筑公司下属单位从事材料采购工作。进公司工作后双方一直未签订劳动合同，形成了事实劳动关系。2001 年 4 月，一客户因货款不符，要求某公司核对账目，后经调查核实，短缺货款 7 985 元，赵某负直接责任。2001 年 6 月 26 日，某建筑公司下属单位经理口头通知赵某不再上班，并停发工资。至此，赵某与某建筑公司的事实劳动关系终止。2001 年 7 月 6 日，某公司召开经理办公会，决定对申诉人给予解聘处理。10 天后，申诉人将现金 7 985 元交到公司。2002 年 6 月 17 日，应赵某要求，某建筑公司给赵某补发了解聘处理的通知。通知称，某建筑公司决定从 2001 年 7 月 16 日起将赵某予以解聘，不再追究其他责任。后因人员紧缺，某建筑公司又于 2002 年 7 月 1 日与赵某签订了为期 1 年的劳动合同。2003 年 7 月 1 日，某建筑公司以书面形式通知申诉人，不再与其签订劳动合同，从通知下发之日起，劳动合同自然终止。2003 年 7 月 4 日，赵某向某市劳动争议仲裁委员会申诉，要求某公司支付 11 个月的经济补偿金；缴纳 1993 年 3 月至 2003 年 6 月的养老保险费。

仲裁委员会经审理作出裁决如下：某建筑公司自裁决书生效之日起 30 日内为赵某缴纳 2002 年 7 月至 2003 年 6 月的养老保险费，个人部分由赵某承担，单位部分由某建筑公司补缴；驳回赵某的其他仲裁请求。

一、本案例的焦点

本案的焦点，是要确认赵某与某建筑公司 1993 年 3 月至 2001 年 6 月的事实劳动关系和双方 2002 年 7 月至 2003 年 6 月的劳动合同关系，这两种关系之间是否具有连续性？如果具有连续性，那么赵某的仲裁请求在时效性方面就没什么问题；如果不具有连续性，那么赵某仲裁请求中涉及事实劳动关系的部分就有可能因为超过时效而不能成立。

二、案例分析

仲裁委员会认为，2001 年 7 月至 2002 年 6 月期间，某建筑公司因赵某的经济问题停止了他的工作，停发其工资，是在事实上终止了双方的事实劳动关系。劳部发〔1996〕354 号文第十五条，是指与用人单位存在劳动合同关系的劳动者，在终止、解除劳动合同时，用人单位应出具终止、解除劳动合同证明书，而对于本案中的事实劳动关系，应适用最高人民法院《关于审理劳动争议案件适用法律若干问题的解释》（法释〔2001〕14 号）第十六条：“一方提出终止劳动关系的，人民法院应当支持。”2002 年 7 月，某建筑公司与赵某签订了劳动合同，应视为某建筑公司重新聘用了赵某，而并非将双方曾经存在的事实劳动关系规范化、合法化，这两种劳动关系之间不存在延续性。在双方事实劳动关系存续期间，某建筑公司理应依照国家法律法规和政策规定为赵某建立养老保险关系，赵某对此也知晓。然而，他却在事实劳动关系终止后规定的时效内未行使申诉权，并且没有说明其不能行使该项权利的正当理由。所以，赵某诉求中涉及 1993 年 3 月至 2001 年 7 月的部分已超过仲裁时效，不应支持。赵某所要求的经济补偿金 2002 年 7 月至 2003 年 6 月的部分，也因没有法律和政策依据，同样不能支持。

【案例六】 企业改制后变更劳动合同引起的劳动争议案件

某建筑公司在企业改制中被沿海一家私营企业收购，新公司的领导班子组成后，决定对原单位部分落聘的管理人员岗位进行调整，采取协商的办法变更原劳动合同。原公司副经理李某未被新班子选聘，也被列入调整范围。

不久，经理找李某协商，提出让他到材料采购部任副经理，被李某当场拒绝。此后，厂长几次找李某协商，李某仍以身体不好为由不愿接受调整。一周后，某建筑公司书面通知李某，决定解除他的劳动合同，在接到书面通知一个月后办理解除合同手续，并按李某在改制前的10年工作时间，发给10个月经济补偿金。

李某对改制后新班子的处理决定不服，认为自己与原改制单位签订的是无固定期限的劳动合同，原合同中的工作岗位是副经理，工作内容是分管销售，新班子无权调整工作岗位和内容，更不能以不服从岗位变动为由解除他的劳动合同。随即，李某将此事诉诸劳动争议仲裁部门，请求给予仲裁。

仲裁庭在掌握这起劳动争议的全部情况后，认为改制后某建筑公司在与李某就岗位调整、变更劳动合同所做的协商不能取得一致的情况下，对李某给予解除劳动合同，有法可依，应予支持。经过教育和耐心调解，李某表示同意接受岗位调整并变更原劳动合同，改制后的某建筑公司也撤销了解除劳动合同的决定。

案例分析

劳动法律规定，劳动合同依法订立即具有法律约束力，当事人必须履行劳动合同的义务。同时也规定，如果出现法定的情况，用人单位可以提前30日通知劳动者解除劳动合同。那么本案是否属于法定的情况呢？换句话说，改制后的某建筑公司对原经理李某解除劳动合同，在适用法律方面有无过错呢？

对用人单位可以提前30日书面通知劳动者解除劳动合同，《劳动法》和《劳动合同法》规定的其中的一种情形为：劳动合同订立时所依据的客观情况发生重大变化，致使原劳动合同无法履行，经当事人协商不能就变更劳动合同达成协议的。《劳动部办公厅印发〈关于劳动法若干条文的说明〉的通知》中，对该条“客观情况发生重大变化”的说明为：是指“发生不可抗力或出现致使劳动合同全部或部分条款无法履行的其他情况，如企业迁移、被兼并、企业资产转移等，并且排除本法第二十七条所列的客观情况”。《劳动法》和《劳动合同法》规定的是用人单位濒临破产确需裁减人员的情况与本案无关，某建筑公司被私营企业收购，企业的主体和资产等显已发生重大变化。即便对李某个人来说，他与改制前的单位签订的劳动合同中规定的工作岗位是“副经理”，工作内容是“主管销售”，当李某未被新的厂领导班子选聘后，他的劳动合同已无法继续履行。这时当事人双方就变更劳动合同不能达成协议，改制后的单位完全可以在解除劳动合同的同时，应当按照国家有关规定给予劳动者经济补偿金。

随着企业改制、改组的步伐加快，类似的劳动争议或许还会发生。对于劳动者来说，在企业改制的同时，一些陈腐的观念也要及时转变。比如“身份不能变”的观念，原来搞管理，改制后落聘，仍然抱着“干部身份”不放等。而对《劳动法》和《劳动合同法》有关规定理解不够也要及时补课，比如对无固定期限的劳动合同的理解，一些人把无固定期限的劳动合同当做是无论如何都不能解除的合同，当做是所谓的“铁合同”。其实有无固定期限，只是表明劳动合同有无明确的终止日期，无固定期限仅仅表示没有固定的终止日期，并非不能解除合同。如果出现法定解除合同的条件，则同样可以依法解除。本案中李某被解除劳动合同即是一例，只不过经过仲裁庭调解，他改变了态度，同意变更劳动合同，用人单位撤销解除劳动合同的决定罢了。

第四节 突发事件的处理与预防

一、突发事件处理

(一)突发事件处理的表现形式

劳动关系运行中的突发事件的主要表现形式有以下几种:

(1)重大工厂安全技术事故。如厂房、建筑物和道路的安全事故,工作场所、爆炸危险场所的安全事故,机器设备的安全事故等。

(2)矿山安全事故。如滑坡、塌陷、爆炸等矿山开采和作业场所的安全事故。

(3)建筑安装工程安全事故。如施工现场、脚手架、土石方工程等的安全事故。

(4)重大劳动卫生事故。因未能有效地执行国家劳动卫生规程,致使较多的劳动者发生职业危害或其他重大的劳动卫生事故。如有毒有害物质危害、粉尘危害、噪声、电磁辐射危害、中暑、冻伤,以及职业病等导致的突发事件。

(5)集体劳动争议引发的事件。集体劳动争议引发的事件是指有共同理由、劳动者一方当事人在3人以上的劳动争议引发的事件。

(6)团体劳动争议引发的事件。又称集体合同争议,是指工会或劳动者代表与用人单位因签订或履行集体合同而发生的争议导致的突发事件。

(7)由于违法的行为而给企业的正常生产经营秩序或生产经营条件带来重大影响的事件。如财会人员携款外逃,商业秘密的流失,国际金融环境的变化等。

(二)企业重大劳动安全卫生事故处理方式

当企业出现重大劳动安全卫生事故时,应按照以下的处理方式进行处理:

(1)对劳动者在劳动过程中发生的伤亡事故和劳动者的职业病状况进行统计、报告与处理。发生重大劳动安全卫生事故,企业负责人必须及时了解事故情况,并要立即报告当地经济综合管理部门、劳动行政部门、公安部门、检察院、工会,然后逐级上报。发生重大劳动安全卫生事故的企业应当保护事故现场,采取一切必要的措施补救,稳定全体职工的情绪和正常的生产工作秩序。

(2)组织调查组对事故进行调查,调查组有权向发生事故的企业和有关单位、有关人员了解情况、索取有关资料。企业事故处理领导小组及其有关人员必须配合调查组的工作,不得阻碍干涉调查组的正常工作。

(3)在事故调查组提出事故处理意见和防范措施后,企业领导小组及其主管部门在处理事故时,结合安全生产责任制的规定,应分清事故的直接责任者、主要责任者和领导责任者,按照国家法律法规的有关规定进行处理。构成犯罪的,由司法机关依法追究刑事责任。

二、突发事件预防

(一)预防重大劳动安全卫生事故

重大劳动安全卫生事故的发生是由于在经常性的工作中没有严格执行有关制度,是一系列缺陷和不完善的管理行为积累的结果。

为防止重大劳动安全卫生事故的发生,应采取以下措施:

(1)企业必须全面完善并严格执行以下各项劳动安全卫生管理制度:①安全生产责任制度;②安全技术措施计划管理制度;③安全生产教育制度;④安全生产检查制度;⑤重大事故隐患管理制度;⑥安全卫生认证制度;⑦伤亡事故报告和处理制度;⑧个人劳动安全卫生防护用品管理制度;⑨劳动者健康检查制度;⑩女职工与未成年工的特殊保护制度。

(2)企业应树立安全第一、预防为主、综合治理的劳动安全卫生观念,建立以人为本的企业劳动安全卫生的价值理念,可以规范、引导企业员工的劳动行为和管理行为向着正确的方向发展。

(3)建立健全劳动安全卫生管理制度,各项劳动保护管理制度是企业的决策行为、管理行为、劳动行为准则的依据。制度环境的营造是实现安全生产的保证。

(4)直接使用安全技术和无害装置、无害工艺,从基础上避免劳动安全卫生事故,完善劳动场所设计,减少员工因疲劳作业而造成的失误。

(二)预防集体劳动争议和团体劳动争议

企业劳动争议的预防是企业的决策机构、劳动和人力资源管理部门、劳动争议调解机构及其有关部门依照法律、法规和企业内部劳动管理规则的规定,采取措施避免劳动关系当事人之间发生劳动争议的活动。劳动争议事前预防比劳动争议事后处理更为有利,是解决劳动争议的一条根本途径。劳动争议事前预防的措施分别为:

(1)强化劳动关系当事人的劳动法制观念。在劳动关系管理活动中,确立与企业使命相吻合的价值观和行为方式。正确的劳动法制观念和法律意识是劳动得以实施的重要条件,也是劳动合同、集体合同得以全部、实际履行的重要条件。

(2)强化对劳动合同、集体行政部门对合同的行政管理、社会管理,强化企业自身的内部管理。

(3)强化对劳动合同、集体合同企业内部劳动管理规则执行情况的监督检查。

(4)强化和完善民主管理体制和劳动立法。

第五节　员工沟通

为减少劳动争议纠纷,构建和谐的劳资关系,企业应建立员工沟通机制。

一、信息沟通制度

信息沟通是为了设定的目标,把信息、思想和情感在个人与群体之间传递并达成共同协议的过程。建立有效的信息沟通制度,其目的在于保障正常信息沟通渠道的畅通和信息沟通的效率。

(一)纵向信息沟通

根据企业责任分配的管理层级结构,建立指挥、命令、执行、反馈信息系统。纵向信息沟通包括下向沟通和上向沟通两种形式。

1. 下向沟通

下向沟通是指企业内高层管理机构和职能人员逐级或越级向下级机构和职能人员、直接生产作业员工传输信息。

2. 上向沟通

上向沟通是指下级机构或人员向上级机构或人员反映、汇报情况，提出建议和意见。上向沟通的信息应逐级集中，在各环节进行综合，向上一级传输。

(二)横向信息沟通

横向信息沟通是企业组织内部依据具体分工，在同一机构职能业务人员之间的信息传递。

(三)建立标准信息载体

标准信息载体是指标准劳动管理表单、汇报表单、正式通报、组织刊物及例会制度等。

二、信息沟通的程序及作用

(一)信息沟通的程序

进行信息沟通的第一步是形式，确定概念或思想。由于信息发生者在组织内所处层级结构与所承担的职能等的不同，其信息内容、信息传输的目的、传输方法等都存在极大的差异。管理者和一般员工可以从企业劳动关系管理信息系统获得必要的资料或者从自身的经验中掌握必要的信息，在此基础上，经过分析、概括、归纳、推理，形成概念，以及某项管理指令或某项要求。

1. 选择与确定信息传输语言、方法和时机

根据要传输信息的内容，选择确定信息传输语言、传输方法和传输时机。语言是指以何种符号表现信息内容并以之作为桥梁传输给信息接受者，如词语、表单、统计数字等。同时，信息传输还要选择、决定采用何种传输方式，选择传输时机，实现信息传输的最大效用。

2. 信息传输及接受

通过选择并确定信息传输的方式，实现实施信息的传输，信息发出者借助一定的信息传输手段，利用一定的信息传输方式将信息传输给信息接受者。

3. 信息说明及利用

建立信息说明或解释机制。

4. 信息反馈

根据传输信息的性质以及信息传输所要实现的目的，信息传输者选择确定信息反馈的渠道。

(二)信息沟通的作用

(1)信息沟通是组织运行的基本条件。企业管理部门的管理活动必须通过信息沟通将必要的指令传送出去，才能使管理活动得以进行。

(2)组织成员之间的沟通。只有将各自的需要和感受与他人沟通，才能使组织内各个部分和活动的各个反方面协调统一起来。

(3)信息沟通是实现企业管理活动从无序到有序状态转化的基本手段。

(4)信息沟通是调解人际关系的工具，是实现有效激励的手段。

三、员工沟通分析

(一)工作压力分析

精神、心理压力会使员工在工作过程中紧张不安，产生焦虑情绪，拒绝合作沟通，导致工

作绩效下降；心理压力可以导致身体功能紊乱，可能导致疾病。

产生压力的因素是：过重的工作负荷、时间紧张、管理人员的工作方式和素质、制度环境不清晰、职责不清、责权不清、分工协作状态、价值观冲突等。

（二）挫折分析

员工个人的性格、特长不同，遭受挫折的行为表现也存在着较大的差异：一种是采取积极进取的反应，自我调整，积极适应；另一种则是采取消极、冷漠、反抗的态度。而造成挫折的主要原因有客观因素和主观因素两种。客观因素主要是环境障碍，包括管理模式、管理方法、协作关系以及一些制度性因素；主观因素为期望过高、自我评价失真以及性格因素。

（三）消除沟通障碍的措施

（1）注意沟通语言、符号的适应性与准确性，减少语言失真对沟通的干扰。

（2）词语运用应避免引起歧义。不使用歧义性语言，文字要具有可读性，简明扼要。

（3）在可以借助图像进行沟通的场合，应尽可能使用图像；一段工作录像或一张照片寓意无穷，恰当的图像是语言形式化的助手。

（4）借助行为了解信息，适当运用体态语言等。

（5）可以借助企业组织外部的专家事先沟通，可以有效地降低沟通成本，提高沟通的效率。

（6）充分利用工会及其他团体组织在员工沟通中的作用，可以有效地强化员工对信息的接受。

为使沟通顺利并达到沟通的预期目的，在沟通中双方务必将自己的意思表达完整、简洁清晰；在沟通中要有事实、有证据；信息沟通者之间应以相互尊重、促进合作的心理状态进行沟通。

第十五章　劳动安全卫生管理

第一节　劳动安全卫生管理制度

一、劳动安全卫生管理制度的含义

国家为了保护劳动者在生产过程中的安全健康，根据生产的客观规律和生产事件经验的科学总结，规定了各种企业必须执行的安全生产管理制度。为防止重大劳动安全卫生事故的发生，企业必须全面完善并严格执行各项劳动安全卫生管理制度。

用人单位必须建立、健全劳动安全卫生制度，这意味着建立健全职业安全卫生制度是用人单位的一项基本义务。不具备基本的职业安全卫生条件，没有符合职业安全卫生的要求的规章制度，用人单位不得进行生产和经营活动。

二、劳动安全卫生管理制度的基本内容

（1）安全生产责任制度。安全生产责任制度就是对各级负责人、各职能部门以及各类施工人员在管理和施工过程中应当承担的责任作出明确的规定。具体来说，就是将安全生产责任分解到施工单位的主要负责人、项目负责人、班组长以及每个岗位的作业人员身上。

（2）安全技术措施计划管理制度。安全技术措施计划管理制度的计划项目主要包括：安全技术措施，劳动卫生措施，辅助性设施建设、改善措施，以及劳动安全卫生宣传教育措施等。安全卫生技术措施所需资金按照计划专款专用，专户储存。

（3）安全生产教育制度。安全生产教育制度是企业对劳动者进行安全技术知识、安全技术法制观念的教育、培训和考核的制度，包括管理人员的职业安全卫生教育、特种作业人员的职业安全卫生教育和员工的职业安全卫生教育，它是防止发生工伤事故的重要措施。

（4）安全检查制度。安全检查是一项综合性的安全生产管理措施，是建立良好的安全生产环境、做好安全生产工作的重要手段之一，也是企业防止事故、减少职业病的有效方法。

（5）重大事故隐患管理制度。重大事故隐患管理制度是对企业可能导致重大人身伤亡或重大经济损失，潜伏于作业场所、设备设施，以及生产、管理行为中的安全缺陷进行预防、报告、整改的规定。

（6）安全卫生认证制度。安全卫生认证制度是对劳动安全卫生各种制约因素是否符合安全卫生要求进行审查，并对符合要求者正式认可、允许进入生产过程的制度。其主要包括：①有关人员资格认证；②有关单位、机构的劳动安全卫生资格认证等；③与劳动安全卫生联系特别密切的物质技术产品的质量认证等。

（7）伤亡事故报告和处理制度。

（8）伤亡事故和职业病调查处理制度。《劳动法》第五十七条明确规定：国家建立伤亡事故和职业病统计报告和处理制度。县级以上各级人民政府劳动行政部门、有关部门和用

人单位应当依法对劳动者在劳动过程中发生的伤亡事故和劳动者的职业病状况，进行统计、报告和处理。伤亡事故的统计报告和处理需要根据不同性质的伤亡情况执行。

按伤害程度分以下几类：

①伤，指损失为1个工作日以上，105个工作日以下的事故伤害。

②重伤，指损失为105个工作日以上的事故伤害，重伤损失最多不超过6 000个工作日。

③死亡，其损失为6 000个工作日，这是根据我国职工的平均退休年龄和平均死亡年龄计算出来的。

按事故严重程度分为以下几类：

①特别重大事故是指造成30人以上死亡，或100人以上重伤，或者1亿元以上直接经济损失的事故。

②重大事故是造成10人以上30人以下死亡，或50人以上100人以下重伤，或5 000万元以上1亿元以下直接经济损失的事故。

③较大事故是造成3人以上10人以下死亡，或10人以上50人以下重伤，或1 000万元以上5 000万元以下直接经济损失的事故。

④一般事故是指3人以下死亡或10人以下重伤，或1 000万元以下经济损失的事故。

(9)劳动者健康检查制度，健康检查制度包括两类制度：

①员工招聘健康检查，决定员工是否满足岗位需要；

②企业员工的定期检查，可以及时发现疾病并进行治疗以及预防职业病的发生。

三、执行国家规定的职业安全卫生标准

国家的劳动安全卫生法律规范具有法律约束力。企业职业安全卫生标准的制度不得低于国家标准，由于企业的生产特点和工艺过程不同，劳动设备、劳动条件的复杂程度各具特点，因此企业劳动安全卫生保护的根本任务是执行国家标准及国家通过劳动立法对劳动安全卫生作出的规范，以保障劳动者在劳动过程中的安全与健康。

(1)执行劳动安全技术规程。执行劳动安全技术规程是国家为了防止和消除在生产过程中的死亡事故，保障劳动者的生命安全和减轻繁重体力劳动，以及防止生产设备遭到破坏而制定的法律规范。

(2)执行劳动卫生规程。劳动卫生规程是国家为了保护劳动者在生产过程中的健康，防止和消除职业危害而制定的各种法律规范及技术标准的总和，包括各种工业生产卫生、医疗预防、健康检查等技术和组织管理措施。

四、劳动安全卫生保护预算

企业执行各项劳动安全卫生制度，要以一定的组织措施和技术措施的保证为基础。劳动安全卫生保护预算涉及生产系统控制、技术创新及财务预算等各项工作。

企业进行劳动安全卫生保护预算工作，必须严格遵守财务预算编制程序：

(1)企业最高决策部门商定企业劳动安全卫生管理的总体目标和任务，并应提前下达到中层和基层单位。

(2)劳动安全卫生管理职能部门根据企业总体目标的要求制定具体目标；提出本单位

的自编预算;自编预算在部门内部协调、平衡,上报企业预算委员会,企业预算委员会审核、协调、平衡预算后,汇总成为企业全面预算。

(3)编制费用预算及直接人工预算。

(4)根据企业管理费用预算表、制造费用预算表及产品制造成本预算表的相关预算项目要求和分类,编制劳动保护预算、劳动安全卫生教育预算、个人防护用品预算等。

(5)编制费用预算方法按照企业选择确定财务预算方法进行编制。

第二节　女职工和未成年工特殊保护制度

一、女职工和未成年工特殊保护是劳动法的重要组成部分

女职工与未成年工的特殊劳动保护,是我国《劳动法》的一个重要组成部分。根据我国《宪法》保护妇女的原则,为了保护妇女在劳动中的特殊利益,在不同历史时期发布过一些行政性文件,指导各地加强女工的劳动保护工作。各地方政府和有关部门也发布过一些规定。各单位根据这些规定,制定了不少措施保护女职工的特殊利益,建立了一些女职工劳动保护制度。1995 年 1 月 1 日开始实施的《中华人民共和国劳动法》第七章专章规范了女职工和未成年工的特殊保护。1990 年劳动部颁发的《女职工禁忌劳动范围的规定》,1993 年卫生部、劳动部联合颁布的《女职工保健工作规定》,对女职工在劳动方面作出了具体的劳动保护规定。

根据建筑施工企业的劳动作业环境艰苦的特点,对女职工和未成年工的保护措施纳入法制轨道具有十分重要的现实和深远意义。

二、女职工和未成年工特殊保护的意义

对女职工和未成年工的特殊劳动保护,有利于国家的兴旺发达、民族优秀体质的延续。对这些群体进行特殊劳动保护是由女职工和未成年工身体条件与所担负任务的特殊性所决定的。加强对女职工和未成年工的特殊劳动保护是建筑企业为社会应尽的责任和义务。

(一)对妇女的特殊劳动保护,关系到我国下一代健康体质的延续

女性身体结构和生理机能的特点,决定了对女工要给予特殊保护,例如,妇女生长发育机能、生理机能(血液循环、呼吸等机能)、对外界环境的反应机能(基础代谢,对高温、寒冷等条件的承受机能)与男子不同。妇女在一生中所遇到的经期、孕期、产期、哺乳期生理机能的变化过程,也需要在劳动中给予特殊保护。女职工担负着抚育下一代的任务,有一些作业环境对妇女是有害的,例如铅、苯、汞、磷、尼古丁等有毒物质通过胎盘进入胎儿体内,对胎儿发育产生不良影响。

(二)对未成年工的劳动保护,也关系到我国职工队伍的健康水平

未成年工正处于生产发育时期,身体发育尚未成熟,繁重体力劳动、过度紧张劳动、接触有毒有害物质,对他们都有不良影响,因此在劳动时间、作业环境、工具的使用等方面要有保护措施,以保障他们获得合理的劳动条件,利于他们正常的发育成长。

三、女职工特殊劳动保护的内容

（一）女职工特殊劳动保护的概念

女职工特殊劳动保护，是指根据女职工身体结构、生理机能的特点以及抚育子女的特殊需要，在劳动方面对妇女特殊权益的法律保障。

女职工包括从事体力劳动和脑力劳动的妇女。

（二）女职工特殊劳动保护的主要内容

1. 对女职工在劳动过程中的特殊保护

由于妇女的身体结构与生理机能与男子不同，有些作业环境会影响妇女的安全和健康。例如繁重体力劳动、接触有毒有害物质、长期从事震动工作、不良气象条件、放射物质的照射、长期从事紧张性劳动，等等，都对妇女职工有不良影响。

根据《女职工劳动保护规定》和《女职工禁忌劳动范围的规定》，结合建筑企业工作实际情况，建筑企业女职工禁忌从事的劳动范围包括：

（1）矿山井下作业；

（2）《体力劳动强度等级》国家标准中第四级体力劳动强度的作业；

（3）脚手架的组装和拆除作业；

（4）连续负重（指每小时负重次数在 6 次以上），每次负重超过 20 kg，间断负重每次超过 25 kg 的作业。

2. 对妇女生理机能变化过程的保护

根据《女职工保健工作的规定》，对妇女生理机能变化过程的保护，一般是指女职工的经期、孕期、产期、哺乳期的保护。这种保护，不仅是对女职工本身，同时也是对下一代安全和健康的保护。

1）经期保护

不良的劳动条件，对妇女月经期的健康是有影响的。在这方面不注意特殊保护，将会危及女职工的健康及其生育能力。女职工在月经期间禁忌从事的劳动范围是：①冷水等低温作业；②第三级体力劳动强度的作业；③《高处作业分级》国家标准中第二级（含二级）以上作业，例如架子工。

2）孕期保护

女职工怀孕期的保护，是指对女职工在怀孕期间的各种保护规定。《女职工劳动保护规定》和《女职工保健工作规定》中对此作了规定。

《女职工禁忌劳动范围的规定》中规定了已婚待孕女职工禁忌从事劳动范围是铅、汞、苯、镉等作业场所属于《有毒作业分级》国家标准中的第三、四级的作业。对已怀孕女职工禁忌从事的劳动范围是：①作业场所空气中铅及其化合物、汞及其化合物、苯、镉、铍、砷、氰化物、氮氧化物、一氧化碳、二硫化碳、氯、已丙酰胺、甲醛等有毒物质浓度超过国家卫生标准的作业；②作业场所放射性物质超过《放射防护规定》中规定剂量的作业；③人力进行的土方和石方作业；④《体力劳动强度分级》国家标准中第三级体力劳动强度的作业；⑤伴有全身强烈震动的作业，如风钻、捣固机、锻造等作业，以及拖拉机驾驶等；⑥工作中需要频繁弯腰、攀高、下蹲的作业，如焊接作业；⑦《高处作业分级》标准所规定的高处作业。《劳动法》规定，对怀孕 7 个月以上的女职工，不得安排其延长工作时间和夜班劳动。

3)产期保护

产期保护是指女职工在生育期间的保护。女职工在产期之内,享受一定时期的生育假和生育待遇。生育期的保护,既包括正产,也包括小产(流产)。

《女职工劳动保护规定》和《关于女职工生育待遇若干问题的通知》中规定女职工产假为90天,包括产前休假15天、产后75天。难产的增加产假15天。多胞胎生育的,每多生育一个婴儿,增加产假15天。女职工怀孕流产的,单位应当根据医务部门的证明,给予一定时间的产假。女职工产假期间改发生育津贴,标准执行国家有关规定。

4)哺乳期保护

哺乳期(亦称"授乳期")保护,是指对女职工哺乳其婴儿期间的保护。《女职工劳动保护规定》中规定,有不满一周岁婴儿的女职工,其所在单位应当在每班劳动时间内给予两次哺乳(含人工喂养)时间,每次30分钟。多胞胎生育的,每多哺乳一个婴儿,哺乳时间增加30分钟。女职工每班劳动时间内的两次哺乳时间可以合并使用。哺乳时间和在本单位内哺乳往返中的时间,并作劳动时间。

女职工在哺乳期内,单位不得安排其从事国家规定的第三级体力劳动强度的劳动和哺乳期禁忌从事的劳动,不得安排其延长工作时间和夜班劳动。哺乳期内禁忌从事的劳动范围是:①作业场所空气中铅及其化合物、汞及其化合物、苯、镉、铍、砷等有毒物质浓度超过国家卫生标准的作业;②作业场所空气中锰、氟、溴、甲醇、有机磷化合物、有机氯化合物的浓度超过国家卫生标准的作业。

3. 女职工劳动保护设施的规定

建筑企业女职工比例较小,但在劳动保护设施上要逐步建立女职工卫生室、孕妇休息室、哺乳室等设施,并妥善解决女职工在生理卫生、哺乳、照料婴儿方面的困难。对在施工现场上班的女职工,单位也要想办法解决好女职工的劳动保护问题。

四、未成年工特殊保护的内容

(一)未成年工特殊保护的概念

未成年工特殊保护是指根据未成年工的身体发育尚未定型的特点,对未成年工在劳动过程中特殊权益的保护。在我国,未成年工是指年满16周岁未满18周岁的职工。

(二)未成年工特殊保护的主要内容

1. 最低就业年龄的规定

对未成年工的特殊保护,在各国劳动法中,大都首先规定使用未成年工的年龄限制。1973年,国际劳工大会通过的《允许雇佣的最低年龄公约》(第138号公约)规定,参加工业劳动的最低年龄标准为15周岁。根据我国有关招工制度规定,未成年工是指16周岁至18周岁的职工,也就是说,我国最低就业年龄为16周岁。特殊行业需要招收16周岁以下的人员(如文艺、体育部门等)时,需经劳动人事部门批准。对未成年工年龄的规定,一般还应考虑与国家颁布的《义务教育法》中受教育年龄相衔接。

在建筑工地上,一些使用民工的单位为减少劳动成本擅自使用童工,这种无视国家法律和政策的行为不仅影响了少年儿童的身心健康,同时也影响了《义务教育法》的贯彻实施。为严禁使用童工,国家已于1988年11月5日发出《关于严禁使用童工的通知》,各建筑企业一定要严格执行国家规定并做好宣传工作。

2. 对未成年工在劳动过程中的保护

由于未成年工正处于身体的成长发育过程之中，在劳动中，要根据他们的身体特点，给予特殊保护。保护内容包括：

(1)用人单位不得安排未成年工从事以下范围的劳动：

①《生产性粉尘作业危害程度分级》国家标准中第一级以上的粉尘作业；

②《有毒作业分级》国家标准中第一级以上的有毒作业；

③《高处作业分级》国家标准中第二级以上的高处作业；

④《冷水作业分级》国家标准中第二级以上的冷水作业；

⑤《高温作业分级》国家标准中第三级以上的高温作业；

⑥《低温作业分级》国家标准中第三级以上的低温作业；

⑦《体力劳动强度分级》国家标准中第四级体力劳动强度的作业；

⑧矿山井下及矿山地面采石作业；

⑨森林业中的伐木、流放及守林作业；

⑩工作场所接触放射性物质的作业；

⑪有易燃易爆、化学性烧伤和热烧伤等危险性大的作业；

⑫地质勘探和资源勘探的野外作业；

⑬潜水、涵洞、涵道作业和海拔 3 000 m 以上的高原作业(不包括世居高原者)；

⑭连续负重每小时在 6 次以上并每次超过 20 kg,间断负重每次超过 25 kg 的作业；

⑮使用凿岩机、捣固机、气镐、气铲、铆钉机、电锤的作业；

⑯工作中需要长时间保持低头、弯腰、上举、下蹲等强迫体位和动作频率每分钟大于 50 次的流水线作业；

⑰锅炉司炉。

(2)未成年工患有某种疾病或具有某些生理缺陷(非残疾型)时，用人单位不得安排其从事以下范围的劳动有：

①《高处作业分级》国家标准中第一级以上的高处作业；

②《低温作业分级》国家标准中第二级以上的低温作业；

③《高温作业分级》国家标准中第二级以上的高温作业；

④《体力劳动强度分级》国家标准中第三级以上体力劳动强度的作业；

⑤接触铅、苯、汞、甲醛、二硫化碳等易引起过敏反应的作业。

(3)用人单位对未成年工进行定期健康检查。

(4)未成年工实行《未成年工健康检查表》、《未成年工登记表》、《未成年工登记证》制度。未成年工须持劳动行政部门核发的《未成年工登记证》上岗工作。

(5)未成年工上岗前用人单位应对其进行有关职业安全卫生教育、培训。未成年工体检和等级，由用人单位统一办理和承担费用。

以上对未成年工的特殊保护的规定是全国性统一规定且最为具体，各建筑企业可结合单位实际，根据规定，自觉做好对未成年工的特殊保护。

第十六章 社会保险

第一节 社会保险概述

一、社会保障的基本概念

社会保障是指国家和社会通过立法对国民收入进行分配和再分配,对社会成员特别是生活有特殊困难者的基本生活权利给予保障的社会安全制度。它是一种以政府为主导的公共福利计划,也是一种收入再分配的形式,这种形式包括对贫困者实行救济的办法,对暂时或永久失去劳动能力及失去劳动机会的人提供基本生活保障,以提高整个国家的福利水平。社会保障的本质是维护社会公平进而促进社会稳定发展。

二、社会保障的具体内容

一般来说,社会保障由社会保险、社会救济、社会福利、优抚安置等组成。

(一)社会保险

社会保险是国家通过立法手段,在劳动者因年老、患病、工伤、失业、生育及死亡等原因,暂时或永久失去生活来源的时候,依法给予一定的物质帮助,保证公民和劳动者的基本生活需要的一种社会保障制度。

按照我国劳动法的规定,社会保险项目分为养老保险、失业保险、医疗保险、工伤保险和生育保险。社会保险资金主要来源是用人单位和劳动者个人的缴费,政府给予资助。依法享受社会保险是劳动者的基本权利。

社会保险仅仅是社会保障体系中的一种形式,除社会保险外,社会保障还包括社会救济、社会福利和社会优抚等内容。社会保障和社会保险的目的是相同的,都是为了保障社会成员的基本生活需要,但二者在保障对象上有所区别。社会保障范围比社会保险更为广泛,社会保障的对象是每个社会成员,而社会保险则是以社会成员中的劳动者为对象。社会保险在社会保障体系中居核心地位,是社会保障体系中重要组成部分。

(二)社会救济

社会救济,是指国家和社会对生活在贫困线以下的低收入者或者遭受灾害的生活困难者提供无偿物质帮助的一种社会保障制度。从历史发展看,社会救济先于社会保险。早在1536年,法国就通过立法要求在教区进行贫民登记,以维持贫民的基本生活需求。1601年,英国制定了《济贫法》,规定对贫民进行救济。中国古代的"义仓"也是一种救济制度。这些都是初级形式的社会救济制度。维持最低水平的基本生活是社会救济制度的基本特征。社会救济经费的主要来源是政府财政支出和社会捐赠。

(三)社会福利

广义的社会福利,是指国家为改善和提高全体社会成员的物质生活和精神生活所提供的福利津贴、福利设施和社会服务的总称。狭义的社会福利，是指国家向老人、儿童、残疾人等社会中需要给予特殊关心的人群提供的必要的生活保障。

（四）优抚安置

优抚安置，是指国家对从事特殊工作者及其家属，如军人及其亲属予以优待、抚恤、安置的一项社会保障制度。在我国，优抚安置的对象主要是烈军属、复员退伍军人、残疾军人及其家属；优抚安置的内容主要包括提供抚恤金、优待金、补助金，举办军人疗养院、光荣院，安置复员退伍军人等。

第二节　社会保险

一、社会保险的产生

（一）社会保险实质上是一种社会互助行为

这种社会互助行为之所以必要，是因为劳动者仅仅靠自身的劳动收入无法承担在劳动过程中可能遇到的各种人身不测而带来的巨大的开支，以及每个劳动者在丧失劳动能力之后，为维持基本生活的开支。因此，劳动者需要得到社会补偿。

民间互助形式，可以说是社会保险的雏形，而且这是一种自发的行为，只在一定范围发挥极为有限的作用。

（二）生产社会化程度的提高，弱化了家庭保障职能，促进了社会保险的产生

在以自然经济为基础的农业社会，生产力落后，家庭既是生产的实体，又是生活的实体。与此相适应，劳动力再生产和对劳动力的保护以及对丧失劳动能力者的赡养，由家庭亲属负担，给予一定的保障。但18世纪工业革命后，以家庭为单位的经济形式开始解体，转向协作性的社会化大生产，生产的社会化、人口城市化改变了家庭结构，家庭规模缩小，家庭、家庭成员之间关系也日益松散。由于工业化的发展，许多失去了土地和生产资料的农民背井离乡、由家庭走进了工厂，靠出卖劳动力为生。在这种情况下，劳动者传统保护职能的弱化，就需要由政府出面进行干预，组织强制性的社会保险，为劳动者提供基本生活保障，维持劳动力的生产和再生产。也就是通过国家立法，强制推行社会保险政策，要求国家、雇主和劳动者共同负担社会保险费用。

（三）现代文明的发展，也是社会保险产生和发展的一个重要原因

社会保险既属于经济范畴，也属于道德范畴。现代经济的发展，也发展了现代文明。尊重个人的权利，强调人与人之间的友好相处、互相关心、互相爱护是现代文明的主要内容。因此，可以说社会保险是现代文明的重要体现。

（四）社会保险归根结底是社会化大生产的产物

（1）社会化大生产加深了劳动者之间的社会联系。劳动者之间生产上的联系导致劳动者之间的社会联系，这种联系就是社会保险产生的基础。劳动者之间之所以产生互助行为，是因为他们处在同一生产过程中，进而处在同一生产关系中，彼此相依。

（2）社会化大生产增加了劳动者在生产过程中的风险因素。传统的农业和手工业生产，劳动简单，对劳动者体力和智力要求不高。而现代的社会化大生产，劳动强度和难度加大，病死伤残事故容易发生，要求劳动者能得到起码的医疗保健和工伤保险，并且在激烈的市场竞争中,企业生产规模经常变动,产业结构经常调整,导致一批批工人失业。伴随着社会化大生产而产生的失业大军,是社会的不安定因素,需要建立失业保险以维持产业后备军的基本生活,维护社会安定。

(3)社会化大生产要求劳动力的再生产必须满足生产的需要,社会保险是劳动力再生产的需要。

二、社会保险的特点

与商业保险相比,社会保险有以下特点。

(一)强制性

社会保险是国家立法强制实施的社会政策,社会保险的缴费标准、待遇项目和保险金给付标准等均由国家或地方政府的法律法规统一规定,凡属于法定范围内的劳动者必须无条件地参加,并按照规定履行缴纳保费义务,劳动者个人对于是否参加社会保险、参加哪些保险项目和享受怎样待遇标准等无权选择和更改,这是社会保险的首要特点。

(二)保障性

社会保险是一项收入补偿制度,当劳动者部分或全部丧失劳动能力或失业时,国家通过法律保证实施的社会保险将为其提供切实可靠的基本生活保障。保障大多数劳动者的基本生活需要,稳定社会秩序,是实施社会保险的根本目的。

(三)公益性

与商业保险不同,社会保险不以盈利为目的,注重社会效益。

(四)普遍性

工薪劳动者或全体公民都可以参加社会保险。

(五)互助性

社会保险的互助性贯穿于整个社会保险基金的筹集、管理和分配的整个过程中,如社会保险经办机构收集的保费可以进行地区之间、企业之间、强者和弱者之间的调剂使用,实行风险分担,其实质是参保劳动者之间的互助行为。

三、社会保险的作用

社会保险是社会再生产过程中分配关系的一种特殊形式。国家通过强制手段对国民收入进行再分配,形成社会保险基金,保障劳动者在特殊情况下的基本生活需要,这对于维持和促进社会劳动力再生产、保证社会安定、推动经济发展有着极其重要的作用。

社会保险的作用主要表现在以下方面。

(一)保障劳动者的基本生活,维持和促进劳动力再生产的顺利进行

劳动者是社会生产力的重要组成部分,在社会再生产过程中,劳动者不可避免地会遇到各种疾病、意外伤害和失业的威胁,不能再通过劳动获取生活资料、满足生活需要,这就会影响劳动力的正常再生产。对劳动者提供社会保险,可以使劳动者在疾病、失业等特殊情况下获得必要的物质保障,使劳动力的再生产得以正常进行。例如,通过社会保险,患病的劳动者可以获得医疗费用补贴,及时得到医治,有助于劳动力的早日恢复;通过社会保险,使失业者失业期间的生存得以维持,也就保护了他们所具有的劳动能力,不至于衰退和萎缩;另外,社会保险对于女性劳动者提供的生育休假、医疗费用补贴等,既保证了女性劳动者劳动能力

的恢复，同时也使新的劳动力得以延续，保证劳动力的再生产顺利进行。

（二）保证社会安定，促进经济的发展

社会经济的正常运行，除要有一个持续稳定的经济增长率，使物质财富不断增加外，还必须有一个安定的社会环境。要想社会环境安定，就必须使社会成员的多方面需要得到基本满足。劳动者除应享有通过劳动获取报酬的权利外，还能够在衰老、疾病等丧失劳动能力或劳动机会时，获得物质帮助，能满足自己及其赡养家庭成员最低生活需要。如果众多的劳动者面临各种劳动危险和收入损失，得不到及时解决，使他们及其家属的生活无法维持时，就会形成一种社会不安定因素，威胁社会再生产的顺利进行。劳动者享受的社会保险的待遇标准部分地与其劳动期间的贡献相联系，工作时间长短不同，工资高低不同，可享受的保险待遇也适当有所差异，这样就可以鼓励劳动者在劳动期间努力工作，为社会多作贡献，促进社会经济的发展。

（三）调节收入差别，促进社会公平分配

在市场经济条件下，社会消费产品的分配主要实行的是按劳分配的原则。由于劳动者的劳动能力和家庭负担存在差异，因此就会产生劳动收入和生活富裕程度上的差别和不平等。在市场机制作用下，这种差距必然会进一步地扩大。收入差别和贫富悬殊程度的扩大，如不能得到及时调节，就会产生和激化社会矛盾，有碍社会安定和经济的发展。从某种意义上说，社会保险就是国家以法律形式，采用强制手段对社会消费产品分配的干预，调节劳动者的收入差距和贫富悬殊程度，使之保持在适度的水平上，从而实现人们对社会公平的普遍要求。国家通过强制措施收取保险费，建立社会保险基金，再分配给那些收入较少或丧失收入来源以致生存发生困难的劳动者，使之维持基本生活，这就将社会财富的一部分转移到广大低收入和生活贫困者手中，在一定程度上实现了社会公平分配。

（四）积累社会资金，促进经济的发展

社会保险具有储蓄返还性，即劳动者在劳动期间，国家就将其创造的一部分产品和价值以保险费形式逐年逐月强行扣除储存起来，等待劳动者丧失劳动能力和实际需要时再进行分配使用。众多劳动者缴纳的保险费积少成多，形成数额巨大的社会保险基金。这笔基金在分配使用之前可以在较长时间内进行资金运用，一方面，增强了社会保险基金的偿付能力；另一方面，将社会保险基金投入社会再生产过程，参与社会资金的再分配，使社会资金的积累规模扩大，促进了社会经济的发展。

四、社会保险与商业保险的联系和区别

社会保险与商业保险之间既有联系，又有本质的区别。从功能上看，两者都是社会风险化解机制。社会保险是多层次社会保障体系的主体，商业保险可以作为对社会保险的补充，是多层次社会保障体系的一个组成部分。社会保险的产生晚于商业保险，它所使用的术语和计算、预测方法很多与商业保险有关。

社会保险与商业保险之间存在着本质的区别：

第一，性质不同。社会保险由国家立法强制实施，属于政府行为；商业保险则是一种商业行为，保险人与被保险人之间完全是一种自愿的契约关系。

第二，目的不同。社会保险不以盈利为目的，其出发点是为了确保劳动者的基本生活，维护社会稳定，促进经济发展；商业保险的根本目的则是获取利润，只是在此前提下给投保

者以经济补偿。

第三，资金来源不同。社会保险由国家、用人单位和个人三者分担；商业保险完全由投保人负担。

第四，政府承担的责任不同。社会保险是公民享有的一项基本权利，政府对社会保险承担最终的兜底责任；商业保险则受市场竞争机制制约，政府主要依法对商业保险进行监管，保护投保人的利益。

第三节　养老保险

一、养老保险的概念

养老保险（或养老保险制度）是国家和社会根据一定的法律和法规，为解决劳动者在达到国家规定的解除劳动义务的劳动年龄界限，或因年老丧失劳动能力退出劳动岗位后的基本生活而建立的一种社会保险制度。养老保险是社会保障制度的重要组成部分，是社会保险五大险种中最重要的险种之一。

二、养老保险的含义

养老保险主要包含以下三层含义：

(1)养老保险是在法定范围内的老年人完全或基本退出社会劳动生活后才自动发生作用的。这里所说的“完全”，是以劳动者与生产资料的脱离为特征的；所谓“基本”，指的是参加生产活动已不成为主要社会生活内容。需强调说明的是，法定的年龄界限（各国有不同的标准）才是切实可行的衡量标准。

(2)养老保险的目的是保障老年人的基本生活需求，为其提供稳定可靠的生活来源。

(3)养老保险是以社会保险为手段来达到保障的目的。养老保险是世界各国较普遍实行的一种社会保障制度。

三、养老保险的特点

养老保险一般具有以下几个特点。

(1)由国家立法，强制实行，企业单位和个人都必须参加，符合养老条件的人，可向社会保险部门领取养老金。

(2)养老保险费用来源，一般由国家、单位和个人三方，或单位和个人双方共同负担，并实现广泛的社会互济。

(3)养老保险具有社会性，影响很大，享受人多且时间较长，费用支出庞大。因此，必须设置专门机构，实行现代化、专业化、社会化的统一规划和管理。

四、养老保险的基本模式

世界各国实行的养老保险制度有三种模式，可概括为投保资助型（也叫传统型）养老保险、强制储蓄型养老保险（也称公积金模式）和国家统筹型养老保险。

(一)传统型养老保险制度

传统型养老保险制度又称为与雇用相关性模式或自保公助模式,最早为德国俾斯麦政府于1889年颁布养老保险法所创设,后被美国、日本等国家所采纳。个人领取养老金的工资替代率,然后再以支出来确定总缴费率。个人领取养老金的权利与缴费义务联系在一起,即个人缴费是领取养老金的前提,养老金水平与个人收入挂钩,基本养老金按退休前雇员历年指数化月平均工资和不同档次的替代率来计算,并定期自动调整。除基本养老金外,国家还通过税收、利息等方面的优惠政策,鼓励企业实行补充养老保险,基本上也实行多层次的养老保险制度。

(二)国家统筹型养老保险制度

国家统筹型养老保险制度分为两种类型:

(1)福利国家所普遍采取的,又称为福利型养老保险,最早为英国创设,目前采用该类型的国家还包括瑞典、挪威、澳大利亚、加拿大等。

该制度的特点是实行完全的"现收现付"制度,并按"支付确定"的方式来确定养老金水平。养老保险费全部来源于政府税收,个人不需缴费。享受养老金的对象不仅仅为劳动者,还包括社会全体成员。养老金保障水平相对较低,通常只能保障最低生活水平而不是基本生活水平,如澳大利亚养老金待遇水平只相当于平均工资的25%。为了解决基本养老金水平较低的问题,一般着力提倡企业实行职业年金制度,以弥补基本养老金的不足。

该制度的优点在于运作简单易行,通过收入再分配的方式,对老年人提供基本生活保障,以抵销市场经济带来的负面影响。但该制度也有明显的缺陷,其直接的后果就是政府的负担过重。由于政府财政收入的相当一部分都用于社会保障支出,而且维持如此庞大的社会保障支出,政府必须采取高税收政策,这样加重了企业和纳税人的负担。同时,社会成员普遍享受养老保险待遇,缺乏对个人的激励机制,只强调公平而忽视效率。

(2)国家统筹型的另一种类型是苏联所创设的,其理论基础为列宁的国家保险理论,后为东欧各国、蒙古、朝鲜以及我国改革开放以前所采用。

该类型与福利国家的养老保险制度一样,都是由国家来包揽养老保险活动和筹集资金,实行统一的保险待遇水平,劳动者个人无须缴费,退休后可享受退休金。但与前一种类型不同的是,适用的对象并非全体社会成员,而是在职劳动者,养老金也只有一个层次,未建立多层次的养老保险,一般也不定期调整养老金水平。

(三)强制储蓄型养老保险制度

强制储蓄型养老保险制度主要有新加坡模式和智利模式两种。

(1)新加坡模式是一种公积金模式。该模式的主要特点是强调自我保障,建立个人公积金账户,由劳动者于在职期间与其雇主共同缴纳养老保险费,劳动者在退休后完全从个人账户领取养老金,国家不再以任何形式支付养老金。个人账户的基金在劳动者退休后可以一次性连本带息领取,也可以分期分批领取。国家对个人账户的基金通过中央公积金局统一进行管理和运营投资,是一种完全积累的筹资模式。除新加坡外,东南亚、非洲等一些发展中国家也采取了该模式。

(2)智利模式作为另一种强制储蓄类型,也强调自我保障,也采取了个人账户的模式,但与新加坡模式不同的是,个人账户的管理完全实行私有化,即将个人账户交由自负盈亏的私营养老保险公司,规定了最大化回报率,同时实行养老金最低保险制度。该模式于20世纪80年代在智利推出后,也被拉美一些国家所效仿。强制储蓄型的养老保险模式最大的特点是强调效率,但忽视公平,难以体现社会保险的保障功能。

五、我国养老保险体系的三个层次

我国是一个发展中国家,经济还不发达,为了使养老保险既能发挥保障生活和安定社会的作用,又能适应不同经济条件的需要,以利于劳动生产率的提高,我国的养老保险由三个部分(或层次)组成。

(一)基本养老保险

基本养老保险是按国家统一的法规政策强制建立和实施的社会保险制度。企业和职工依法缴纳养老保险费,在职工达到国家规定的退休年龄或因其他原因而退出劳动岗位并办理退休手续后,社会保险经办机构向退休职工支付基本养老保险金(也称退休金)。

基本养老金由基础养老金和个人账户养老金组成。

目前,按照国家对基本养老保险制度改革的总体思路,未来基本养老保险目标替代率确定为58.5%。

基本养老金主要目的在于保障广大退休人员的晚年基本生活。

(二)企业补充养老保险

企业补充养老保险是指由企业根据自身经济实力,在国家规定的实施政策和实施条件下为本企业职工所建立的一种辅助性的养老保险。它居于多层次的养老保险体系中的第二层次,由国家宏观指导、企业内部决策执行。企业补充养老保险与基本养老保险既有区别又有联系。

其区别主要体现在两种养老保险的层次和功能上的不同,其联系主要体现在两种养老保险的政策和水平相互联系、密不可分。企业补充养老保险由劳动保障部门管理,单位实行补充养老保险,应选择经劳动保障行政部门认定的机构经办。企业补充养老保险的资金筹集方式有现收现付制、部分积累制和完全积累制三种。企业补充养老保险费可由企业完全承担,或由企业和员工双方共同承担,承担比例由劳资双方协议确定。企业内部一般都设有由劳资双方组成的董事会,负责企业补充养老保险事宜。

(三)个人储蓄性养老保险

职工个人储蓄性养老保险是我国多层次养老保险体系的一个组成部分,是由职工自愿参加、自愿选择经办机构的一种补充保险形式。由社会保险机构经办的职工个人储蓄性养老保险,由社会保险主管部门制定具体办法,职工个人根据自己的工资收入情况,按规定缴纳个人储蓄性养老保险费,记入当地社会保险机构在有关银行开设的养老保险个人账户,并应按不低于或高于同期城乡居民储蓄存款利率计息,以提倡和鼓励职工个人参加储蓄性养老保险,所得利息记入个人账户,本息一并归职工个人所有。

职工达到法定退休年龄经批准退休后,凭个人账户将储蓄性养老保险金一次总付或分次支付给本人。职工跨地区流动,个人账户的储蓄性养老保险金应随之转移。职工未到退休年龄而死亡,记入个人账户的储蓄性养老保险金应由其指定人或法定继承人继承。

六、我国养老保险制度的改革历程

1991年6月,国务院发布《关于企业职工养老保险制度改革的决定》,开始尝试进行社会养老保险改革。

1993年,中共中央十四届三中全会通过的《中共中央关于建立社会主义市场经济体制若干问题的决定》正式决定实行社会统筹和个人账户相结合的社会保险制度。

1995年3月,国务院发布的《关于深化企业职工养老保险制度改革的通知》具体确定"社会统筹与个人账户相结合"的实施方案,确定"统账结合"是中国城镇企业职工基本养老保险制度改革的方向。

1997年7月,国务院颁布《关于建立统一的企业职工基本养老保险制度的决定》,解决养老保险制度多种方案并存的局面。

2000年,国务院决定选择辽宁省进行完善城镇社会保障体系试点,颁布了《关于印发完善城镇社会保障体系试点方案的通知》,决定从2001年7月开始在辽宁省进行完善城镇社会保障体系试点工作。2003年,中共中央、国务院决定,在黑龙江和吉林两省进行扩大完善城镇社会保障体系试点工作。

2005年12月,国务院发布《关于完善企业职工基本养老保险制度的决定》,从2006年起又将试点改革扩大到除东北三省外的八个省、自治区、直辖市,包括天津、上海、山东、山西、湖北、湖南、河南和新疆。

2009年12月,国务院办公厅转发人力资源和社会保障部、财政部《城镇企业职工基本养老保险关系转移接续暂行办法》,办法从2010年1月1日起施行,旨在切实保障参加城镇企业职工基本养老保险人员的合法权益,促进人力资源合理配置和有序流动,保证参保人员跨省流动并在城镇就业时基本养老保险关系的顺畅转移接续。

七、我国现行基本养老保险主要政策规定

(一)用人单位和个人如何参加养老保险

根据《社会保险费征缴暂行条例》规定,用人单位应当在成立之日起30日内,持营业执照或者登记证书等有关证件,到当地社会保险经办机构申请办理社会保险登记。社会保险经办机构审核后,发给社会保险登记证件。用人单位的社会保险登记事项发生变更或者用人单位依法终止的,应当自变更或者终止之日起30日内,到社会保险经办机构办理变更或者注销社会保险登记手续。用人单位必须按月向社会保险经办机构申报应缴纳的社会保险费数额,经社会保险经办机构审核后,在规定的期限内缴纳社会保险费。职工个人应当缴纳的社会保险费,由所在单位从其本人工资中代扣代缴。社会保险经办机构应当按规定建立和记录个人账户。

(二)基本养老保险缴费基数的确定

核定缴费基数以当地上年度在岗职工平均工资(简称社平工资)为基准。

1.个人缴费基数的核定

企业职工凡工资收入低于当地上年度在岗职工平均工资60%的,按60%核定缴费基数;高于当地上年度在岗职工平均工资60%的,按实际工资收入核定缴费基数,但是最高不得高于当地上年度在岗职工平均工资的300%。

个体劳动者(包括城镇个体工商户和灵活就业人员)参加基本养老保险的缴费基数为当地上年度在岗职工平均工资。

2. 企业缴费工资基数

企业职工基本养老保险费实行双基数征缴，即按照企业工资总额作为企业缴费工资基数缴费，对企业工资总额低于职工个人缴费工资之和的，按照职工缴费工资之和作为企业缴费工资基数。

（三）基本养老保险缴费的比例及缴费数额计算方法

缴费比例分为以企业参保和以个体劳动者（包括城镇个体工商户和灵活就业人员）参保两类。

1. 企业参保

企业按缴费工资基数的20%缴费，职工按个人缴费基数的8%缴费。职工应缴部分由企业代扣代缴，职工个人缴费部分记入个人账户。

企业缴费额计算公式如下：

企业缴费额 = 核定的企业缴费工资基数 ×20%

职工个人缴费额计算公式如下：

职工个人缴费额 = 核定缴费基数 ×8%

2. 个体劳动者（包括城镇个体工商户和灵活就业人员）参保

个体劳动者（包括城镇个体工商户和灵活就业人员）按缴费基数的20%缴费，其中8%记入个人账户，退休后按企业职工基本养老金计发办法计发基本养老金。

个体劳动者缴费额计算公式如下：

个体劳动者缴费额 = 当地上年度在岗职工平均工资 ×20%

（四）职工按月领取基本养老金的条件

职工按月领取基本养老金必须具备三个条件：

一是达到法定退休年龄，并已办理退休手续。目前，我国的企业职工法定退休年龄为：

（1）正常退休：男年满60周岁，女干部年满55周岁，女工人年满50周岁。

（2）特殊工种提前退休：男年满55周岁、女年满45周岁，连续工龄满10年，具备下列条件之一：①从事高空和特别繁重体力劳动工作累计满10年；②从事井下、高温工作累计满9年；③从事其他有害身体健康工作累计满8年。

（3）因病退休：男年满50周岁，女年满45周岁，由医院证明，并经劳动鉴定委员会确认，完全丧失劳动能力。

（4）因病退职：不具备退休条件，由医院证明，并经劳动鉴定委员会确认，完全丧失劳动能力的，应该退职。

二是所在单位和个人依法参加养老保险并履行了养老保险缴费义务。

三是个人缴费年限（包括视同缴费年限）至少满15年。

（五）基本养老保险待遇

（1）《关于建立统一的企业职工基本养老保险制度的决定》（国发〔1997〕26号）实施后参加工作、缴费年限（含视同缴费年限）累计满15年的人员，退休后按月发给基本养老金。基本养老金由基础养老金和个人账户养老金组成。

退休时的基础养老金月标准以当地上年度在岗职工月平均工资和本人指数化月平均缴费工资的平均值为基数，缴费每满1年发给1%。

基础养老金的计算公式为：

基础养老金 =（参保人员退休时全省上年度在岗职工月平均工资 + 本人指数化月平均缴费工资）÷ 2 × 缴费年限 × 1%

个人账户养老金月标准为个人账户储存额除以计发月数，计发月数根据职工退休时城镇人口平均预期寿命、本人退休年龄、利息等因素确定。

个人账户养老金的计算公式为：

个人账户养老金 = 参保人员退休时个人账户储存额 ÷ 本人退休年龄相对应的计发月数

计发月数按照《国务院关于完善企业职工基本养老保险制度的决定》（国发〔2005〕38号）的规定执行，见表16-1。

表16-1　退休年龄与计发月数

退休年龄	40	41	42	43	44	45	46	47	48	49	50
计发月数	233	230	226	223	220	216	212	208	204	199	195
退休年龄	51	52	53	54	55	56	57	58	59	60	61
计发月数	190	185	180	175	170	164	158	152	145	139	132
退休年龄	62	63	64	65	66	67	68	69	70		
计发月数	125	117	109	101	93	84	75	65	56		

（2）国发〔1997〕26号文件实施前参加工作，本决定实施后退休且缴费年限累计满15年的人员，在发给基础养老金和个人账户养老金的基础上，再发给过渡性养老金。各省、自治区、直辖市人民政府要按照待遇水平合理衔接、新老政策平稳过渡的原则，在认真测算的基础上，制定具体的过渡办法，并报劳动保障部、财政部备案。

（3）《国务院关于完善企业职工基本养老保险制度的决定》（国发〔2005〕38号）实施后达到退休年龄但缴费年限累计不满15年的人员，不发给基础养老金；个人账户储存额一次性支付给本人，终止基本养老保险关系。

（六）城镇企业职工基本养老保险关系转移接续

2009年12月28日，国务院办公厅发出通知，转发人力资源和社会保障部、财政部《城镇企业职工基本养老保险关系转移接续暂行办法》，要求各省、自治区、直辖市人民政府，国务院各部委、各直属机构，结合实际，认真贯彻执行。办法从2010年1月1日起施行，旨在切实保障参加城镇企业职工基本养老保险人员的合法权益，促进人力资源合理配置和有序流动，保证参保人员跨省流动并在城镇就业时基本养老保险关系的顺畅转移接续。

办法适用于参加城镇企业职工基本养老保险的所有人员，包括农民工。已经按国家规定领取基本养老保险待遇的人员，不再转移基本养老保险关系。

1. 异地转移12%单位缴费

参保人员跨省就业，除转移个人账户储存额外，还转移12%的单位缴费。目前，大部分地区的单位费率为工资基数的20%，少部分地区低于20%。单位缴费的大部分随跨省流动就业转给了转入地，减轻了转入地未来长期的资金支付压力；单位缴费的少部分留给转出地，用于确保当期的基本养老金支付。

流动就业人员离开原参保地，社保经办机构开具统一样式的参保缴费凭证；到新就业地参保缴费后，由本人提出转移接续申请，相关两地社保经办机构办理转移手续，45 个工作日办妥。

2. 明确基本养老保险待遇领取地

办法按照"唯一性"原则，依次确定了相关地区的责任，即参保人员户籍所在地与最后参保地一致时，在户籍所在地办理待遇领取手续，享受基本养老保险待遇；当户籍所在地与最后参保地不一致时，如果在最后参保地参保满 10 年，则在最后参保地领取待遇；如在最后参保地参保不满 10 年，依次向前推至满 10 年的参保地办理待遇领取手续；各地参保都不满 10 年，则在户籍所在地办理待遇领取手续。总之，让每一个缴费满 15 年以上的参保人员都能在一个地方领到基本养老金。

3. 多地参保，养老金计算全国统一

中国城镇企业职工的基本养老金，包括基础养老金和个人账户养老金。其中，个人账户养老金按本人个人账户累计储存额除以一定系数计算。对基础养老金的计算，即以本人各年度缴费工资与本地各年度在岗职工平均工资对应计算其缴费工资指数，由此计算出本人指数化缴费工资，再与本地上年度在岗职工平均工资计算出平均值，作为计发其基础养老金的基数；缴费满 15 年发给基数的 15%，多缴费 1 年多发 1%。流动就业人员在各参保地的各年度缴费工资与最后待遇领取地对应的各年度在岗职工平均工资计算其缴费工资指数。

对回乡后不再返城就业的农民工，其在城镇参保缴费的记录和个人账户全部有效；如果累计缴费年限满 15 年或以上，在达到国家法定退休年龄后，可以同城镇职工一样计发基本养老金；如果没有满足规定条件，也可以把城镇参保的相关权益记录和资金转到新型农村社会养老保险，总之是不让他们已有的权益受损。

八、"五七工"、"家属工"纳入基本养老保险问题

（一）"五七工"、"家属工"的概念

"五七工"、"家属工"是指 20 世纪 70 年代，曾在石油、煤炭、化工、建筑、建材、交通、运输、冶金、有色、制药、纺织、机械、轻工、农、林、水、牧、电、军工这 19 个行业的国有企业中从事生产自救或企业辅助性岗位工作的，具有城镇常住户口、未被劳动部门录用、没有企业正式职工身份、未参加过基本养老保险统筹的人员。

这些人员多数是在 20 世纪六七十年代初响应毛泽东主席"五七"指示，走出家门参加生产劳动，进入企业不同岗位的城镇职工家属，因此统称为"五七工"、"家属工"；个别行业企业结合他们的工作性质，在本行业内还有另外一些称呼，比如石油行业企业曾把他们称做"会战家属"，也有的行业企业在组织这些人员劳动时结合当时的政治形势，提出了"行动军事化、劳动集体化、思想革命化"的口号，因此又把他们称为"三化工"。

"五七工"、"家属工"不同于一般意义上的临时工。首先，他们多数是在计划经济时期企业计划用工不足时的一种特殊用工形式，一般都与企业形成了较长时间的劳动关系，并且都经过严格的审批程序才能被企业录用。其次，这种用工形式的存在在计划经济时期带有浓厚的政治色彩，后期有的行业或部门出于政治需要有意识地创造或保留了这一群体。再次，改革开放以后全国工作中心转移到经济建设上来，诸如"行动军事化、劳动集体化、思想革命化"这样的政治口号不再提倡，据统计这部分人员参加工作时间一般都在 1980 年以前。

(二)“五七工”、“家属工”和城镇集体企业职工的区别

“五七工”、“家属工”与未参保城镇集体企业退休人员之间有本质区别。前者在计划经济时期没有劳动部门招工手续,没有国家承认的连续工龄;而未参保城镇集体企业退休人员,他们在计划经济时期有劳动部门招工手续,是国家正式纳入用工计划统一管理的人员,因此他们有国家承认的连续工龄。

未参保城镇集体企业退休人员过去没有参加城镇企业职工基本养老保险主要有两方面原因:一是企业效益不好,没有能力为这些人员缴纳基本养老保险费;二是由于统筹层次较低,各级社会保险经办机构从基金平衡角度出发没有积极引导他们进入基本养老保险统筹范围。按照国发〔1991〕33 号文件、国发〔1995〕6 号文件、国发〔1997〕26 号文件,他们属于“应参保而未参保”群体,将他们纳入基本养老保险统筹范围等于将他们早已拥有的参保权还给他们。而“五七工”、“家属工”没有劳动部门的招工手续,在计划经济时期就业与保障一体化的体制下,劳动部门按照计划指标给了某人招工手续,就等于同时给予了他的养老保障权益,因此在计划经济时期政府并没有赋予他们养老保障权益,从理论上看他们的养老保障权益在企业或其他用人单位。

(三)解决“五七工”、“家属工”养老保障问题的意义

解决“五七工”、“家属工”等人员养老保障问题既有历史意义,又有现实意义。

第一,解决“五七工”、“家属工”等人员的养老保障问题是贯彻落实党的十七大精神、深入学习实践科学发展观的重要举措,也是完善社会保障体系的一项重要步骤。党的十七大报告明确提出,要“加快建立覆盖城乡居民的社会保障体系,保障人民基本生活”。因此,解决“五七工”、“家属工”养老保障问题是完善社会保障体系的必然要求,不把这部分群体纳入基本养老保险统筹范围,起码城镇养老保险制度体系是不健全的。

第二,将“五七工”、“家属工”纳入基本养老保险统筹范围是保障民生的需要。农村人口一般有土地作为养老保障,尽管土地保障在市场经济环境下遇到了很多困难,但确能给广大农民提供最起码的基本生活保障。而“五七工”、“家属工”作为城镇人口,他们没有土地作为养老保障,也没有制度性的养老保障。

第三,将“五七工”、“家属工”等人员纳入基本养老保险统筹范围是基本养老保险政策“清盘”工程的重要组成部分;同时也是在国际金融危机形势下拉动内需、刺激经济发展的有效措施。

(四)解决“五七工”、“家属工”养老保障问题的方式

目前,全国已有上海、北京、重庆、新疆、黑龙江、河北、吉林、河南等省(区、市)已经解决或正在解决“五七工”、“家属工”养老保障问题。以上省(区、市)有的通过补缴相应费用后纳入基本养老保险的方式解决他们的养老保障问题,有的是通过由政府为这部分人员发放生活补贴的方式解决他们的养老保障问题。在借鉴这些省份解决这部分人员养老保障问题工作经验的基础上,结合实际和全国基本养老保险制度建设的趋势,探索了将其纳入基本养老保险统筹范围、适当补缴基本养老保险费的方式解决他们的养老保障问题。通过广泛调研,在保证权利与义务相对应的前提下,按照社会保险大数法则,扩展基本养老保险覆盖范围,将这些人员以按照城镇个体劳动者参加基本养老保险政策溯及“社会统筹与个人账户相结合”制度实施初期,将其纳入基本养老保险统筹范围,是解决这部分人员养老保障问题的最有效途径。

（五）“五七工”、“家属工”纳入基本养老保险统筹范围相关政策规定

1. 要求“五七工”、“家属工”工作满3年以上

这项规定主要是考虑在计划经济时期企业用工一般先从学徒开始，学徒期一般为1至2年，之后可能转为长期工或正式工。所以，一般的“五七工”、“家属工”工作年限至少应该在3年以上。

2. “五七工”、“家属工”必须具有本省城镇户口

对“五七工”、“家属工”采取特殊办法将其纳入基本养老保险统筹，如果将来养老保险统筹基金出现支付困难，各级政府要承担管辖范围内人员支付的相应责任。另外，本省的养老保险统筹基金，主要用于解决本省的基本养老保障问题；而其他省（区、市）的“五七工”、“家属工”由其所在省（区、市）管辖，他们的养老保障问题所在省（区、市）也会有相应的解决措施。

3. 以城镇个体劳动者办法将“五七工”、“家属工”纳入基本养老保险统筹范围

由于“五七工”、“家属工”没有国家承认的连续工龄，按照基本养老保险权利和义务相对应的原则，只有按照国家有关政策规定缴纳一定的费用后才能纳入基本养老保险统筹范围。“五七工”、“家属工”原所在企业大多早已解体或不存在，因此只能按照个体劳动者的参保办法将其纳入基本养老保险统筹范围。

4. 最早从实行“统账结合”制度之日起补缴养老保险费，至少补缴15年

按照国家规定，参加基本养老保险人员缴费年限必须满15年并达到规定退休年龄后方可按月领取基本养老金。鉴于这部分人员实行“统账结合”制度之前从事临时性工作的时段不符合国家关于连续工龄的政策规定，不能作为视同缴费年限。允许其最早从实行“统账结合”制度之日起补缴养老保险费，至少补缴15年。

5. 纳入人员的基本养老金发放及调整

纳入人员的基本养老金实行社会化发放。由社保经办机构为其在指定的银行办理存折或银行卡，并按月将基本养老金划拨到户。

鉴于“五七工”、“家属工”这一群体的特殊性，在以后按国家规定调整城镇企业退休人员基本养老金时，这部分人员作为一个整体统一调整。其中普遍调整部分，所有纳入人员执行同一标准定额调整；特殊调整部分按以后国家及省调整基本养老金时的相关倾斜政策执行。

6. 纳入人员死亡后缴纳的基本养老保险费继承及丧葬补助金发放

纳入基本养老保险统筹范围人员死亡后，按比例扣除已支付的基本养老金后个人缴费部分仍有剩余的，剩余部分退还给指定受益人或法定继承人。

纳入基本养老保险统筹范围人员死亡后，其丧葬补助金由基本养老保险统筹范围基金支付，标准与其他参保城镇企业退休人员一致。

第四节 医疗保险

一、基本概念

医疗保险是为补偿疾病所带来的医疗费用的一种保险。职工因疾病、负伤、生育时，由

社会或企业提供必要的医疗服务或物质帮助的社会保险。如中国的公费医疗、劳保医疗。中国职工的医疗费用由国家、单位和个人共同负担,以减轻企业负担,避免浪费。

基本医疗保险是为补偿劳动者因疾病风险造成的经济损失而建立的一项社会保险制度。通过用人单位和个人缴费,建立医疗保险基金,参保人员患病就诊发生医疗费用后,由医疗保险经办机构给予一定的经济补偿,以避免或减轻劳动者因患病、治疗等所带来的经济风险。

二、医疗保险的职能

医疗保险,是指以保险合同约定的医疗行为的发生为给付保险金条件,为被保险人接受诊疗期间的医疗费用支出提供保障的保险。

医疗保险同其他类型的保险一样,也是以合同的方式预先向受疾病威胁的人收取医疗保险费,建立医疗保险基金;当被保险人患病并去医疗机构就诊而发生医疗费用后,由医疗保险机构给予一定的经济补偿。

因此,医疗保险也具有保险的两大职能:风险转移和补偿转移。即把个体身上的由疾病风险所致的经济损失分摊给所有受同样风险威胁的成员,用集中起来的医疗保险基金来补偿由疾病所带来的经济损失。

三、医疗保险的种类

(一)商业医疗保险

商业医疗保险包括报销型医疗保险和赔偿型医疗保险。

报销型医疗保险(普通医疗保险)是指患者在医院里所花费的医疗费由保险公司来报销。一般分门诊医疗保险与住院医疗保险。

赔偿型医疗保险(专项医疗保险)是指患者明确被医院诊断为患了某种在合同上列明的疾病,由保险公司根据合同约定的金额来给付患者治疗及护理。一般分单项疾病保险(如癌症保险)与重大疾病保险。

上述两类医疗保险有相同点但又有不同点。相同点是患病才能获得保险给付;不同点主要是:普通医疗险属全类型即各类疾病都能获得保险给付,专项医疗保险属专项类即某项在保险合同中明确列明的疾病或手术才能获得保险给付。保险公司推出的医疗保险常常会综合上述两大类保险的一部分来组合成。

(二)津贴给付型医疗保险

简而言之,津贴给付型医疗保险是保险公司按照合同规定的补贴标准,向被保险人按次、按日或按项目支付保险金的医疗保险。理赔与实际发生的医疗费用无关,无须提供发票。无论得了什么病,在治疗中花了多少钱,赔付标准不变。如果在多家公司投保,就能从多家公司得到理赔金,不管投保多少份都进行给付。这部分津贴可以对因住院产生的医疗费用之外的其他损失进行补偿,如因病假所产生的收入损失、交通费用等。

“锦上添花”的津贴给付型医疗保险,通常来说,如果已经参加了社会医疗保险,则比较适合选择重大疾病保险搭配津贴给付型医疗保险,津贴给付型医疗保险与社会保险没有直接联系,只要住院或者手术,保险公司就必须赔偿。

购买医疗保险首先要考虑的是报销医疗费用的问题,其次才能考虑到因为住院所产生的损失补偿问题，只有将基础的保障夯实，在此基础上作补充才能锦上添花。有充足社会保险保障的人士，选择医疗保险可以优先选择津贴给付型医疗保险。

保险原理在保险学中，有一个关于“健康保险是否适用补偿原则”的问题。这个问题不能一概而论。补偿原则是指“被保险人获得的补偿不能高于其实际损失”。津贴给付型医疗保险则不适用，其保险金的给付与实际损失无关。其设计原理实际是考虑被保险人在住院期间，因病假导致的工资损失，因此合同约定按住院天数给付补贴费用，它不考虑实际住院发生的费用，和实际经济损失无关，属于“定值保险” 的一种。

(三)费用型医疗保险

费用型医疗保险则是根据客户实际发生的医疗费用支出按保单约定的保险金额给付保险金。目的是补偿客户的医疗费，理赔时需要客户出具门诊或住院发票，理赔范围与“社保”基本一致。

无医疗保险投保建议：首先投保费用型医疗保险，因为根据现在的医疗水平，一般的疾病住院治疗时间为 10 天左右即可，投保费用型产品，合理住院医疗费用若按 80% 的比例报销，就可以报销大部分医疗费用。若投保津贴型医疗保险产品，通常只能在第 4 天获得理赔，如果住院天数是 10 天的话，按每日津贴 250 元，可赔付 1 500 元，相对而言，理赔的金额较少，而被保险人在住院 10 天内的开支应该远远大于这个数字，所以建议首先投保费用型，之后考虑购买津贴型。

有医疗保险投保建议：津贴型医疗保险和费用型医疗保险互补，我国目前现行的社会医疗保险政策分为两个部分，一是门诊急诊费用，二是住院费用。一般来说，门诊急诊费用约有 80% 由自己承担。一笔 1 万元左右的住院费用，一般自己承担比例约为 30%，而一笔 10 万元左右的大病住院费用，20% 由自己承担。

此外，社会医疗保险还有严格的限制。新药、进口药、贵药都不在社会医疗保险报销范围之内。对于交通事故所造成的医疗费用，社会医疗保险是不报销的。除此之外，在疾病期间经常发生的费用，比如营养费、护工费、误工费等更不在报销范围之内。

所以，有医疗保险的人投保住院医疗保险，可考虑购买费用型和津贴型互补。选择费用型住院医疗保险也是有益的补充。

(四)社会医疗保险

我国 20 世纪 50 年代初建立的公费医疗和劳保医疗统称为职工社会医疗保险。它是国家社会保障制度的重要组成部分，也是社会保险的重要项目之一。

医疗保险具有社会保险的强制性、互济性、社会性等基本特征。因此，医疗保险制度通常由国家立法强制实施，建立基金制度，费用由用人单位和个人共同缴纳，医疗保险费由医疗保险机构支付，以解决劳动者因患病或受伤害带来的医疗风险。

医疗保险就是当人们生病或受到伤害后，由国家或社会给予的一种物质帮助，即提供医疗服务或经济补偿的一种社会保障制度。

我国的医疗保险实施以来，在保障职工身体健康和维护社会稳定等方面发挥了积极的作用。但是，随着社会主义市场经济体制的确立和国有企业改革的不断深化，这种制度已难以解决市场经济条件下的职工基本医疗保障问题。

国务院于 1998 年 12 月下发了《国务院关于建立城镇职工基本医疗保险制度的决定》（国发〔1998〕44 号），部署全国范围内全面推进职工医疗保险制度改革工作，要求 1999 年内全国基本建立职工基本医疗保险制度。

1. 基本医疗保险的含义

基本医疗保险是当人们生病或受到伤害后,由国家或社会给予的一种物质帮助,即提供医疗服务或经济补偿的一种社会保障制度。

2. 医疗保险费的缴纳

城镇职工医疗保险费由企业和个人共同缴纳,企业缴纳职工本人上一年月平均工资的6.5%,个人缴纳职工本人上一年月平均工资的2%。

职工本人上一年月平均工资低于上一年本市职工月平均工资60%的,以上一年本市职工月平均工资的60%为缴费工资基数,缴纳基本医疗保险费。职工本人上一年月平均工资高于上一年本市职工月平均工资300%以上的部分,不作为缴费工资基数,不缴纳基本医疗保险费。无法确定职工本人上一年月平均工资的,以上一年本市职工月平均工资为缴费工资基数,缴纳基本医疗保险费。

3. 单位缴纳的基本医疗保险费划入个人账户的标准

(1)不满35周岁的职工按本人月缴费工资基数的0.8%划入个人账户;

(2)35周岁以上不满45周岁的职工按本人月缴费工资基数的1%划入个人账户;

(3)45周岁以上的职工按本人月缴费工资基数的2%划入个人账户;

(4)不满70周岁的退休人员按上一年本市职工月平均工资的4.3%划入个人账户;

(5)70周岁以上的退休人员按上一年本市职工月平均工资的4.8%划入个人账户。

前款所列标准可根据社会经济发展和基金收支情况需要进行调整。

4. 个人账户支付下列医疗费用

(1)门诊、急诊的医疗费用;

(2)到定点零售药店购药的费用;

(3)基本医疗保险统筹基金起付标准以下的医疗费用;

(4)按照报销比例应当由个人负担的医疗费用。

个人账户不足支付部分由本人自付。

四、医疗保险的结算程序

(一)住院及特殊病种门诊治疗的结算程序

定点医疗机构于每月10日前,将上月出院患者的费用结算单、住院结算单及有关资料报医疗保险经办机构,医疗保险经办机构审核后,作为每月预拨及年终决算的依据。医疗保险经办机构每月预拨上月的住院及特殊病种门诊治疗的统筹费用。

经认定,患有特殊疾病的参保人员应到劳动保障部门指定的一家定点医疗机构就医购药,发生的医药费用直接记账,即时结算。

(二)急诊结算程序

参保人员因急诊抢救到市内非定点的医疗机构及异地医疗机构住院治疗,发生的医疗费用,先由个人或单位垫付,急诊抢救终结后,凭医院急诊病历、检查、化验报告单、发票、详细的医疗收费清单等到医疗保险经办机构按规定办理报销手续。

(三)异地安置人员结算程序

(1)异地安置异地工作人员由其所在单位为其指定1~3所居住地定点医疗机构,并报医疗保险经办机构备案。

(2)异地安置异地工作人员患病在居住地定点医疗机构就诊所发生的医疗费用,由本人或所在单位先行垫付,治疗结束后,由所在单位持参保人员医疗证及病历、有效费用票据、住院费用清单等在规定日期到社会医疗保险经办机构进行结算。

(四)转诊转院结算

(1)参保人员因定点医疗机构条件所限或因专科疾病转往其他医疗机构诊断治疗的,需填写转诊转院审批表。由经治医师提出转诊转院理由,科主任提出转诊转院意见,医疗机构医疗保险办审核,分管院长签字,报市医疗保险中心审批后,方可转院。

(2)转诊转院原则上先市内后市外、先省内后省外。市内转诊转院规定在定点医疗机构间进行。市外转诊转院须由本市三级以上定点医疗机构提出。

(3)参保人员转诊转院后发生的医疗费用,由个人或单位先用现金垫付,医疗终结后,由参保人或其代理人持转诊转院审批表、病历证书、处方及有效单据,到医疗保险经办机构报销属于统筹基金支付范围的住院费用。

五、医疗保险的账户管理

(一)个人账户建立

社会医疗保险经办机构为每一个参保人员建立基本医疗保险个人账户,以本人身份证号码作为终身医疗保险号码。职工基本医疗保险个人账户资金归个人所有,定向用于医疗消费,超支不补,结余滚存,不得提取现金。职工死亡时,个人账户予以注销,余额按规定继承。

(二)个人账户卡的发放

用人单位应当在参加基本医疗保险的同时为职工申办个人医疗账户结算卡。新参加医疗保险的职工自参保之日起30日内,由用人单位向社会医疗保险经办机构提出申请,并提供有关资料。社会医疗保险经办机构接到用人单位为职工建户申请后,应当认真审核有关资料,15日内为职工建立个人账户,并制发个人账户结算卡。及时将资金注入职工个人医疗账户,并按有关规定计息。异地安置的退休人员可暂不发卡。

参保人员可持个人医疗账户卡在本统筹地区任何一个定点医疗机构和定点药店就医购药。个人医疗账户资金不足时,用现金支付。

(三)个人账户的转移、继承

参保人员调离本地,个人医疗账户资金随同转移,无法转移的可将个人账户结存额退还本人,同时注销个人账户。

参保人员死亡的,个人账户余额可由其合法继承人继承。

(四)个人账户卡的挂失、补发

参保人员应当妥善保存个人账户卡,发生损坏,需更换新卡的,成本费由个人承担。个人账户卡丢失的,应及时持有关证件到医疗保险经办机构或指定的单位挂失,医疗保险经办机构应当立即封存该账户。30日内查找不到的,应自费办理新卡。挂失期间发生的医疗费用,个人账户部分由职工个人现金支付。在办理挂失手续之前,个人账户卡被冒用的,损失由参保人自负。

参保人凭卡就医购药和结算医疗费用时,定点医疗机构和药店服务人员应认真核验,发现伪造或冒用挂失卡的应立即扣留，并通知社会医疗保险经办机构。定点医疗机构和药店不得拒收卡资金，不得为持卡人员兑换现金。

2010 年 1 月，人力资源和社会保障部公布了《流动就业人员基本医疗保障关系转移接续暂行办法》，该办法规定，从 2010 年 7 月 1 日开始，流动人员跨省就业时可以转移自己的医疗保险关系，个人账户也跟随转移划转。除医疗保险关系可跨省转移外，随参保人身份的变化，职工医疗保险、居民医疗保险、新型农村合作医疗保险三种不同类型的医疗保险关系，也可互相转移。进城的农民工可在就业地参加当地的职工基本医疗保险，回农村后可带回，转为新型农村合作医疗保险，而且不会中断。

六、医疗保险的险费征缴

(一)申报受理

医疗保险机构征缴部门受理参保单位填报的《医疗保险缴费基数变更申报表》，并要求提供以下资料：

(1)工资发放明细表；

(2)参加医疗保险人员增减明细表；

(3)医疗保险机构规定的其他资料。

(二)缴费核定

(1)医疗保险机构征缴部门审核参保单位填报的缴费申报核定表格及有关资料。审核通过后，办理参保人员核定或增减手续。

(2)医疗保险机构征缴部门根据缴费申报和核定情况，为新增参保人员及时记录参保时间、当期缴费工资等信息。医疗保险机构征缴部门根据参保单位申报情况核定当期缴费基数。

(3)医疗保险机构征缴部门根据核定的参保单位当期缴费基数、缴费费率计算应缴数额，并打印出《医疗保险缴费通知单》反馈申报单位，并以此为依据进行征收。

(三)费用征收

(1)医疗保险机构通过“收入户存款”开户银行收费，也可采取支票、现金、电汇、本票等方式收费，并开具专用收款凭证。医疗保险机构财务管理部门每月与银行对账结算，并将到账情况反馈给征缴部门。

(2)医疗保险机构征缴部门根据财务管理部门反馈的医疗保险费缴纳情况，向申报后未足额或未及时缴纳医疗保险费的参保单位发出《社会保险费催缴通知单》。逾期不执行的，向劳动保障行政部门提供相关情况和资料，由劳动保障行政部门限期改正。

(3)每月 25 日前，参保单位延迟缴费的，从欠缴之日起按日加收 2‰滞纳金。可一次性缴一个月、一个季度、半年或一年的。按季度或按年度缴的，应从季度初或年初缴费。暂无能力缴纳的，申请缓缴，缓缴时间不得超过 2 个月。

(四)补缴欠费

(1)医疗保险机构征缴部门根据医疗保险欠费情况，建立欠费数据信息，填制《社会保险费补缴通知单》，通知参保单位补缴欠费。

(2)对因筹资困难，无法一次足额缴清欠费的参保单位，医疗保险机构征缴部门与其签订社会保险补缴协议。如欠费单位发生被兼并、分立、破产等情况，按下列方法签订补缴协议:①欠费单位被兼并的,与兼并方签订补缴协议;②欠费单位分立的,与各分立方签订补缴协议;③欠费单位进入破产程序的,与清算组签订清偿协议;④单位被拍卖出售或租赁的,与主管部门签订补缴协议。

(3)参保单位根据《社会保险费补缴通知单》或补缴协议办理补缴,医疗保险机构征缴部门予以受理,并通知医疗保险机构财务管理部门收款。

(4)破产单位无法完全清偿的欠费,医疗保险机构征缴部门受理单位破产清算组提出的申请,审核后送稽核监督部门处理。

(5)医疗保险机构征缴部门依据财务管理部门传来的补缴欠费到账信息和稽核监督部门传来的核销信息,调整参保单位欠费信息。

第五节　生育保险

一、生育保险

生育保险是国家通过社会保险立法,对生育职工给予经济、物质等方面帮助的一项社会政策。其宗旨在于通过向生育女职工提供生育津贴、产假以及医疗服务等方面的待遇,保障她们因生育而暂时丧失劳动能力时的基本经济收入和医疗保健,帮助生育女职工恢复劳动能力,重返工作岗位,从而体现国家和社会对妇女在这一特殊时期给予的支持和爱护。

生育保险是社会保险的其中一项,是国家通过立法,对怀孕、分娩女职工给予生活保障和物质帮助的一项社会政策。其宗旨在于通过向职业妇女提供生育津贴、医疗服务和产假,帮助她们恢复劳动能力,重返工作岗位。

二、主要特点

(1)享受生育保险的对象主要是女职工,因而待遇享受人群相对比较窄。随着社会进步和经济发展,有些地区允许在女职工生育后,给予配偶一定假期以照顾妻子,并发给假期工资;还有些地区为男职工的配偶提供经济补助。

(2)待遇享受条件各国不一致。有些国家要求享受者有参保记录、工作年限、本国公民身份等方面的要求。我国生育保险要求享受对象必须是合法婚姻者,即必须符合法定结婚年龄、按婚姻法规定办理了合法手续,并符合国家计划生育政策等。

(3)无论女职工妊娠结果如何,均可以按照规定得到补偿。也就是说,无论胎儿存活与否,产妇均可享受有关待遇,包括流产、引产以及胎儿和产妇发生意外等情况,都能享受生育保险待遇。

(4)生育期间的医疗服务以保健、咨询、检查为主,与医疗保险提供的医疗服务以治疗为主有所不同。生育期间的医疗服务侧重于指导孕妇处理好工作与休养、保健与锻炼的关系,使她们能够顺利地度过生育期。产前检查以及分娩时的接生和助产,则是通过医疗手段帮助产妇顺利生产。分娩属于自然现象,正常情况下不需要特殊治疗。

(5)产假有固定要求。产假要根据生育期安排,分产前和产后。产前假期不能提前或推迟使用。产假也必须在生育期间享受,不能积攒到其他时间享用。各国规定的产假期限不同。我国规定的正常产假为90天,其中产前假期为15天,产后假期为75天。

(6)生育保险待遇有一定的福利色彩。生育期间的经济补偿高于养老、医疗等保险。生育保险提供的生育津贴,一般为生育女职工的原工资水平,也高于其他保险项目。另外,在我国职工个人不缴纳生育保险费,而是由参保单位按照其工资总额的一定比例缴纳。

三、生育保险申报缴费

(一)申报材料

(1)《社会保险登记表》;

(2)《参加基本养老、工伤和生育保险人员增减表》;

(3)《企业职工基本养老、工伤和生育保险申报汇总表》。

(二)办理程序

(1)用人单位持申报材料到社会劳动保险部门业务大厅申报;

(2)工作人员受理申报材料,核准后盖章返回汇总表、增减表各一份;

(3)用人单位于次月办理缴费手续。

(三)生育保险费的缴纳

生育保险费由企业按月缴纳,个人不缴纳。

四、生育保险待遇

(一)申报条件

(1)生育或施行计划生育手术时的所在单位按照规定参加并履行了缴费义务,且为其缴纳生育保险费累计满3个月的企业职工。

(2)生育或施行计划生育手术符合国家计划生育政策的职工。

(3)以上条件须同时具备。

(二)申报材料

(1)计划生育部门签发的计划生育证明(原件及复印件);

(2)医疗部门出具的婴儿出生(死亡)证明(原件及复印件);

(3)生育女职工、计划生育手术职工本人身份证(原件及复印件);

(4)《企业职工生育医疗证申领表》;

(5)《企业职工计划生育手术医疗证申领表》;

(6)《企业职工生育医药费报销申请单》;

(7)《企业职工生育保险待遇核准结算表》;

(8)《企业职工生育保险外地就医申请表》;

(9)生育医疗费用票据、费用清单、门诊病历、出院小结等原始资料;

(10)收款收据。

五、办理程序

(1)女职工怀孕后、流产或计划生育手术前,由用人单位或街道、镇劳动保障服务部门工作人员携带申报材料到所在地社会保险部门生育保险窗口;

(2)工作人员受理核准后,签发医疗证;

(3)生育女职工产假满30天内,由用人单位或街道、镇劳动保障服务部门工作人员携带申报材料到所在地社会保险部门生育保险窗口办理待遇结算；

（4）工作人员受理核准后，支付生育医疗费和生育津贴。

六、保险待遇

保险待遇主要有生育津贴、生育医疗费用、计划生育手术费用、国家和本地规定的其他费用。

（1）生育津贴：生育津贴为女职工产假期间的工资，生育津贴低于本人工资标准的，差额部分由企业补足。生育津贴按照女职工本人生育当月的缴费基数除以 30 再乘以产假天数计算。

（2）参加生育保险累计满一年的职工，在生育（流产）时仍在参保的，按有关规定享受生育保险待遇。

（3）生育保险待遇生育津贴发放标准，以生育（流产）时当月本单位人均缴费工资为基数按规定假期计发。

生育保险津贴办理时间为：生完小孩五个月内，分别由女职工、男配偶所在单位申领生育保险待遇。

七、生育保险法律

1986 年卫生部、劳动人事部、全国总工会、全国妇联联合印发了《女职工保健工作暂行规定》。规定是在全国范围内进行为期 6 年调查研究的基础上，经过科学论证，并参考各国法规制定的，为保障女职工的合法权益发挥了重大作用。

1988 年 7 月国务院发布了《女职工劳动保护规定》，此规定适用于中国境内一切国家机关、团体、企事业单位的女职工。军队系统的单位可参照执行。其主要内容是对女职工的就业、劳动工作时间、产假、待遇、孕期保护及其他福利等作了详细规定。

1994 年 12 月劳动部颁发的《企业职工生育保险试行办法》中规定：本办法适用城镇企业及其职工。生育保险实行属地原则，其生育保险费用实行社会统筹。

第六节　失业保险制度

失业保险制度是有关救济失业者，促进失业问题解决的法律、条例、规章及具体措施等的总称。具体内容一般包括有关法律文件、失业保险管理机构的设置、保险基金的筹集、保险范围和对象、享受资格待遇标准、支付办法以及财务的管理和监督等。在各种社会制度下，失业都是一种普遍存在的社会经济现象，大量失业现象的存在不仅会导致劳动力资源的闲置和浪费，使失业者失去基本生活保障，也会造成社会的不安定。为了消除企业员工的失业风险，需要国家依靠立法来强制实施失业保险制度。

一、失业保险的概念

失业人员是指在法定劳动年龄之内，具有劳动能力，非因本人意愿中断就业的人员。国际劳工组织对失业者的界定为：在特定的年龄和规定的时间；没有在有报酬的工作岗位上就业；有劳动能力，并在当前可从事工作；正在采取各种方式寻找工作。

失业保险是指国家以立法形式集中建立基金,对因失业时中断生活来源的劳动者提供一定时期基本生活需要和就业服务等,以帮助其尽快就业的一种社会保险制度。

二、失业保险的基本性质

失业保险的基本性质如下:

(1)失业保险属于社会保险范畴,直接目的是对非自愿失业者提供基本生活保障,为其尽快重新就业创造条件。

(2)失业保险的核心内容是由社会集中建立失业保险基金,分散失业风险,使暂时处于失业状态的劳动者的生活得到基本保障,并通过就业培训等手段达到就业安置。

(3)失业保险是指人们对劳动者失去工作这一劳动风险,实行以“共同分担”的办法代替单位或个人承受的一种社会保障制度,它是市场经济的必然产物和基本运行条件。在市场经济条件下,实行双向选择的用工制度,任何劳动者都面临着失业的风险。劳动者一旦失业,便失去了与生产资料相结合通过劳动获取收入的来源,生活也就失去保障。而且,失业人员的存在,也是对劳动力资源的一大浪费。通过失业保险,满足失业者的基本生活需要,并通过就业指导和转业培训等措施,使失业者重新走上工作岗位。

失业风险的存在是失业保险建立的客观前提。现代化大生产要求劳动力的供给规模和素质结构必须同社会需求相适应,而人口增长失控、经济发展规模和速度失常都会打乱这种比例关系,失业便成为必然。就一个人或一个家庭来看,失业是一个偶然事件,有很大的随机性;但从劳动者整体和较长时期来看,失业是普遍存在的,是一个必然事件,不可避免。这种必然性和偶然性的结合,就构成了失业风险,它是失业保险产生的前提。

市场经济是效率经济,工资作为一种国民收入分配手段必须以效率为主,这必然引起劳动者收入的差距。高收入者失业时,可动用平时积蓄解决生活问题;而低收入者,除满足个人及家庭生活需要外很少积蓄,一旦失业,生活便无着落。因此,国家建立失业保险制度,举办失业保险,发挥互济功能,保障失业者基本生活需要,使其享受到社会发展的成果是非常必要的。

失业保险作为社会保险制度的一个重要组成部分,和其他保险项目一起,起着保障劳动者生活需要,维护社会政治、经济秩序的作用。它具有其他社会保险的共同特征:社会性、强制性、互济性和福利性。但是作为一种有着特定功能的社会保险形式,与其他社会保险之间又有所区别:

(1)实施保障的前提条件不同。失业保险最基本的特点在于保障的对象是劳动年龄内有劳动能力的劳动者,以失去劳动机会为前提条件,是对有劳动能力、劳动意愿,但没有就业机会的失业者提供经济帮助。而其他的社会保险项目都是以丧失劳动能力为前提,如养老保险是对按法律规定丧失社会劳动能力的人提供生活保障;工伤保险是对劳动者在生产中因意外事故造成的器官或生理功能损伤,在暂时、永久丧失劳动能力的前提下,提供物质帮助。

(2)风险产生的原因不同。失业保险中的失业风险主要是由社会经济原因造成的,如产业结构的变革,会导致对现有劳动力资源的重新配置,从而导致结构性失业的出现;社会科学技术的发展,劳动生产率的提高,会导致结构性失业的出现;人口增长失控,经济发展速度规模失常,也会因此而产生失业现象。而其他社会保险项目所涉及的劳动风险,大多属于自然原因,主要是身体健康的损害和工作中的疏忽大意或无法预料的外界自然力打击所致。

(3)保险的职能不同。失业期间,劳动者不但没有生活保障,而且处于闲置浪费状态,因此失业保险兼有保障失业人员的基本生活和促使其尽快重新就业的职能,它对于劳动者尽快摆脱失业的困扰起直接的作用。而其他社会保险项目的职能,在于丧失劳动能力的危险事件发生后,为劳动者提供基本生活保障,维持劳动力的一般再生产,使其恢复健康或继续生存有一定的经济保障,对劳动能力恢复并不起到直接的、决定性的作用。

三、失业保险基金筹集和支付

失业保险基金是国家为保障职工暂时失去工作或转换职业期间的基本生活需要而建立的专项基金,是失业保险制度的物质基础,属于社会保险基金的性质。失业保险基金的来源需要国家以法律形式加以保证,在基金的筹集上坚持强制性、无偿还性、固定性三个原则。

(一)失业保险基金的构成

失业保险基金由下列各项构成:

(1)用人单位和职工个人缴纳的失业保险费。用人单位按照本单位应参保职工上年度月均工资总额的2%缴纳失业保险费。职工按照本人上年度月均工资的1%缴纳失业保险费。职工缴费工资低于当地上年度职工平均工资60%的,按照当地上年度职工平均工资的60%计算。职工个人应当缴纳的失业保险费,由所在单位代扣代缴。

(2)失业保险基金的利息。

(3)失业保险费的滞纳金。

(4)财政补贴。

(5)法律、法规规定纳入失业保险基金的其他资金。

(二)失业保险基金的支出

失业保险基金用于下列支出:

(1)失业保险金;

(2)领取失业保险金期间的医疗补助金;

(3)领取失业保险金期间死亡的失业人员的丧葬补助金和其供养的配偶、直系亲属的抚恤金;

(4)领取失业保险金期间接受职业培训、职业介绍的补贴;

(5)国务院规定或者批准的与失业保险有关的其他费用。

四、失业保险待遇

(一)享受失业保险待遇条件

在法定劳动年龄之内,具有劳动能力,与用人单位依法终止或者解除劳动关系,具备下列条件的失业人员按照规定享受失业保险待遇:

(1)所在用人单位和本人按照规定参加失业保险,缴纳失业保险费满一年的;

(2)非因本人意愿中断就业的;

(3)按照规定已办理失业登记,并有求职要求的。

(二)失业保险待遇标准

(1)失业保险金按照当地最低工资标准的80%确定,并自失业人员办理失业登记的次月起按月发放。失业人员失业前所在用人单位和本人按规定累计缴费时间满1年不足5年的，领取失业保险金的期限最长为12个月；累计缴费时间满5年不足10年的，领取失业保险金的期限最长为18个月；累计缴费时间10年以上的，领取失业保险金的期限最长为24个月。重新就业后再次失业的，缴费时间重新计算，领取失业保险金的期限可以与前次失业应领取而尚未领取的失业保险金的期限合并计算，但是最长不得超过24个月。

(2)失业人员领取失业保险金期间，可按其享受失业保险金10%的标准发放医疗补助金。患有严重疾病确需住院治疗的，经当地失业保险经办机构批准，可以报销医疗费的70%，但累计补助金额不超过本人10个月的失业保险金标准。获得省级以上荣誉称号或者因社会公益事业致伤、致病的，可以享受不超过本人18个月失业保险金标准的医疗补助金。

(3)失业人员领取失业保险金期间死亡的，其家属凭失业人员死亡证明等有关材料，可以向失业保险经办机构申领一次性的丧葬补助金和抚恤金。失业人员死亡当月尚未领取的失业保险金，可由其家属一并领取。丧葬补助金按照失业人员本人生前7个月的失业保险金标准发放。有供养配偶、直系亲属的，按每供养一人发给5个月，最多发给不超过失业人员本人生前15个月失业保险金标准的抚恤金。因社会公益事业死亡的，其丧葬补助金和抚恤金可按此款标准提高80%执行。

(4)失业人员领取失业保险金期间，可以免费享受职业培训、职业介绍服务，其补贴费用由失业保险经办机构从失业保险基金中列支。

(5)失业人员领取失业保险金期间有下列情形之一的，停止领取失业保险金，并同时停止享受其他失业保险待遇：①重新就业的；②应征服兵役的；③移居境外的；④享受基本养老保险待遇的；⑤被判刑收监执行或者被劳动教养的；⑥无正当理由，连续两次拒不接受当地人民政府指定的部门或者机构介绍的工作的；⑦法律、法规规定的其他情形。

五、失业人员管理

用人单位应当及时为失业人员出具终止或者解除劳动关系的证明，告知其按照规定享受失业保险待遇的权利，并于终止或者解除职工的劳动关系之日起七日内，将失业人员的名单档案和终止或者解除劳动关系的证明、参加失业保险及缴费情况的证明等有关手续报送当地失业保险经办机构。

失业人员应当自用人单位终止或者解除劳动关系的证明送达之日(发生劳动争议的，可延长到仲裁或判决生效之日)起60日内，到当地失业保险经办机构办理失业登记，申领失业证。失业证由省劳动保障行政部门统一印制。失业人员领取失业保险金期间，由其户籍所在地街道办事处或者镇人民政府进行管理。失业人员在领取失业保险金期间，符合退休条件的，由失业保险经办机构向养老保险经办机构移交有关手续，按照规定享受养老保险待遇。失业人员在领取失业保险金期间，符合城市居民最低生活保障条件的，按照规定享受城市居民最低生活保障待遇。

第七节　工伤保险制度

一、基本内涵

工伤保险，又称职业伤害赔偿保险，是国家和企业对劳动者因为工作负伤、致残、死亡或者患职业病时,向劳动者及其供养的直系亲属提供物质帮助的社会保险制度。

我国的工伤保险是社会保险体系的重要组成部分,从新中国成立初制定的《中华人民共和国劳动保险条例》,到1996年劳动部制定的《企业职工工伤保险试行办法》,再到2004年实施的《工伤保险条例》,以及2011年1月1日起执行的修改过的《工伤保险条例》对工伤保险的原则、工伤范围及其认定、劳动能力鉴定和工伤评残、工伤保险待遇、工伤保险基金、工伤预防和职业康复等都有详尽的规定。

二、性质与特征

与其他社会保险制度相比,工伤保险制度是一种强制性最强、待遇最为优厚的保险制度,其基本特征是:对企业采取无过失、无责任赔偿制度,企业承担全部保险费用,保险补偿中包括补偿、预防和康复等内容。

在工伤保险立法中,对工伤赔偿责任实行两项原则,即用人单位(雇主)单方责任原则和无过错责任原则。

所谓企业单方责任原则,是指用人单位作为劳动力使用者和劳动条件的提供者,单方负有保护劳动者在劳动过程中安全和健康的法定义务,发生工伤事故,就意味着用人单位违反这一法律义务,单方对受害者负有赔偿责任。它是一种直接根据法律规定而非合同约定所产生的赔偿责任,并且是一种不论受害者有无过失的赔偿责任。受伤害者的经济损失应当由用人单位全部负责,既不能在劳动合同和集体合同中减免,也不能以受伤害者有过失而推卸。

无过错责任原则是指当企业员工在有高度危险源的场合发生损害事故时,高度危险源本身就是该源拥有者对损害事故承担赔偿责任的依据,而不必考虑赔偿责任者有无过错。在现代化大机器生产条件下,工伤是雇主以高度危险源为基础的对员工的一种特殊侵权行为。因此,用人单位的工伤赔偿责任不应以过错为条件,无论受伤害者有无过错,雇主都应承担赔偿责任。

在两项原则的基础上,使企业或用人单位对工伤赔偿责任具有绝对性。但是对单个企业来说,这种赔偿责任受其支付能力限制,而且企业在市场经济条件下,又面临着经营和破产的风险。因此,需要由国家出面实施强制性保险制度,即通过立法形式强制企业以投保方式,或投保与直接支付相结合的方式承担对工伤职工的全部赔偿责任,并且承担全部保险费缴纳的义务。工伤保险的目的,就是保障因工作遭受事故伤害或者患职业病的职工获得医疗救治和经济补偿,促进工伤预防和职业康复,分散用人单位的工伤风险。

三、工伤保险的运作程序

(一)工伤保险基金筹集与支付

工伤保险基金由用人单位缴纳的工伤保险费、工伤保险基金的利息和依法纳入工伤保险基金的其他资金构成。用人单位应当按时缴纳工伤保险费。职工个人不缴纳工伤保险费。用人单位缴纳工伤保险费的数额为本单位职工工资总额乘以单位缴费费率之积。

工伤保险费根据以支定收、收支平衡的原则,确定费率。国家根据不同行业的工伤风险程度确定行业的差别费率,并根据工伤保险费使用、工伤发生率等情况在每个行业内确定若干费率档次。行业差别费率及行业内费率档次由国务院社会保险行政部门制定,报国务院批准后公布施行。统筹地区经办机构根据用人单位工伤保险费使用、工伤发生率等情况，适用所属行业内相应的费率档次确定单位缴费费率。工伤保险基金存入社会保障基金财政专户，用于规定的工伤保险待遇，劳动能力鉴定，工伤预防的宣传、培训等费用，以及法律、法规规定的用于工伤保险的其他费用的支付。

（二）工伤事故申报认定

工伤又称职业伤害或职业事故，是指职工在职业活动中发生的负伤、职业病伤害。职工有下列情形之一的，应当认定为工伤：

（1）在工作时间和工作场所内，因工作原因受到事故伤害的；

（2）工作时间前后在工作场所内，从事与工作有关的预备性或者收尾性工作受到事故伤害的；

（3）在工作时间和工作场所内，因履行工作职责受到暴力等意外伤害的；

（4）患职业病的；

（5）因工外出期间，由于工作原因受到伤害或者发生事故下落不明的；

（6）在上下班途中，受到非本人主要责任的交通事故或者城市轨道交通、客运轮渡、火车事故伤害的；

（7）法律、行政法规规定应当认定为工伤的其他情形。

职工有下列情形之一的，视同工伤：

（1）在工作时间和工作岗位，突发疾病死亡或者在48小时之内经抢救无效死亡的；

（2）在抢险救灾等维护国家利益、公共利益活动中受到伤害的；

（3）职工原在军队服役，因战、因公负伤致残，已取得革命伤残军人证，到用人单位后旧伤复发的。

职工有前款第（1）项、第（2）项情形的，按照有关规定享受工伤保险待遇；职工有前款第（3）项情形的，享受除一次性伤残补助金以外的工伤保险待遇。

职工有下列情形之一的，不得认定为工伤或者视同工伤：

（1）故意犯罪的；

（2）醉酒或者吸毒的；

（3）自残或者自杀的。

职工发生事故伤害或者按照职业病防治法规定被诊断、鉴定为职业病，所在单位应当自事故伤害发生之日或者被诊断、鉴定为职业病之日起30日内，向统筹地区社会保险行政部门提出工伤认定申请。遇有特殊情况，经报社会保险行政部门同意，申请时限可以适当延长。社会保险行政部门应当自受理工伤认定申请之日起60日内作出工伤认定的决定，并书面通知申请工伤认定的职工或者其近亲属和该职工所在单位。

用人单位未按前款规定提出工伤认定申请的，工伤职工或者其近亲属、工会组织在事故伤害发生之日或者被诊断、鉴定为职业病之日起1年内，可以直接向用人单位所在地统筹地区社会保险行政部门提出工伤认定申请。

提出工伤认定申请应当提交下列材料：

（1）工伤认定申请表；

（2）工伤事故快报表；

（3）工伤抢救医院出具的诊断证明；

(4)事故发生现场两名以上目击人的旁证材料；

(5)工伤职工本人身份证复印件正反面；

(6) 工伤事故调查报告；

(7)劳动关系证明。

工伤认定提供材料不完整的，申请人按照要求补正材料后，社会保险行政部门应当受理。

(三)工伤保险待遇

1.工伤医疗期间待遇

职工因工负伤、患职业病接受治疗和领取工伤津贴的期限为工伤医疗期。按照伤情程度工伤医疗期可确定为1~12个月，最长不超过24个月。在工伤医疗期内，工伤员工享受以下待遇。

1)医疗待遇

职工因工作遭受事故伤害或者患职业病进行治疗，享受工伤医疗待遇。职工治疗工伤应当在签订服务协议的医疗机构就医，情况紧急时可以先到就近的医疗机构急救。治疗工伤所需费用符合工伤保险诊疗项目目录、工伤保险药品目录、工伤保险住院服务标准的，从工伤保险基金支付。

2)工资福利待遇

职工因工作遭受事故伤害或者患职业病需要暂停工作接受工伤医疗的，在停工留薪期内，原工资福利待遇不变，由所在单位按月支付。

停工留薪期一般不超过12个月。经劳动能力鉴定委员会确认，可以适当延长，但延长不得超过12个月。

3)护理费

生活不能自理的工伤职工在停工留薪期需要护理的，由所在单位负责。

2.伤残待遇

职工发生工伤，经治疗伤情相对稳定后存在残疾、影响劳动能力的，应当进行劳动能力鉴定。劳动能力鉴定是指劳动功能障碍程度和生活自理障碍程度的等级鉴定。根据劳动能力的丧失程度，分为十级三类。

(1)职工因工致残被鉴定为一至四级伤残的，保留劳动关系，退出工作岗位，享受以下待遇：

从工伤保险基金按伤残等级支付一次性伤残补助金，标准为：一级伤残为27个月的本人工资，二级伤残为25个月的本人工资，三级伤残为23个月的本人工资，四级伤残为21个月的本人工资。

从工伤保险基金按月支付伤残津贴，标准为：一级伤残为本人工资的90%，二级伤残为本人工资的85%，三级伤残为本人工资的80%，四级伤残为本人工资的75%。伤残津贴实际金额低于当地最低工资标准的，由工伤保险基金补足差额。

工伤职工达到退休年龄并办理退休手续后，停发伤残津贴，按照国家有关规定享受基本养老保险待遇。基本养老保险待遇低于伤残津贴的，由工伤保险基金补足差额。

职工因工致残被鉴定为一至四级伤残的，由用人单位和职工个人以伤残津贴为基数，缴纳基本医疗保险费。

(2)职工因工致残被鉴定为五级、六级伤残的，享受以下待遇：

从工伤保险基金按伤残等级支付一次性伤残补助金，标准为：五级伤残为18个月的本人工资，六级伤残为16个月的本人工资。

保留与用人单位的劳动关系，由用人单位安排适当工作。难以安排工作的，由用人单位按月发给伤残津贴，标准为：五级伤残为本人工资的70%，六级伤残为本人工资的60%，并由用人单位按照规定为其缴纳应缴纳的各项社会保险费。伤残津贴实际金额低于当地最低工资标准的，由用人单位补足差额。

经工伤职工本人提出，该职工可以与用人单位解除或者终止劳动关系，由工伤保险基金支付一次性工伤医疗补助金，由用人单位支付一次性伤残就业补助金。一次性工伤医疗补助金和一次性伤残就业补助金的具体标准由省、自治区、直辖市人民政府规定。

(3)职工因工致残被鉴定为七至十级伤残的，享受以下待遇：

从工伤保险基金按伤残等级支付一次性伤残补助金，标准为：七级伤残为13个月的本人工资，八级伤残为11个月的本人工资，九级伤残为9个月的本人工资，十级伤残为7个月的本人工资。

劳动、聘用合同期满终止，或者职工本人提出解除劳动、聘用合同的，由工伤保险基金支付一次性工伤医疗补助金和由用人单位支付一次性伤残就业补助金。一次性工伤医疗补助金和一次性伤残就业补助金的具体标准按省、自治区、直辖市人民政府规定。

3. 职工因工死亡待遇

职工因工死亡，其近亲属按照下列规定从工伤保险基金领取丧葬补助金、供养亲属抚恤金和一次性工亡补助金：

(1)丧葬补助金为6个月的统筹地区上年度职工月平均工资。

(2)供养亲属抚恤金按照职工本人工资的一定比例发给由因工死亡职工生前提供主要生活来源、无劳动能力的亲属。标准为：配偶每月40%，其他亲属每人每月30%，孤寡老人或者孤儿每人每月在上述标准的基础上增加10%。核定的各供养亲属的抚恤金之和不应高于因工死亡职工生前的工资。供养亲属的具体范围由国务院社会保险行政部门规定。

(3)一次性工亡补助金标准为上一年度全国城镇居民人均可支配收入的20倍。

(4)因工死亡职工供养亲属范围规定。因工死亡职工供养亲属，是指该职工的配偶、子女、父母、祖父母、外祖父母、孙子女、外孙子女、兄弟姐妹，依靠因工死亡职工生前提供主要生活来源，并有下列情形之一的，可按规定申请供养亲属抚恤金：

①完全丧失劳动能力的；

②工亡职工配偶男年满60周岁、女年满55周岁的；

③工亡职工父母男年满60周岁、女年满55周岁的；

④工亡职工子女未满18周岁的；

⑤工亡职工父母均已死亡，其祖父、外祖父年满60周岁，祖母、外祖母年满55周岁的；

⑥工亡职工子女已经死亡或完全丧失劳动能力，其孙子女、外孙子女未满18周岁的；

⑦工亡职工父母均已死亡或完全丧失劳动能力，其兄弟姐妹未满18周岁的。

4. 工伤职工停止享受工伤保险待遇的情形

工伤职工有下列情形之一的，停止享受工伤保险待遇：

(1)丧失享受待遇条件的；

(2)拒不接受劳动能力鉴定的；

(3)拒绝治疗的；

第八节　建筑安装工程社会保险费统一管理

党中央、国务院十分重视社会保障制度的建立和完善，先后下发了《关于建立城镇职工养老保险制度的决定》、《社会保险费征缴暂行条例》等文件，并多次明确强调，社会保障制度的建立和完善是建立和发展社会主义市场经济极其重要的工作，是关系到整个社会稳定和经济发展的大事。建筑安装工程社会保险费（简称建安工程社保费）是社会保险费的重要范畴，对其实行统一管理是社会保障制度的重要组成部分。国务院《关于印发投资管理体制近期改革方案的通知》（国发〔1988〕45号）中要求把“退休职工的退休福利金从施工企业中划出来”。建设部《关于印发〈建筑安装工程劳动保险费用管理办法〉的通知》（建人〔1996〕512号）中规定：建安工程劳保费实行统一计取标准，统一向建设单位收取，统一向施工企业调剂拨付的办法……各地区一定要提高认识，加强领导，切实做好此项工作。建设部《关于加强建安工程劳保费统管工作的通知》（建人〔1997〕301号）中规定：对尚未实行劳保费统一管理的地区，要积极创造条件，协调好各方面的关系，根据本地区的实际情况，借鉴已实行劳保费统管地区的经验做法，尽快搞起来。建设部《关于切实做好建筑安装工程劳保费统一管理工作的通知》（建人劳〔1998〕73号）中规定：没有开展建安工程劳保费统一管理的地区，要充分认识这项工作的重要性，特别是各级领导，要把这项工作切实列入重要的议事日程，增强紧迫感和责任感……尽快把这项工作开展起来。建设部《关于印发〈建安工程劳保费统一管理工作座谈会纪要〉的通知》（建人劳〔1998〕51号）中介绍了几个省市实行劳保费统管工作的成功做法，并再次强调：还没有实行建安工程劳保费统一管理的地区，要提高领导认识和责任感，加大协调和宣传解释工作，积极创造条件，争取尽早开展。

一、建安工程社保费统一管理的基本内涵

建安工程社保费是指国家建设部建标〔1993〕894号文件批准的《建筑安装工程费用项目组成》中工程间接费内企业管理费项下的两个子项即“劳动保险费”和“职工待业保险费”的简称，前者是指施工企业支付离、退休职工的离退休金（包括提取的离退休职工社保统筹基金）、价格补贴、医药费、易地安家费、职工退休金、六个月以上的病假人员工资、职工死亡丧葬补助费、抚恤费和按规定支付给离、退休职工的各项经费。后者是指按规定标准计提的由施工企业承担的职工待业保险费。换句话说，建安工程社保费是建筑安装工程费用定额中有关劳动保险费的取费项目，是施工企业离退休人员的养命钱和为职工建立社会保障的专项费用，是工程造价的组成部分。因此，这项费用不是公共福利性收费，不是一般的行政事业收费，也不是建设资金，更不是乱收费，并且不存在追加工程成本问题。

建安工程社保费统一管理是指将建安工程造价中的社保费实行统一预算计取标准，由建设行政主管部门统一代施工企业向建设单位收取，统一向施工企业调剂拨付，由工程取费变成费用统一管理。它把过去由施工企业按工程取费分散从建设单位收取改变为由政府部门统一从建设单位收取，改变了传统的社保费计提方式。

二、建安工程社保费统一管理的意义

建安工程社保费计取由过去的企业行为变为建设行政主管的行政行为，通过把收缴来的社保费及时足额拨付给企业，确保企业离退休职工的基本生活和确保企业上缴养老等社会保险费的来源，解决企业社保费负担畸轻畸重的问题，为国有大中型建安企业创造平等公正的竞争环境，促进企业健康持续发展和社会安定，这是社保费统一管理的根本目的，无论从经济角度、政治角度、社会角度，其产生的影响都将是现实的、重大的、深远的。

(一)有利于推进社会保障事业的完善和发展

当前，社会保障事业已到了攻坚的关键时期，建安行业社保费的改革是必须啃下的一个难点。在计划经济向市场经济过渡的过程中，对建安工程社保费实行统一管理，把社保费这一块单独划出来实行统一收取，可以有效防止建安工程社保费的流失，有力地补充、解决、确保建安企业离退休人员的生活。同时，对社会保障来说，实行建安社保费统管是劳动部门想做而做不到，而建设部门有条件且能做好的工作。

目前，社保资金入不敷出，资金的筹措是社会保障头痛而且着力要解决的问题。今后，社保资金无论是税务代征还是改税，只是增加了强制力，但是企业的承担能力并不会因为征缴方式的改变而自然增强。社保费统一管理则不同，它可以通过建设主管部门所特有的规划管理权、招标管理权、施工管理权等强制建设单位缴纳社保费用。离开这些管理手段，收缴将会大打折扣，甚至根本收不上来。因此，实行社保费统一管理，对社会保障来说，社保费用转化为社保资金，减轻了它们的压力，促进了社会保障。

(二)有利于建安企业改革脱困、壮大发展

目前，建安企业效益普遍欠佳，其中一个重要原因是离退休人员多、社保费负担重。建安工程社保费实行统一管理，对施工企业来说，是最直观、最实在、最有效的减负增效措施，它必然能缓解国有大中型建安企业当前因社保费负担过重而带来的资金困难，推动脱困进程，有利于建安企业轻装上阵，集中精力抓好生产经营；有利于建安企业放开手脚，大胆改革，公平参与市场竞争，实现健康可持续发展；有利于培育一批效益好、生产能力高、管理精细、有较强竞争实力的建筑企业。

(三)有利于建安企业职工队伍的稳定，确保社会一方平安

对建安工程社保费实行统一管理，不仅可以有效解决离退休职工养老问题，很大程度上消除当前存在于建安企业内部的矛盾与冲突发生事件的可能，而且从根本上保证了在职职工的切身利益，稳定建安企业职工队伍，解除建安企业职工后顾之忧，从而使建安行业的稳定工作从源头抓起，由过去一般性、难以落实的工作变为实实在在的、根本性的措施，减少企业由此带来的各种压力及对社会的冲击。

(四)有利于规范建筑市场秩序，可以有效解决企业社保费负担畸轻畸重的问题，为企业创造平等公正的竞争环境

现行建筑安装工程定额中的劳动保险和待业基金(社保费)是计划经济体制下，平均主义办法测算的标准，国有大中型建筑施工企业普遍存在“职工人数多，离退休职工多，企业负担重”的情况，虽然工程定额中有社保费这一块，但“两多一重”企业不够用或者投标时“压级压价”收不到，相反，一些新企业，一些乡镇企业、民工队，可能没有这么多负担。投标时起跑线不一样，干同样的活儿，无负担的企业处于竞争优势，白白把这部分钱拿走了。实

行社保费统管后，社保费仍列入工程造价，但不参与竞标，即在工程投标时，不列入标底和标价，同时规定建设单位不得将社保费转嫁给施工企业，施工企业不得再向建设单位收取社保费。这样既还原、确保了国有施工企业应有的效益，又避免了工程社保费的流失，促使个体、私营、乡镇等其他建安企业参加社会保险，无形中扩大了社会保险征缴面，促进了社会保障事业的发展，同时，也为各类性质的施工企业创造了公平竞争的市场环境。

三、建安工程社保费统一管理的主要工作内容

社保费统一管理工作是政府推动的一项社会事业、一种社会政策，它符合市场经济条件下政企分开的原则，符合建设行政主管部门加强宏观管理的要求。其主要工作内容是：社保费计取标准的测算与确定，社保费的征缴，社保费的适用与管理。

（一）建安工程社保费的内容及缴纳范围

（1）建安工程社保费是指国家和省颁布的建设工程费用定额中的社会保险费（包括养老保险费、失业保险费和医疗保险费）。

（2）凡新建、改建、扩建和维修的建设工程，包括土建、安装、市政、园林仿古建筑、绿化、装饰装修、抗震加固等工程，不分资金来源，不分工程大小和重要程度，不分施工企业隶属关系、资质等级和经济类别，一律由工程项目建设单位向地方建设行政主管部门下设的建设工程社会保险费管理机构缴纳社保费。建设施工企业不再直接向建设单位计取该项费用，建设单位也不得将该项费用转嫁给施工企业。

（二）建安工程社保费的缴纳费率和缴纳办法

（1）建筑和装饰工程社保费的缴纳费率根据所在建筑和装饰工程综合基价计价办法确定。其他建安工程社保费按国家和省颁布的建设工程费用定额规定的费率计取。如建设工程费用定额、投资规模及物价水平发生变动，社保费计取标准作相应调整。

建安工程社保费的计算依据，以签订施工合同的定额版本为准。未编制施工图预算的工程，可按经批准的投资估算或设计概算为计算依据，也可参照当地工程造价管理部门发布的工程造价指数为依据。

因种种原因未计入合同工程总造价的项目，其社保费缴纳基数的确定可参照未编制施工图预算的工程款执行，并列入合同总造价中的项目合计缴纳社保费。

（2）社保费的缴纳办法。社保费缴纳，纳入工程审批程序，凡属前款所列工程，办理招标手续后，建设单位必须到地方建设工程社会保险费管理机构办理社保费缴纳手续，凭该办开具的缴费票据办理其他有关手续。

建设单位缴纳社保费时，应携带中标通知书和施工图预算（原件和复印件各一份），涉及有未计入合同造价的工程或项目，还应携带投资估算或设计概算及市造价部门发布的工程造价指数作为计算基数（份数同上）。

（三）建安工程社保费的管理和使用

（1）地方建安工程社会保险费管理机构负责本地建安工程社保费的统一管理工作。

（2）地方建安工程社会保险费管理机构在银行设立建安工程社保费专门账户，收缴的社保费使用专用票据，实行“收支两条线”管理，做到专款专用，接受有关部门的监督。

（3）地方建安工程社会保险费管理机构收取的社保费，按规定拨付、调剂给建设施工企业或当地社保经办机构。

(4)社保费的拨付按以下规定进行：

①社保费的拨付对象是已参加社会保险的建设施工企业。对暂未参加社会保险的建设施工企业,原则上不进行社保费的拨付、调剂工作。

②对已缴纳社保费的工程项目,承包该项目的建设施工企业可向当地建设工程社会保险费管理机构提交社保费拨付申请。申请时需提供《社会保险登记证书》、《用人单位缴纳失业保险基金审验证》原件及复印件。

③对符合拨付条件的建设施工企业,建安工程社会保险费管理机构根据社保费收取情况适时拨付。对异地来的建设施工企业,原则上在工程竣工验收合格后,按在注册地参保情况及社保费收取情况进行拨付。

(5)建安工程社保费是国家为建设施工企业职工和离退休人员建立的专项费用,任何单位和个人不准以任何理由拒缴、减免、拖欠、截留和挪用。施工企业在承建工程中,发现建设单位未缴纳建安工程社保费的,应及时报告地方建设工程社会保险费管理机构,以便追缴。施工企业未按规定时间将所拨付、调剂的社保费上缴地方社会保险机构,或挪用的,以后不再拨付、调剂。情节严重的,要追究当事人及领导的有关责任。社保费实行统一管理后,社保费不再列入标底价、合同价和结算价,作为工程总造价的组成项目,可列入施工企业施工总产值。

第十七章　企业劳动统计管理

第一节　劳动统计工作的地位和作用

劳动统计是国民经济统计体系的一个重要组成部分,其地位和作用主要体现在以下几个方面:

(1)劳动力是社会再生产所依赖的三大资源之一。社会再生产必须依靠人、财、物三大资源,而其中的人是指有劳动能力的人,即劳动力。在三大资源中,劳动力是最活跃、最重要的资源,而调查研究劳动力资源的状况,正是劳动统计的一项重要任务。

(2)劳动力的就业状况,是判断市场经济运行状况的重要指标。加强对劳动力的调查,及时反映这方面的情况和问题,也就成为摆在劳动统计工作者面前重要而急迫的任务。

(3)分配问题也是市场经济发展过程中的一个突出问题。因而,对工资及劳动者收入情况进行调查和分析,也是劳动统计工作中一项重要而艰巨的任务。此外,在劳动者素质、劳动效率、劳动关系等方面,劳动统计也都需要向政府和社会提供必要的数据信息。

(4)劳动统计工作在基层单位也是十分重要的。基层单位的管理,主要是人、财、物的管理,核心是人的管理,即人力资源的开发和利用。单位的工作如何,企业效益如何,很大程度上决定于这个单位劳动者的积极性、创造性调动和发挥得如何。统计是管理的手段之一,对单位劳动力、劳动效率、工资分配等情况进行准确的统计和全面的分析,是单位管理的重要内容。

(5)社会保障、住房改革等政策都要以劳动统计资料作为参考依据,具体反映在费用的征收、标准的制定、任务的分配、法律的执行等方面。

每年政府有关部门要依据劳动统计报表汇总出的全社会职工平均工资来征收有关费用,表现在以下几个方面:①企事业单位应按本单位职工工资总额和职工个人工资总额的一定比例按月缴纳职工养老保险基金。已办理社会退休手续的退休人员在领取基础养老金时按上一年全社会职工平均工资的一定比例计发基本养老金部分。②劳动部门按各单位职工工资总额的一定比例收取医疗保险、失业保险和工伤保险等保险基金。③总工会按各单位的职工工资总额的一定比例收取工会会员活动经费。

政府部门制定本地区的最低工资、最低生活费、最低生活保障线、失业救济金等各项指标的标准和离退休费的调整幅度,需要根据全社会平均工资作为测算依据。

第二节　劳动统计主要指标及解释

一、单位从业人员

各单位的从业人员是指在各级国家机关、政党、社会团体及企业、事业单位中工作,取得工资或其他形式的劳动报酬的全部人员,包括在岗职工、再就业的离退休人员、民办教师以及在各单位工作的外方人员和港澳台方人员、兼职人员、借用的外单位人员和第二职业者,不包括离开本单位仍保留劳动关系的职工。

女性从业人员:这个指标是指全部从业人员的其中项。妇女地位的提高,首先体现在经济地位的提高,还有妇女就业人数的增加和男女同工同酬。国家每年要依据全国年报资料,对妇女就业情况作出分析判断。所以,准确填报女性指标数据是十分重要的。

非全日制人员:根据《劳动合同法》规定,非全日制人员指以小时计酬为主,且其在同一用人单位一般平均每日工作不超过 4 小时,每周工作时间累计不超过 24 小时的从业人员。超过 24 小时的算在岗职工。

(一)在岗职工

在岗职工是指,在本单位工作并由单位支付工资的人员,以及有工作岗位,但由于学习、病伤产假等原因暂未工作,仍由单位支付工资的人员。在岗职工人数要本着"不重不漏",一般它的计算原则主要有:

(1)坚持"谁发工资谁统计"。即不论是编制内还是编制外的人员,不论是计划内的还是计划外的人员,不论是正式人员还是试用人员,只要由本单位支付工资,就应该统计为该单位的职工。

(2)谁发基本工资谁统计。如有的职工同时在两个以上的单位有工作并领取工资,但一般情况下,只能在一个单位领取基本工资,则负责发放基本工资的单位应统计。

(3)职工档案所在的单位先统计。如果上述两项办法仍不能确定该职工由哪个单位统计,可先确定该职工档案在哪个单位,则该职工的档案所在单位应优先统计。

(4)对于新招收的人员,从报到参加工作之日起,不论是否发了当月工资,均应统计为本单位职工。

判断一个从业人员是否统计为职工,主要有两个标志:

第一个标志,是在单位工作。所谓单位是指有一定的组织机构的集体,个体劳动没有组织机构,就不能称其为单位。各类企业都是有组织机构的,当然都可以称为单位。

第二个标志,是以工资为生活费主要来源。因此,职工可简称为"工资劳动者"。以这项标志来衡量,企业中的绝大部分劳动力都应统计为职工。但有几部分人需要扣除,不能统计为在岗职工:

(1)离休、退休再就业人员不能统计为职工。

(2)在单位工作的港、澳、台和外籍人员也不能计入。

(3)实行个人承包离店经营不再由原单位支付工资的人员,不能统计为职工。

(4)经单位批准停薪留职,保留单位职工身份的人员不能统计为职工。如自费上大学、出国探亲以及离厂自谋出路的人员。

(5)发包给其他单位半成品加工、装配、包装等工作所使用的人员;承包本单位工程或运输业务,其劳动力由本单位组织安排的农村建筑队、搬运队的人员;参加铁路、公路、水利等大型土石方工程施工,工程结束后立即辞退,不得调往新施工地区的民工。

(二)其他从业人员

各单位其他从业人员是指劳动统计制度规定不作职工统计,但实际参加各单位生产或工作并取得劳动报酬的人员,包括:再就业的离退休人员、民办教师以及在各单位工作的外方人员和港澳台方人员，但不包括在各单位中工作并领取劳动报酬的在校学生。单位其他从业人员与在岗职工之和为该单位全部从业人员。

上述指标的关系是：

在岗职工+其他从业人员=单位从业人员人数

二、离开本单位仍保留关系的职工

离开本单位仍保留关系的职工指由于各种原因，已经离开本人的生产或工作岗位，并已不在本单位从事其他工作，但仍与用人单位保留劳动关系的职工。

单位用人情况在改革和经济体制转换的特殊时期，职工中出现了大量“在册”却不在岗的情况，而用人单位从管理角度考虑，将不少“在册”但不在岗的职工均统计在单位的劳动报表中。因此，为准确掌握单位的情况，国家在劳动统计中，把职工分为在岗和不在岗进行分别统计，不在岗即是我们所统计的“离开本单位仍保留关系的职工”，包括退出工作岗位休养、放长假，下岗待工、转再就业服务中心的职工，这里不包括停薪留职。季节性停工、在单位内参加转岗培训和其他学习的人员不应统计为下岗职工。

另外，现在对破产企业职工是否统计为下岗职工，要区别对待。因为破产企业职工大致分为三种情况：

(1)第一种是“关门走人”，职工已无单位依赖可言，这些职工不统计为下岗职工，应统计为失业人员。

(2)第二种是单位虽破产，但还留有少量管理人员负责保管资产和从事行政管理。这类单位的职工如符合下岗定义，应为下岗职工。

(3)第三种是企业破产后很快被另一单位以“兼并”等形式接收，职工在换了牌子的原单位上班。有的人符合下岗定义，也应统计为下岗职工。

离开本单位仍保留关系的职工与全部职工的关系为：

在岗职工+离开本单位仍保留关系的职工=全部职工

三、平均人数

平均人数指报告期内平均每天拥有的人数。计算年平均人数，有以下两种方法：

(1)对人员增减变动很小的单位，其年平均人数可用年初与年末之和除以2得到。

年平均人数=(年初人数+年末人数)÷2

(2)有的生产单位人员变动相当频繁，如仅以期末人数代替平均人数，显然与正确的计算相差很多。因此，需要按平均人数的计算方法来计算，即把每月每天的人数加起来除以当月天数等于1个月的平均人数，再把12个月的平均人数相加除以12等于年平均人数。

年平均人数=(1月+2月+3月+…+12月平均人数)÷12=12个月平均人数之和÷4

四、单位从业人员变动情况

(一)增加人数

增加人数指在报告期内，本单位招收、录用和调入的全部人员数。

(1)从农村招收的人员：指从户口在农村的劳动力中招收参加工作的人员。

(2)从城镇招收的人员：指从城镇中招收的社会青年和失业人员参加工作的人员。

(3)录用的复员军人:指从部队复员后,直接由单位录用的人员。

(4)录用的大中专、技工毕业生:指从大学、专科学校及中等专科学校毕业后,直接由单位录用的人员。

(5)调入人员:指在报告期内由外单位调入的人员。

(6)其他:指除上述几类人员外,本单位增加的人员。

(二)减少人数

减少人数指报告期内,离开本单位且不再由本单位支付工资的人员。

(1)离退休退职:根据国家有关规定,离开生产或工作岗位,正式办理了离休、退休退职手续的人员。

(2)开除、辞退:根据有关规定,对犯有违纪行为,由单位办理开除、除名、辞退手续的人员。

(3)终止、解除合同:根据有关规定,单位与职工签订合同后,因正常或非正常原因,与单位终止或解除了劳动关系的合同制职工。

(4)离开本单位仍保留劳动关系的职工人数:指报告期12月31日因各种原因离开工作岗位,但仍保留劳动关系的职工人数。

(5)死亡:在报告期内因各种原因去世的人数。

(6)调出:在报告期内调进外单位的人员。

(7)其他:除上述几类人员外本单位减少的人员。

五、单位从业人员劳动报酬

单位从业人员劳动报酬是指一个单位在一定时期内直接支付给本单位全部从业人员的劳动报酬总额。包括在岗职工工资总额和其他从业人员劳动报酬总额。

(一)在岗职工工资总额

根据1990国家统计局1号令《关于工资总额组成的规定》,工资总额指各单位在一定时期内直接支付给本单位全部在岗职工的劳动报酬总额。工资总额的计算应以直接支付给职工的全部劳动报酬为根据。各单位支付给职工的劳动报酬以及其他根据有关规定支付的工资,不论是计入成本的还是不计入成本的,不论是以货币形式支付的还是以实物形式支付的,均应列入工资总额的计算范围。工资总额包括计时工资、计件工资、奖金、津贴和补贴、加班加点工资、特殊情况下支付的工资。这个指标是工资的应发数,不能是实际发放数。

近年来,国家统计局根据改革和发展情况,对工资总额又作了以下具体的解释:

住房补贴:支付给职工一次性购买商品房的住房补贴,这部分钱不应统计在工资中;提高房租同时增加住房补贴,这部分补贴应统计在工资中;个人在工资中扣缴住房公积金,单位代缴同数量公积金均存入个人账户,个人扣缴的部分仍应统计在工资中,单位代缴的部分不应统计在工资中;还保持低房租低补贴,这部分补贴也应统计在工资中。

伙食补贴:增加伙食补贴,跟着工资发放,应统计在工资中;不给伙食补贴,但免费(或象征性收少量钱)供应一顿午餐,应折算成货币统计在工资中;增加伙食补贴,但不通过正常财务渠道与工资一起发放,应通过整顿财务记录,使其统计到工资中。

单位为职工缴纳补充养老保险和补充医疗保险暂不纳入工资总额统计。其他各种商业性保险其性质为劳动报酬,因此应计入工资。

由单位给职工实报实销的职工个人家庭使用的固定电话费、职工个人使用的手机费、职工个人购买的服装费(不包括工作服)等各种费用,其实质为岗位津贴或补贴,应计入工资。

试行单位年薪制的经营者,其工资发放部分和年终结算后补发的部分属劳动报酬性质,应计入工资。

单位一次性发放或按月发放的旅游费、保险费、餐费、过节费、劳务费、精神文明奖等,只要属劳动报酬性质,并且现行统计制度未明确规定不统计为工资的,都作为工资统计。

单位从个人工资中直接为其代扣代缴的养老统筹、失业保险、大病统筹、个人所得税、水电费、其他各类扣款都应计入工资。

以下属单位的名义给本单位职工发放的现金或实物,无论是否计入本单位财务账目的,都应统计为本单位职工的工资。

以工会的名义发放的现金和实物,除现行制度规定不应计入工资的劳保福利费和劳动保护费项目外,都应计入工资统计。

讲课费。根据国家统计局关于城镇单位从业人员劳动报酬和职工工资总额统计的有关定义,劳动报酬和工资总额指一个单位在一定时期内直接支付给本单位全部从业人员或全部职工的劳动报酬总额。因此,各单位发给本单位从业人员或在岗职工的讲课费均应统计为劳动报酬或工资总额。

总之,工资总额应为各类单位在代扣代缴本单位就业人员缴纳的各种社会保险费用之前的全部工资总额。国统办字〔1999〕106 号《关于印发 1999 年劳动统计年报新增指标解释及问题解答的通知》中规定,单位以各种名义发放的现金和实物,只要属于劳动报酬性质,并且现行统计制度未明确规定不统计为工资的,都应纳入工资统计。

(二)工资总额不包括的项目

工资总额不包括以下项目:

(1)根据国务院发布的有关规定颁发的创造发明奖、国家星火奖、自然科学奖、科学技术进步奖和支付给运动员在重大体育比赛中的重奖。

(2)出差伙食补贴费、误餐补助、调动工作的差旅费和安家费。

(3)对自带工具、牲畜来企业工作的从业人员所支付的工具、牲畜等的补偿费用。

(4)实行租赁经营单位的承租人的风险性补偿收入。

(5)对购买本企业股票和债券职工所支付的股息(包括股金分红)和利息。

(6)劳动合同制职工解除劳动合同时,由企业支付的医疗补助费、生活补助费等。

(7)因录用临时工而在工资以外向提供劳动力单位支付的手续费和管理费。

(8)支付给家庭工人的加工费和按加工订货办法支付给承包单位的发包费用。

(9)给一笔钱让职工一次性购买商品房或买断工龄,这笔钱不应统计在工资中。

(10)独生子女费、冬季取暖费、夏季降温费、职工死亡丧葬费及抚恤费、医疗卫生费或公费医疗费用、职工生活困难补助费、探亲路费。

(11)支付给返聘的离退休人员的劳动报酬。

(12)劳动保护的各项支出。具体有:工作服、手套等劳动保护用品,解毒剂、清凉饮料。

(13)支付给参加企业劳动的在校学生的补贴。

六、其他就业人员劳动报酬

其他就业人员劳动报酬指各单位在一定时期内直接支付给本单位其他就业人员的全部劳动报酬。

离岗职工生活费指用人单位对不在岗职工支付的生活补贴费用(包括政府、社会发放的)。

七、其他有关规定

(1)关于银行储蓄代办员、保险公司保险代办员和营销员的情况:根据规定,金融单位雇用的专职代办员应由金融单位统计为其他从业人员,其兼职人员可暂不统计。保险公司的营销员无论兼职或专职都应统计为其他从业人员。

(2)有关参军,长期病、休假人员的统计:参军的人员无论原单位是否发放生活费用或补贴,都不再统计。长期病、休假人员离开工作岗位半年及半年以上人员,都统计为“离开本单位仍保留关系”。但是不包括单位派出或自费长期学习的人员。

(3)对工资不规范单位(如公路运输企业、商业、服务业、建筑业等个人承包),这些单位不掌握全部或部分职工的工资情况,当档案工资难以代表实际工资水平时,应按本地区的平均工资水平推算上报工资总额。

(4)有关大型建筑单位公司在外地的建筑公司,如果属于法人单位,在当地办有法人营业执照的建筑单位,应在当地报劳资报表,总公司不再上报;反之,外地建筑单位的职工,总公司应全部统计。

(5)有关建筑公司使用的农民工的统计:

①如果是本单位直接组织生产并直接支付劳动报酬,按照“谁负担工资谁统计”的原则应统计为单位从业人员(其他从业人员);

②如果是使用独立核算建制的农民包工队或劳务公司,由包工队或劳务公司组织生产并直接支付工资,本单位只对包工队或劳务公司按承包协议结算,则应由包工队或劳务公司统计,本单位不再统计。

(6)本单位使用的劳务派遣工:

根据《劳动合同法》规定,劳务派遣工指直接与劳务派遣单位(用人单位)订立劳动合同,并被劳务派遣单位派遣到用工单位工作,且劳务派遣单位与用工单位订立劳务派遣协议的人员。

使用劳务输出机构(公司)提供的劳务派遣工,要看具体的用工方式,如果劳务派遣工的使用方不直接支付劳务派遣工的工资,而是向劳务输出方支付劳务费,再由劳务输出方向劳务派遣工支付工资,按照“谁发工资谁统计”的原则,则应由劳务输出方统计其人数及工资;如果劳务派遣工的使用方直接向劳务派遣工支付工资,则应由劳务使用方进行统计。

(7)本单位使用的劳务派遣工劳动报酬:指用工单位为劳务派遣工或劳务工支付的劳动报酬总额(不含因派遣人员产生的管理费用)。

(8)轮岗职工无论几个人轮岗均按一个岗位一人统计。如:一个季度三个人轮岗上班,按统计口径应算为一个人,工资为累计数。

(9)单位数:根据国家统计局有关文件规定,劳动统计原则上以填报基层年报表(I102－1表)的单位作为计算单位数的依据。

附录　常用法律法规目录

1.《中华人民共和国劳动法》
2.《中华人民共和国劳动合同法》
3.《中华人民共和国劳动合同法实施条例》
4.《中华人民共和国劳动争议调解仲裁法》
5.《中华人民共和国保险法》
6.《工伤保险条例》
7.《工资支付暂行规定》
8.《最低工资规定》
9.《职工带薪年休假条例》
10.《企业职工带薪年休假实施办法》
11.《党政领导干部选拔任用工作条例》

参 考 文 献

[1] 陈洪安,费鸿萍,董临萍,等.人力资源管理[M].上海:华东理工大学出版社,2009.

[2] 真金,赵阳,李赞祥,等.建筑企业人力资源管理[M].北京:北京理工大学出版社,2009.

[3] 王旭,乐雯晴.从招聘到离职——人力资源管理实务操作宝典[M].北京:中国法制出版社,2009.

[4] 王明.企业裁员、调岗调薪、内部处罚、员工离职风险防范与指导[M].北京:中国法制出版社,2009.

[5] 汤云周,黄新发.劳动合同条款设计及违法成本计算[M].北京:中国法制出版社,2008.

[6] 杨景宇,李飞.中华人民共和国劳动合同法释义[M].北京:中国人事出版社,2007.

[7] 邢新民.企业劳动权益保护必读[M].北京:中国劳动保障出版社,2006.

[8] 夏光,等.人力资源管理教程[M].北京:机械工业出版社,2004.

[9] 吴大钧.建筑企业劳动工资管理[M].北京:中国建筑工业出版社,1986.